矿山压力观测与控制

（第2版）

主　编　周诗建　周华龙
副主编　林发荣　何荣军　骆大勇
　　　　喻晓峰　孙国文

重庆大学出版社

内容提要

　　研究矿山压力显现规律及其各种控制方法,其目的是为了保证生产安全与取得良好的经济效益。本书结合采矿实际,本着知识性、实用性、易操作性的原则,阐述了矿山压力形成分析、矿山压力观测、采准巷道压力控制、采煤工作面矿压观测、顶板控制、矿山动力现象分析及防治等方面。

图书在版编目(CIP)数据

矿山压力观测与控制/周诗建,周华龙主编.—重庆:重庆大学出版社,2010.3(2024.8 重印)
(煤矿开采技术专业系列教材)
ISBN 978-7-5624-5282-9

Ⅰ.①矿…　Ⅱ.①周…②周…　Ⅲ.①矿山压力—观测—高等学校:技术学校—教材②矿山压力—控制—高等学校:技术学校—教材　Ⅳ.①TD3

中国版本图书馆 CIP 数据核字(2010)第 017463 号

矿山压力观测与控制
(第2版)
主编　周诗建　周华龙
责任编辑:周　立　　版式设计:周　立
责任校对:夏　宇　　责任印制:张　策
*
重庆大学出版社出版发行
出版人:陈晓阳
社址:重庆市沙坪坝区大学城西路 21 号
邮编:401331
电话:(023) 88617190　88617185(中小学)
传真:(023) 88617186　88617166
网址:http://www.cqup.com.cn
邮箱:fxk@cqup.com.cn(营销中心)
全国新华书店经销
POD:重庆新生代彩印技术有限公司
*
开本:787mm×1092mm　1/16　印张:16.25　字数:412 千
2015 年 1 月第 2 版　　2024 年 8 月第 5 次印刷
印数:10 001—10 300
ISBN 978-7-5624-5282-9　定价:29.50 元

前言

　　本书是国家示范高职院校建设煤矿开采技术专业的核心课程教材之一。

　　近年来,我国煤炭开采与生产技术取得了巨大的进步。全国煤矿安全生产状况总体上呈现出相对稳定并趋向好转的发展态势。为了培养煤炭行业高技能专业人才的需求,促进煤矿安全生产形势根本好转,编写了《矿山压力观测与控制》一书。

　　本书是作者在多年教育教学工作的基础上,并广泛参阅了国内外的有关论著以及煤矿生产的成功经验之后编写而成的。本书打破了传统的学科体系教材编写模式,以工作过程为导向,系统设计课程内容,融"教、学、做"为一体,体现了高职教育"工学结合"的特色。在内容安排上,着重追求理论与实践并重,采取少而精的结构体系。具体编写分工如下:周诗建、孙国文编写了课程导入;林发荣编写了学习情境1;周华龙编写了学习情境2和学习情境4;何荣军编写了学习情境3;骆大勇编写了学习情境5;喻晓峰编写了学习情境6。周诗建、周华龙任主编,孙国文、冯廷灿统稿。

　　感谢山东科技大学张开智教授对本书大纲进行了认真审阅并提出了修改意见。另外,本书在编写过程中参阅了不少专著和资料,部分已列入书后参考文献中,在此对作者一并感谢。

　　为了满足国家示范高职院校建设教学的迫切需求,本书的编写时间仓促,又限于编写人员的水平和眼界,书中难免有缺陷和错误之处,诚恳希望读者批评指正。

编　者

2015 年 1 月

目 录

课程导入

研究矿山压力显现规律及其各种控制方法,其目的是为了保证生产安全和取得良好的经济效益。在煤矿开采的全过程中,巷道掘进和支护、采煤工作面采煤和顶板管理、井下巷道的布置和维护、煤矿各部分的合理开采部署、采煤机械化和"三下"采煤的实现以及露天矿边坡稳定的控制等,都离不开对矿山压力显现规律的认识和利用。对矿山压力显现规律认识越深刻,就越能利用它来改进开采技术;开采技术发展越完善,就越有利于有效地控制矿山压力。

在煤矿开采过程中,顶板事故频繁或巷道维护状况差,势必影响井下正常运输、通风和行人,给生产带来极大的危害,甚至难以进行正常生产。这就迫使人们必须重视矿压显现规律的研究和岩层控制问题。巷道围岩控制理论和技术还使合理支护各类巷道成为可能,岩层控制理论和技术为大幅度降低顶板事故作出了突出贡献。

采煤工作面上覆岩层移动影响到地下水分布,引发地表沉陷,带来煤矸石和瓦斯排放等与生态环境保护密切相关的问题。岩层控制理论为实现保水采煤,完善条带开采和充填技术,进行井下矸石处理和有效抽放瓦斯奠定了理论基础。

在开采矿物过程中,为了保护巷道和管理采场顶板,常常留设各类煤柱,这些煤柱是造成地下资源损失的主要根源。通过开采引起的围岩应力重新分布规律的研究,推广无煤柱巷道和跨越巷道开采等技术措施,不仅可显著减少资源损失,还有利于消除煤柱存在而引起的灾害和对采矿工作的不利影响。

对采煤工作面、巷道支架-围岩相互作用关系的深刻认识和围岩支护手段的进步,促进了开采技术的发展。自移式液压支架的应用,实现了采煤综合机械化。巷道可缩性金属支架和锚喷支护的应用,改变了刚性、被动支护巷道的局面。同时,对采煤工作面、巷道围岩稳定性分类,为合理选择支护形式、支护参数提供了科学依据。

在分析研究采煤工作面、巷道及矿山边坡各类围岩移动规律以及各种控制技术的基础上,目前已较完整地提出了从围岩结构稳定性分类、稳定性识别、矿压显现预测、支护设计、支护质量与顶板动态监测、信息反馈直至确定最佳设计的一整套理论、方法与技术,由此创造了采矿工业良好的社会效益和经济效益。

0.1 基本概念

地下岩体在受到开挖以前,自重引起的应力(通常称为原岩应力)是处于平衡状态的。当开掘巷道或进行回采工作时,破坏了原来的应力平衡状态,就会引起岩体内部的应力重新分布。它表现为巷硐周围煤、岩体产生移动、变形甚至破坏,直到煤、岩体内部重新形成一个新的应力平衡状态为止。在此过程中,巷硐本身或安设在其中的支护物会受到各种力的作用。这种由于在地下煤岩中进行采掘活动而在井巷、硐室及回采工作面周围煤、岩体中和其中的支护物上所引起的力,就叫做"矿山压力"(简称"矿压",有些文献中称为"地压"、"岩压"等)。

在矿山压力作用下,会引起各种力学现象,如顶板下沉、底板鼓起、巷道变形后断面缩小、岩体破坏散离甚至大面积冒落、煤被压松产生片帮或突然抛出、支架严重变形或损坏、充填物受压缩,以及大量岩层移动地表发生塌陷等。这些由于矿山压力作用,使围岩、煤体和支护物产生的种种力学现象,统称为"矿山压力显现"(简称"矿压显现")。

在大多数情况下,矿压显现会给地下开采工作造成不同程度的危害。为使矿压显现不影响正常开采工作和保证生产安全,必须采取各种技术措施加以控制,包括对巷道及回采工作空间进行支护,对软弱或破碎的煤岩进行加固,用各种方法使巷道或回采工作空间得到卸压,对采空区进行充填,或用人为的方法使采空区顶板按预定要求冒落等。此外,人们对矿压的控制不仅在于消除和减轻矿压对开采工作造成的危害,还包括有效地利用矿压的自然能量为开采工作服务。例如,依靠矿压的作用压松煤体以减轻落煤工作,借助采空区上覆岩层压力去压实已冒落的矸石以形成自然再生顶板等。所有这些人为调节以及改变和利用矿山压力作用的各种措施,叫做"矿山压力控制"(简称"矿压控制")。

0.2　研究历史

采矿工业是一切工业的先行部门,一向被誉为"工业之母"。许多国家发展工业的经验表明,发展工业离不开采矿。然而在早期的采矿工作中,人们只能从现象上去认识矿压的显现形式,真正开始矿压的研究不过几十年的历史。就世界范围来说,对矿压及其控制的研究大致可分为以下几个发展阶段。

0.2.1　对矿压的早期认识阶段

我国是世界上采矿最早的国家之一。明代末年所出的《天工开物》一书中,已具体地记述了用立井开采及在井下进行支护和充填的情况。说明我国在采矿事业发展的初期,人们就已认识到矿压的危害,需要加以控制。

随着采矿规模日益扩大,经常出现矿井内顶板冒落、巷道堵塞或地表塌陷等事故,迫使人们不得不重视和研究矿压问题。例如,欧洲国家对矿压的认识大约开始于15世纪。据文献记载,15世纪时,英国曾发生过由于开矿造成地表破坏而引起诉讼的事件。中世纪时,欧洲一些国家中因地下开采而发生破坏庙宇及城市供水的事件增多,开始出现了防止采矿工作破坏地表的协定(1487年)。到19世纪30年代以后,在比利时、德、法等国家,为了防止地面房屋建筑遭到破坏,也曾提出过一些确定保护煤柱的方法。

0.2.2　建立矿压早期假说的阶段

19世纪后期到20世纪,可看作是矿压研究的第二阶段。此阶段的特点是利用某些比较简单的力学原理解释实践中出现的一些矿压现象,并提出了一些初步的矿压假说。其中最有代表性的是认为巷道上方能形成自然平衡拱的所谓"压力拱假说"及有关的分析计算。在这个阶段中,对巷道围岩破坏机理和支架所受的岩石压力大小也开始进行了初步的理论研究。尽管这时提出的一些理论和假说本身尚存在许多不足之处,而且只能在比较局限的条件下应用,但它在矿压研究的发展进程中曾起过重要的历史作用。此外,这个阶段中还提出了以岩石坚固性系数 f(普氏系数)作为定量指标的岩石分类方法,并获得广泛应用,至今也未完全失去其意义。

这个阶段,在研究岩层和地表移动理论方面,通过精确的仪器测量,人们开始认识到对地面建筑物的损坏不仅仅是由于地表下沉,而且是由于水平移动的结果。此外,为了进一步掌握矿山岩体变形随时间、空间而变化的规律,除在地面观测外,还开始在井下巷道中进行了岩层移动观测。

0.2.3 以连续介质力学为理论基础的研究阶段

20 世纪 30 年代至 50 年代是这个阶段的代表时期。由于开采深度和开采规模加大,人们开始感到仅仅研究巷道周围局部地区岩石状况变化的理论和方法(如拱形理论、建筑力学方法等),已不能充分反映开掘巷硐所引起的围岩中应力变化的真实过程,于是开始把巷道周围直到地表的整个岩体当作连续的、各向同性的弹性体来进行研究和建立假说。即用弹性理论研究矿山岩石力学问题,并推出了在自重作用下计算原岩应力的有关公式,研究了由于开掘各种形状的垂直和水平单一巷道而引起的自然应力场的变化。其中典型的例子之一是用弹性理论解决了圆形巷道周围的应力分布问题。以后又研究了岩体非均质性和各向异性对理想弹性体的影响,以及把岩层看作是具有不同变形特性的弹性介质,进一步研究岩体层理性的影响。此外还用连续介质力学方法研究了岩层移动问题。

在进行理论研究的同时,研究矿压的实验手段也获得了发展。其中应用较广的是利用相似材料进行的相似模型研究方法,其次是利用光敏材料进行的光弹性模拟研究方法。

在这个阶段中,矿压控制手段取得了一些新的突破,其中较有代表性的有井下巷道中开始采用 U 形钢拱形可缩性金属支架(1932 年,德国),回采工作面中开始采用摩擦式金属支柱(20 世纪 30 年代,德国等),煤矿中开始应用锚杆支架(1940 年,美国),以及采煤工作面中出现第一架自移式液压支架(20 世纪 50 年代初,英国)等。矿井支护技术的这些进步,为以后煤矿中矿压控制技术的现代化奠定了基础。

0.2.4 矿压研究的近代发展阶段

这个阶段主要是指 20 世纪 60 年代至今的近 20~30 年。在这个时期内,矿压研究在以下几方面取得了新的进展。

(1)在理论研究方面,除了继续应用连续介质力学方法研究有关矿压问题外,进一步发展了考虑岩石真实特性的各种理论研究。其中最重要的是把岩体看作是受到各种性质的弱面切割的多裂隙介质,于是使矿压的基本研究对象——岩体,具有了与一般固体所不同的力学特征。从这个观点出发,引用相关学科中现代研究成就的结果,出现了一系列边缘学科分支和方法,如利用断裂力学理论研究裂隙岩体而提出了所谓岩石断裂力学,它对采矿工程中的岩石破碎问题和研究冲击矿压机理有密切关系,近年来还提出用岩体的损伤模型来描述岩石破坏过程,并可对岩体的稳定性做定量分析;又如在把岩体看作是碎块集合体的基础上,借助颗粒力学理论,根据对碎块体进行实验研究的结果,提出了所谓岩石块体力学,它可以研究不规则块体的相互平衡和运动。再如在把工程岩体看作是被结构面和工程开挖面(悬露面)共同切割的块体所组成的群体的前提下,提出了所谓块体稳定理论。它利用力学中分析刚体运动的方法,通过对几何可移块体进行稳定性分析,可以预测开挖面上可能遇到的不稳定岩块,并在开挖过程中对它及时进行加固。

考虑岩石真实特性的理论研究的另一个发展,是把岩体变形看作是与时间有关的岩石流变特性的研究。由于将流变理论引入岩石力学的结果,提出了所谓岩石流变学,它可以考虑围岩应力场随时间的变化,岩体内应力的释放,岩石流变的扩容现象,岩石膨胀的机理,以及推算某些岩体经过长时间以后的强度和变形特性,这些研究工作对于服务年限较长的巷道,尤其是位于软岩中的巷道的维护有重要意义。

在研究方法方面值得提出的是在现代计算机技术基础上发展起来的一些新的数值分析方法,如有限元法、边界元法、离散元法等。这些方法可以在考虑岩体复杂力学属性的基础上去分析巷硐周围岩体中的应力变化和位移分布,确定其稳定性等,使矿压理论研究有可能获得更符合实际的数值解答。

另外,在地表岩层移动研究方面,在进行大量现场观测和掌握了不同条件下岩层移动基本规律的基础上,建立了更为完善的因开采造成的地表沉陷和变形值的计算和预测方法,以及开展了开采工作引起的煤层上覆岩层运动机理及其有关规律的研究。

(2)在应用研究方面,配合地下开采技术和支护技术的发展,进行了不同煤层条件下采用不同支护类型的回采工作面中矿压显现规律的研究,开展了采用煤柱护巷和无煤柱护巷的各类巷道中的矿压显现规律的研究,以及进行了为解决有冲击矿压、煤和瓦斯突出危险煤层开采的有关研究,从而为改善回采工作面矿压控制、合理布置和维护巷道、以及保证安全生产,提供了科学依据。

(3)在实验研究方面,结合各类研究课题的需要,改善了进行现场观测和实验室研究的各种仪器和设备,广泛发展了包括力学、电学、声学、光学、磁学、放射性测定等各种常规的和新的测试手段和方法,开展了对岩石和岩体各种力学特性的实验室研究和现场研究,包括利用三轴试验机和刚性试验机对岩石三轴强度和残余强度特性进行的研究,这些都为进一步开展理论研究,提供了必要的原始数据和资料。

除此之外,在矿压控制方面,进一步改善了巷道支护技术。如发展大断面、大缩量和高支撑力的可缩性金属支架,广泛应用锚喷支护,发展了树脂锚杆、快凝水泥锚杆、可伸长锚杆和其他新型锚杆,开始采用注浆方法加固不稳定煤层和围岩。回采工作面中的自移式液压支架日趋完善,架型增多,适用范围扩大。对过去难以控制的坚硬顶板,通过高压注水、超前爆破等手段,比较有效地避免了在采空区中突然大面积冒落所造成的危害,对井下冲击矿压的预测和控制的效果也大为提高。因此,在这个阶段中,人们对矿压的控制日趋有效,使采煤效率和井下工作的安全程度得到了很大提高。

0.3 研究意义

研究矿压显现规律及其各种控制方法的基本目的,是为了保证生产安全和取得良好的经济效益。总而言之,学习本课程对煤矿开采的意义表现在以下几方面。

0.3.1 保证安全和正常生产

据统计,在煤矿的各种自然灾害中,顶板事故造成的人员伤亡几乎占井下所有事故死亡人数的一半。这类事故小至个别岩块掉落,大至工作面大面积冒顶,无不与对矿压显现规律的掌握程度以及采取的控制手段是否正确有关。由于顶板事故频繁或巷道维护状况极差,影响井下正常运输、通风和行人,都会给生产带来极大危害,甚至难以进行正常生产,这些都迫使人们必须重视矿压显现规律的研究和其控制问题。

0.3.2　减少地下资源损失

在开采过程中,为了保护巷道或进行回采工作面顶板管理,常常留设各种煤柱(护巷煤柱、采区隔离煤柱、房间煤柱、"刀柱"等)。据统计,煤柱造成的损失平均占矿井可采储量的20%~40%,这是造成煤炭损失的主要根源。此外,在发生大、中型冒顶事故时也会引起煤炭损失。所以,研究矿压显现规律,减少顶板事故,选择合理的煤柱尺寸,甚至在某些情况下完全取消煤柱,就有可能大大减少煤炭资源损失。

0.3.3　改善地下开采技术

地下开采技术的进步、对矿压显现规律的深刻认识,和矿压控制手段的改善有密切关系。例如,自移式液压支架的应用促成了采煤综合机械化的实现,反之,开采技术的变化和井采难题的解决又往往要求以矿压控制问题的解决为必要前提。例如,开采深度增加使矿压显现更为剧烈,并带来了一系列新的矿压控制问题,只有不断解决这些问题才能使未来复杂条件下的开采工作得以顺利进行。这些都说明随着开采条件日益困难和新技术的发展要求更深入地研究矿压显现规律及其新的控制方法。

0.3.4　提高采煤经济效果

为了维护巷道和管理顶板,每年要消耗大量人力、物力。例如,一般矿井的巷道维修人员约占井下生产工人的10%~20%,而且为了进行矿压控制,全国煤矿每年要消耗大量的坑木、金属支护材料、水泥和其他材料。这些都会明显地增加开采费用,使吨煤成本上升。如果由于矿压控制不善而发生各种顶板事故,则还可能造成人员伤亡、生产中断,这就可能给全矿井带来更大的经济损失。

综上所述,掌握矿压显现规律、研究矿压控制的有效方法,对煤矿生产有十分重要的意义。因此,《矿山压力及其控制》这门课程在地下采煤学术领域中,占有非常重要的地位。

学习情境 1

矿山压力形成分析

任务 1　巷道围岩应力状态及矿山压力显现规律

1.1　巷道围岩的应力状态

由于地下巷道和回采空间具有复杂的几何形状,以及巷道和回采空间周围岩体也是属于非均质、非连续、非线性以及加载条件和边界条件复杂的一种特殊介质。到目前为止,对于岩石及岩体的力学性质,以及原岩应力场的特征,尚未完全掌握,所以还无法用数学力学的方法精确地求解出巷道周围岩体内各处的应力分布状态。自发展有限元、边界元、有限差分法等数值分析方法以来,虽然在数学力学工具上取得一定的进步,但结果仍然是经过简化的近似解。根据采矿工程的特点,通过近似地求解出巷道周围的应力状态对了解巷道变形的机理是十分有益和非常必要的。但是,对复杂的矿山地下工程条件也必须做一些简化。

首先,将巷道及回采空间简化为各种理想的单一形状的孔,如圆形、椭圆形及矩形等,这样各巷道之间的影响也就可视为孔与孔之间的影响;其次,巷道周围的岩体性质也须简化,一般看作完全均质的连续弹性体;此外,还需对孔周围的原岩应力场及其应力状态作一些假设,把均质连续无限或半无限弹性体中孔周边应力分布问题作为平面应变问题进行分析。

随着侧压系数 λ 不同,可能有几种典型的应力状态,现列于表 1-1。当 $\lambda > 1$ 时,实际上是表 1-12 中双向不等压状态的坐标系旋转了 $90°$ 的情况。

未经采动的岩体,在巷道开掘以前通常处于弹性变形状态,岩体的原始垂直应力为上覆岩层的重量。在岩体内开掘巷道后,会发生应力重新分布,如果这种重新分布的应力不超过围岩的弹性极限,则巷道围岩会处于弹性平衡的应力状态,此时最大的应力出现在巷道周边。如果应力超过弹性极限,则巷道围岩会产生塑性变形。由于岩体呈脆性,因而很容易破裂,从而在巷道周围形成破裂区。随着离巷道周边距离增加,岩体应力逐渐缩小,岩体强度增高,因而巷道周边的岩体由近向远将由破裂区、塑性区、弹性区状态过渡到原岩应力状态。一般来说,也可将破裂区与塑性区近似的视为极限平衡区。为了便于分析计算,通常把围岩划分为极限平衡区、弹性应力区和原岩应力区,如图 1-1 所示。

表 1-1 应力场的各种形式

对比项目＼应力场性质	非均匀应力场			均匀应力场
典型示意图	$\sigma_1>0$ $\sigma_2=0$ σ_1	$\sigma_1>0$ $\sigma_2=1/3\,\sigma_1$ σ_2 σ_1	$\sigma_1>0$ $\sigma_2<\sigma_1$ σ_2 σ_1	$\sigma_1>0$ $\sigma_2=\sigma_1$ σ_2 σ_1
侧应力变化倾向	小→大			
侧压系数	$\lambda=0$	$\lambda=\dfrac{1}{3}$	$\dfrac{1}{3}<\lambda<1$	$\lambda=1$
水平应力（σ_2）与铅直应力（σ_3）的比值	$\sigma_2=0$	$\sigma_2=\dfrac{1}{3}\sigma_1$	$\sigma_2=(1\sim3)\dfrac{\sigma_1}{3}$	$\sigma_2=\sigma_1$
应力状态	单向受压	双向不等压	双向不等压	双向等压

1.1.1 弹性应力区巷道围岩应力状态

1）双向等压圆形巷道的弹性应力状态

假设围岩为均质,各向同性,线弹性,无蠕变或粘性行为;原岩应力为各向等压(静水压力),状态巷道断面为圆形;在无限长的巷道长度里,围岩的性质一致。于是可以采用研究平面应变问题的方法,取巷道的任一截面作为其代表,且埋探 H 大于或等于巷道半径 R_0（或其宽、高）的 20 倍。即有:

$$H\geqslant 20R_0 \tag{1-1}$$

研究表明,当埋深 $H\geqslant 20R_0$ 时,可忽略巷道影响范围(3~5 倍 R_0)内的岩石自重(图 1-2),这与原问题的误差不超过 10%。水平原岩应力可以简化为均布的,原问题就转变为荷载与结构都是轴对称的平面应变圆孔问题(图 1-3)。

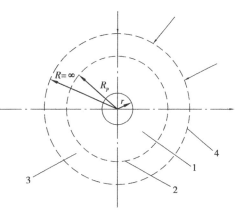

图 1-1 巷道围岩应力状态分布
1—极限平衡区;2—交界面;
3—弹性应力区;4—原岩应力区

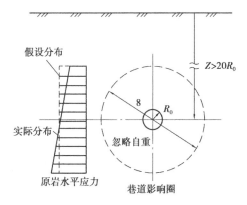

图 1-2 深埋巷道的力学特点

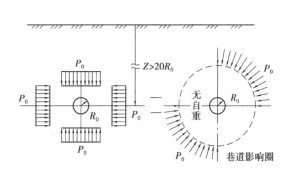

图 1-3 轴对称圆巷的条件

根据图 1-4 的分析,可列出以下各关系式:

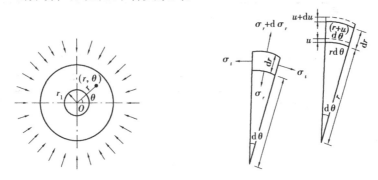

图 1-4　双向等压圆孔周围单元体应力分布

平衡方程:

$$(\sigma_r + \mathrm{d}\sigma_r)(r + \mathrm{d}r)\mathrm{d}\theta - \sigma_r r\mathrm{d}\theta - 2\sigma_t \mathrm{d}r \sin\frac{\mathrm{d}\theta}{2} = 0 \tag{1-2}$$

式中　σ_t, σ_r——切向应力和径向应力;

　　　r, θ——微单元的半径和坐标角。

忽略其中的高次微分项,且由于 $\mathrm{d}\theta/2$ 很小,故 $\sin(\mathrm{d}\theta/2) = \mathrm{d}\theta/2$。由此可得:

$$\sigma_r - \sigma_t + r\frac{\mathrm{d}\sigma_r}{\mathrm{d}r} = 0 \tag{1-3}$$

又由于径向应变 ε_r 和切向应变 ε_t 有如下关系:

$$\begin{cases} \varepsilon_r = \dfrac{\mathrm{d}u}{\mathrm{d}r} \\[2mm] \varepsilon_t = \dfrac{u}{r} \\[2mm] \dfrac{\mathrm{d}\varepsilon_t}{\mathrm{d}r} = \dfrac{1}{r}(\varepsilon_r - \varepsilon_t) \end{cases} \tag{1-4}$$

依据广义虎克定律则有:

$$\frac{\mathrm{d}\sigma_t}{\mathrm{d}r} - \mu\frac{\mathrm{d}\sigma_r}{\mathrm{d}r} = \frac{1+\mu}{r}(\sigma_r - \sigma_t) \tag{1-5}$$

假设 σ_1 由自重引起,且 $\sigma_1 = \gamma H$,联立式(1-3)和式(1-5),可求解得半径为 r 的任一点的 σ_r 和 σ_t。

$$\begin{cases} \sigma_r = \gamma H\left(1 - \dfrac{r_1^2}{r^2}\right) & (a) \\[3mm] \sigma_t = \gamma H\left(1 + \dfrac{r_1^2}{r^2}\right) & (b) \end{cases} \tag{1-6}$$

式中　r_1——孔的半径。

由(1-6(a),(b))两式可以绘出如图 1-5 所示的圆孔周围的应力场图。由上述关系式可得以下几个主要结论:

①在双向等压应力场中,圆孔周边全处于压缩应力状态。

②应力大小与弹性常数 E, μ 无关。

③σ_r, σ_t 的分布和角度无关,皆为主应力,即切向和径向平面均为主平面。

④双向等压应力场中孔周边的切向应力为最大应力,其最大应力集中系数 $K = 2$,且与孔径的大小无关。当 $\sigma_t = 2\gamma H$ 超过孔周边围岩的弹性极限时,围岩将进入塑性状态。

⑤其他各点的应力大小则与孔径有关。

若定义以 σ_t 高于 $1.05\sigma_1$ 或 σ_t 低于 $0.95\sigma_1$ 为巷道影响圈的边界,则 σ_t 的影响半径 $R_t = \sqrt{20}r_1 \approx 5r_1$,工程上有时以 10 % 作为影响半径,则 σ_t 的影响半径 $R_t \approx 3r_1$。有限元计算时,常取 $5r_1$ 的范围作为计算域。

⑥由式(1-6)可知,在双向等压应力场中圆孔周围任意点的切向应力 σ_t 与径向应力 σ_r 之和为常数,且等于 $2\sigma_1$。

2)双向不等压应力场内的圆形巷道的弹性应力解

根据弹性理论,双向应力无限板内圆形孔(图1-6)的应力解为

$$\begin{cases} \sigma_r = \dfrac{(\sigma_1 + \sigma_2)}{2}\left(1 - \dfrac{r_1^2}{r^2}\right) - \dfrac{(\sigma_1 - \sigma_2)}{2}\left(1 - 4\dfrac{r_1^2}{r^2} + 3\dfrac{r_1^4}{r^4}\right)\cos 2\theta \\ \sigma_t = \dfrac{(\sigma_1 + \sigma_2)}{2}\left(1 + \dfrac{r_1^2}{r^2}\right) + \dfrac{(\sigma_1 - \sigma_2)}{2}\left(1 + 3\dfrac{r_1^4}{r^4}\right)\cos 2\theta \end{cases} \tag{1-7}$$

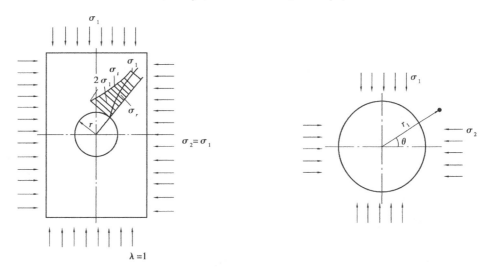

图1-5 圆孔在双向等压应力场中周围应力分布   图1-6 双向不等压状态下的应力状态

由此可分别绘出侧压系数 $\lambda = 0, 1/7, 1/2, 1$ 时,在 $\theta = 0°, 90°, 180°, 270°$ 轴线上的径向应力与切向应力分布图(图1-7)。

由式(1-7)结合图1-7则有:

①圆形巷道顶、底部($\theta = 90°, 270°$):当 $\lambda = 0$ 时,出现了拉应力区,巷道周边拉应力为 σ_1;当 $\lambda = 1$ 时,巷道围岩受压应力,周边压应力为 $2\sigma_1$;当 $\lambda = 1/3$ 时,$\sigma_t = 0$,即顶、底板的应力为 0。

②圆形巷道两侧($\theta = 0°, 180°$):当 $\lambda = 0$ 时,巷道围岩受压应力,最大应力集中系数 $k = 3$;当 $\lambda = 1$ 时,巷道围岩受压应力,且 $\sigma_t = 2\sigma_1$。

一般情况下($0 < \lambda < 1$),巷道围岩受压应力,两侧切向应力集中系数处于 2 ~ 3,且与巷道半径无关。

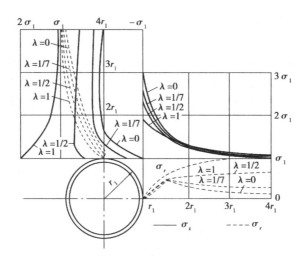

图 1-7　圆孔周围应力分布

以上分析了圆形巷道围岩的弹性应力状态,对于其他断面形状复杂的巷道,也可以用理论分析、光弹性试验或有限元法求得围岩中的应力分布特点。综合各种理论和实验结果,可以得到围岩应力分布的几条规律:

①在各种断面形状的巷道中,圆形与椭圆形巷道的应力集中系数最低。

②巷道平直周边上容易出现拉应力,所以平直巷道周边往往比曲线形周边更容易破坏。

③巷道周边的拐角处存在最大剪应力,而拐角圆形化能大大降低应力集中程度。

④巷道断面的高宽比对围岩的应力分布有很大影响。

3)相邻圆形巷道的应力分布

以上所述均为单孔周围的应力重新分布情况。实际上,在采矿工程中还常遇到多条巷道之间或回采空间对巷道的影响等问题,这些情况均可看做多孔间相互影响问题。一般来说,相邻两孔的影响程度及多孔周围的应力分布受到孔断面的形状及其尺寸大小、相邻两孔间的距离、在同一水平内相邻孔的数目、原岩应力场的性质和有关参数的影响。

(1)断面相同的相邻两孔的应力分布

由单孔周围的切向应力分布衰减情况可知,它有一个剧烈影响的范围,一般以超过原岩应

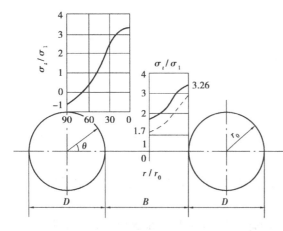

图 1-8　等径相邻两孔当 $B=D$ 时的切向应力分布图

力的 5% 处为界。令此影响半径为 R,由式(1-6)可知,$R_t = \sqrt{20}r_i$。现以双向等压应力场中的圆形孔为例,若相邻两孔的间距 $< 2R_t$,则此两孔就不会产生相互影响,巷道周边的应力分布也将和单孔的情况基本相同。在这种情况下,即使存在多条巷道,它们之间相互也不产生影响。反之,如两孔间距 $< 2R_t$,则相互之间就会有影响。

图 1-8 所示为相邻两圆孔间距小于 $2R_t$ 时产生相互影响的关系图。图中令 $D=B$,所处的原岩应力场为 $\lambda=0$,则两孔之间周边上产生的切向应力集中系数为 3.26,而在单孔

时为3,如图中虚线所示。在$r/r_0 = 2$处,即间距的中点处,$\sigma_t = 1.7\sigma_1$,比原来的应力$1.22\sigma_1$增长了41.7%。但在孔的顶底部,拉应力由$-\sigma_1$降至$-0.7\sigma_1$。

（2）大小不等的相部两孔的应力分布

从前述已知,单孔切向应力重新分布的影响范围与孔的半径成正比,以及等径相邻两孔的影响间距（中心距）为$2R_t$。同理,对大小不等的相邻两孔,影响间距为其各自的影响半径之和。图1-9所示为不等径相邻两孔的切向应力分布图。从图中可以看出,小孔周边的切向应力集中系数高达4.26,而大孔周边的应力集中系数仅为2.75。这说明大孔对小孔的应力分布影响较大,而小孔对大孔的影响则甚微。这个特点对于研究回采工作面与邻近巷道的相互影响很有参考价值。

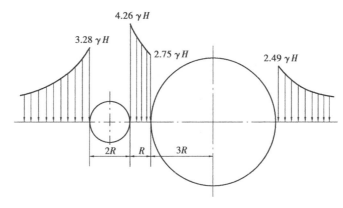

图1-9 不等径相邻两孔的切向应力分布图

（3）在同一水平多孔相互影响条件下的应力分布

图1-10所示为$\lambda = 0$条件下,同一水平多孔的相互影响。由图可以看出,孔周边的应力集中系数是随D/B值的增大而增大的（D为孔径,B为孔周边的间距）,另一方面又受同一水平上孔的数目影响。显然,孔的数目越多,孔周边的应力集中系数也越大。

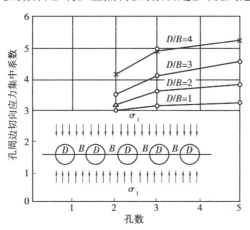

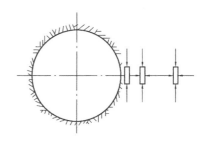

图1-10 多孔对应力集中系效的影响　　　图1-11 巷道（孔）两侧围岩单元体的应力状态

1.1.2 围岩的极限平衡与支承压力分布

在岩体内开掘巷道后,巷道围岩必然出现应力重新分布,一般将巷道两侧改变后的切向应力增高部分称为支承压力。显然,支承压力是矿山压力的重要组成部分。由前面分析可近似地认为,一般巷道两侧的应力集中系数为 2~3。对于 $b/a=1/2$ 的椭圆形孔,则可能达 4~5,甚至更大。这样,在巷道两侧周边的围岩上就将承受 $(2~3)\sigma_1$ 或 $(4~5)\sigma_1$ 的铅直压应力。由于处于周边的岩块侧向应力为零,为单向压缩状态(图 1-11)。随着向深部发展,岩块逐渐变为三向应力状态。若巷道两侧是松软岩层,如煤、页岩等,则在此压力作用下就可能处于破坏状态。随着向岩体内部发展,岩块的抗压强度逐渐增加,直到某一半径 R 处岩块又处于弹性状态。这样,半径 R 范围内的岩体就处于极限平衡状态,即此范围内岩块所处的应力圆与其强度包络线相切。这个范围称为极限平衡区。

如图 1-4 所示的极限平衡区内的静力平衡方程为:

$$r\frac{\mathrm{d}\sigma_r}{\mathrm{d}r} + \sigma_r - \sigma_t = 0 \tag{1-8}$$

根据极限平衡条件:

$$\sigma_t = \frac{1+\sin\varphi}{1-\sin\varphi}\sigma_r + \frac{2C\cos\varphi}{1-\sin\varphi} \tag{1-9}$$

式中　σ_t,σ_r——极限平衡区内的切向应力与径向应力;

C,φ——岩体的内聚力和内摩擦角;

r——极限平衡区内所研究点的半径。

将式(1-9)代入式(1-8)后计算得:

$$\begin{cases} \sigma_r = C\cot\varphi\left[\left(\dfrac{r}{r_1}\right)^{\frac{2\sin\varphi}{1-\sin\varphi}} - 1\right] \\[3mm] \sigma_r = C\cot\varphi\left[\dfrac{1+\sin\varphi}{1-\sin\varphi}\left(\dfrac{r}{r_1}\right)^{\frac{2\sin\varphi}{1-\sin\varphi}} - 1\right] \end{cases} \tag{1-10}$$

按以上两式,可作出巷道两侧的切向应力分布图及巷道水平轴上周围各岩块单元体所处的应力状态,如图 1-12 所示。

由于假设巷道所处的原岩应力场为静水应力场,即 $\lambda=1$。因此,在半径为 R 处(极限平衡区的边界上)应符合前述圆孔的 $\sigma_r + \sigma_t = 2\sigma_1$。且令 $\sigma_1 = \gamma H$,由

$$C\cot\varphi\left[\frac{1+\sin\varphi}{1-\sin\varphi}\left(\frac{R}{r_1}\right)^{\frac{2\sin\varphi}{1-\sin\varphi}} - 1\right] +$$

$$C\cot\varphi\left[\left(\frac{R}{r_1}\right)^{\frac{2\sin\varphi}{1-\sin\varphi}} - 1\right] = 2\gamma H$$

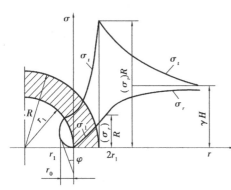

图 1-12　巷道两侧的支承压力分布

得:

$$R = r_1\left[\frac{(\gamma H + C\cot\varphi)(1-\sin\varphi)}{C\cot\varphi}\right]^{\frac{1-\sin\varphi}{2\sin\varphi}} \tag{1-11}$$

分析式(1-11)可知:

①极限平衡区半径与航道半径成正比,巷道半径 r_1 越大,极限平衡区半径 R 也越大;

②巷道所处的原岩应力越大,极限平衡区也就越大,不过不成线性关系;

③反映岩体性质的指标 C 和 φ 越小,即岩石的强度低,极限平衡区越大。

对于采场前方煤体则可按图 1-13 所示的关系建立极限平衡方程：

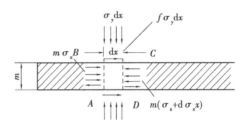

$$m(\sigma_x + d\sigma_x) - m\sigma_x - 2\sigma_y fdx = 0 \quad (1\text{-}12)$$

式中　f——层面间的摩擦系数；

　　　m——采高。

结合极限平衡区的条件有：

图 1-13　采场前方极限平衡区的受力状态

$$\sigma_y = R_c + \frac{1 + \sin\varphi}{1 - \sin\varphi}\sigma_x$$

得：

$$\frac{d\sigma_y}{d\sigma_x} = \frac{1 + \sin\varphi}{1 - \sin\varphi}$$

将上式代入平衡方程式（1－12）中，求解可得：

$$\ln\sigma_y = \frac{2f \cdot x}{m}\left(\frac{1 + \sin\varphi}{1 - \sin\varphi}\right) + C$$

当 $x = 0$，$\sigma_y = P$ 时，

$$C = \ln P$$

式中　P——煤帮的支撑能力。

$$\ln\sigma_y - \ln P = \frac{2f \cdot x}{m}\left(\frac{1 + \sin\varphi}{1 - \sin\varphi}\right)$$

得：

$$\sigma_y = Pe^{\frac{2f \cdot x}{m}\left(\frac{1 + \sin\varphi}{1 - \sin\varphi}\right)} \quad (1\text{-}13)$$

同样，当极限平衡处的应力等于该处在弹性状态下的切向应力时，支承压力将按弹性状态时的切向应力分布状态分布。

为了进步了解支承压力的性质，常将采场前方或巷道两侧的切向应力分布按大小进行分区，如图 1-14 所示。根据切向应力的大小，可分为减压区和增压区。比原岩应力小的压力区是减压区，比原岩应力高的压力区是增压区。增压区即是通常说的支承压力区。支承压力区的边界一般可以取高于原岩应力的 5% 处作为分界处，再向内部发展即处于稳压状态的原岩应力区。另一种分类方法是将其分为极限平衡区和弹性区。

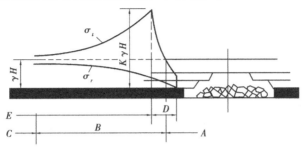

图 1-14　支承压力的分区

A—减压区；B—增压区；C—稳压区；D—极限平衡区；E—弹性区

1.2 采准巷道矿山压力显现规律

采准巷道的矿山压力显现比受采动影响的单一巷道要复杂得多,它的维护状态除取决于影响单一巷道维护的诸元素外,主要取决于煤层开采过程中采煤工作面周围的岩层移动和应力重新分布。采动引起的支承压力对本煤层的行当危害很大,而且也严重影响布置在采煤工作空间周围的底板岩巷和临近煤层巷道。

1.2.1 水平巷道矿压显现规律

以本区段采煤工作面采完后留下供下区段采煤工作面使用的运输平巷为例,其状况如图1-15所示,表示了采煤工作面运输平巷在经历掘进、采动等影响后顶底板移动的全过程。

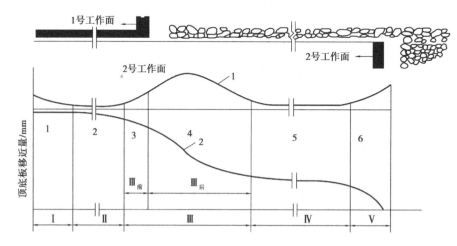

图 1-15 工作面下部平巷顶底板移动全过程曲线
1—移动速度曲线;2—移近量曲线

(1)巷道掘进阶段,Ⅰ区

巷道的掘进破坏了原岩应力的平衡状态,引起了应力的重新分布,表现为围岩立即产生移动和变形。但由于巷道掘进仅对小范围岩体造成扰动,因而矿压显现不会剧烈,并随着巷道的掘进,围岩应力分布趋向于新的平衡,围岩移动速度也由剧烈、衰减而趋向稳定。巷道掘进阶段矿压显现由剧烈转向稳定所经历的时间短者只有几天,长者可达两个月,相应的掘进阶段引起的顶底板移近量差别也较大。

(2)无采掘影响阶段,Ⅱ区

这个阶段的围岩移动主要是由于围岩在塑性状态下的流变引起的,即变形量是时间的函数。由于随时间增长,变形的增量极为微小,一般顶底板的移近速度较小,巷道基本处于稳定状态。

(3)采动影响阶段,Ⅲ区

当采煤工作面接近于该区域时,由于工作面前方及采空区两侧支承压力的影响,围岩应力再次重新分布。采动影响的全过程是由工作面前方开始,根据围岩性质、采深、煤层采厚等的不同,其超前距离由 10~20 m 至 40~50 m 不等。到工作面附近,采动影响表现加剧,一般情况下峰值位于工作面后方 5~10 m 范围内。该处顶底板移动速度加剧,巷道断面急剧缩小,支架变形及折损严重。当工作面推过 40~60 m 后,由于采空区上方岩层移动又趋于稳定,采动影响明显变小。

工作面前方采动影响带主要是由于工作面前方支承压力和沿倾斜侧向支承压力的叠加作业引起的,而工作面后方采动影响带是由巷道上方和采空区一侧顶板弯曲下沉和显著运动所引起的,两者在矿压显现剧烈程度上有明显差别。

（4）采动影响稳定阶段,Ⅳ区

这是巷道围岩经受一次采动影响后重新进入相对稳定的阶段,故其围岩移动特征基本上与无采掘影响类似。进入采动影响稳定阶段的位置,有的从工作面后方 50～60 m 处即开始,但多数情况是在 100～120 m 以及更远。

（5）二次采动影响阶段,Ⅴ区

处于采动影响稳定阶段的巷道,在下采区回采时,此巷道又将受到另一工作面开采支承压力的影响,从而引起围岩的进一步失稳与移动。二次采动的时间和空间规律与一次采动影响类似,但由于是第二次支承压力的作用,其剧烈程度与影响范围都会比一次采动时大。

由此可见,采区平巷沿走向方向在时间和空间上存在不同压力显现规律,各带内巷道、顶底板移动速度和移近量所占比值的一般规律见表 1-2。

表 1-2　采区巷道沿走向不同矿压显现带内顶底板移动规律

矿压显现带		各带内顶底板移近量/(mm·d^{-1})	各带内移近量所占比例
Ⅰ　采掘影响带		剧烈区由几到几十,稳定期一般 <1,多数情况为 0.2～0.5,有时至 1 左右	
Ⅱ　无采掘影响带			
Ⅲ 采动影响带	Ⅲ前 前影响区	1～19	10～15
	Ⅲ后 后影响区	一般为 20～30,少数情况达 40～60	50～60
Ⅳ　采动影响稳定带		多数 <1,有时达 1～2	5～8
Ⅴ　二次采动影响带		10～40	20～25

根据采区平巷矿压显现规律的研究可知,回采工作的影响是造成巷道变形破坏的主要原因。根据我国部分矿区观测资料,采动剧烈影响区内产生的顶底板移近量一般为 200～300 mm,有时达 400～500 mm,这大约分别相当于煤层采高的 10%～18% 和 16%～21%。

为了能事先知道巷道受压后其断面会缩小到何种程度,以便有计划地进行巷道矿压控制,学者们曾提出了多种巷道顶底板移近量的计算方法,下面介绍按照不同矿压显现阶段移近量累计值进行预计的方法。

设采区平巷从掘进到废弃的整个服务期内顶底板移近量为 $u_{总}$(mm),则

$$u_{总} = u_0 + v_0 l_0 + u_1 + v_1 l_1 + u_2 \tag{1-14}$$

式中　u_0,u_1,u_2——由掘巷、一次采动和二次采动引起的顶底板移近量,mm;

v_0,v_1——无采动影响期和一次采动影响期内稳定的顶底板移近速度,mm;

l_0,l_1——无采动影响期和一次、二次采动影响间隔期的时间,d。

1.2.2　倾斜巷道矿压显现规律

1）采区斜巷沿倾斜矿压显现规律

以工作面下部沿倾斜开掘的联络斜巷为例,其状况如图 1-16 所示,巷道内从煤体边缘向煤体深部可分成 3 个不同的矿压显现带。

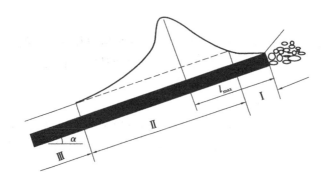

图 1-16　采区斜巷中沿倾斜不同矿压显现带

Ⅰ—卸载区；Ⅱ—支承压力带；Ⅲ—原岩应力带；l_{max}—峰值位置

（1）煤体边缘卸载带，Ⅰ

在高压应力作用下，煤体边缘常在不同程度上产生变形和破坏，使其承载能力降低，从而形成较原岩应力为低的卸载带，也称为应力降低带或减压带。卸载带的宽度与作用力大小、煤层采高和煤质硬软有关，多数情况为 1~3 m，少数情况可达 4~6 m。

（2）支承应力显现带，Ⅱ

边缘煤体遭到破坏后，煤体基本失去了承载能力，对上覆岩体支承力即向煤体深部转移，从而形成沿倾斜方向的支承应力影响带，也称为应力增高带或增压区。由煤体边缘算起该带的总影响范围（包括卸载带宽度），多数矿井为 15~30 m，少数矿井可达 35~40 m，其支承压力峰值距煤体边缘的距离（相当于塑性区宽度）一般为 15~25 m。

支承压力显现带内的高应力比原岩应力要增高 1~2 倍，其中顶底板移近量可达 10 mm/d 以上，有时甚至达 20~30 mm/d。受支承压力严重影响的范围，一般为 3~20 m，少数矿井为 10~25 m。

（3）原岩应力带，Ⅲ

支承压力达到峰值以后，随着其远离煤体边缘，支承压力影响逐渐减弱，至煤体内部一定距离处即转移为原始应力状态，称原岩应力带。

沿倾斜的支承压力形成后，随着远离采煤工作面和时间的延长，会逐渐地趋向缓和与均化，并最终形成长期稳定的残余支承压力。其经过的时间随顶板岩性、开采深度、煤层采高、巷道支护方式及工作面推进速度等因素的不同，可能在 2~3 个月甚至 1~2 年变化。从空间上一般要在采煤工作面后方距离 100~150 m 处才开始稳定。

根据沿煤层倾斜方向矿压显现规律的研究可知，沿倾斜方向支承压力峰值区内的高应力是造成布置在该处的巷道产生破坏的主要原因。为了正确选择沿倾斜布置巷道的合理位置，就应预先了解峰值区离煤体边缘的距离。

沿倾斜支持压力峰值离煤体边缘的距离 B(m)，可按如下经验公式估算：

$$B \approx 17.015 - 0.475f_0 - 0.16R_c - 0.199\alpha + 1.593m + 1.7 \times 10^{-3}H \qquad (1\text{-}15)$$

式中　f_0——煤层坚固性系数；

　　　R_c——顶板岩石单轴抗压强度，MPa；

　　　α——煤层倾角，(°)；

　　　m——煤层采高；

　　　H——开采深度。

2）采动对上（下）山围岩移动的影响

采区上（下）山从开掘到报废，由于采动影响，围岩应力会重新分布，巷道围岩变形也会持续和增加。如图 1-17 所示，上山布置在下层煤内，顶底板为比较稳定的页岩，煤质中硬。两上山 A，B 的间距为 20 m，上山两侧各留 30 m 煤柱，上山煤柱总宽度为 80 m，两层煤的间距为 7 m。当上层一侧工作面离上山 120 ～ 140 m 之前，采动对上山无影响，围岩移动量约 0.1 mm/d，为无采掘影响阶段。而后，随着采煤工作面的推进，至工作面离一侧上山为 30 m 时停止，围岩移动速度逐渐增加，此时围岩移动量增至 1 mm/d，随着工作面的停采，围岩移动速度可逐渐稳定至 0.2 ～ 0.3 mm/d，此阶段为一侧采动影响阶段。其后为采动影响稳定期，当另一翼工作面距另一侧上山为 100 ～ 120 m 时，采区上山受到两翼开采的影响，直至该工作面离另一侧上山距离为 30 m 时停采，围压移动速度增长至 1.5 ～ 3 mm，形成两翼采动影响阶段。再后又逐渐进入两侧采动影响稳定期，此时根据围岩性质、煤柱强度及尺寸不同，移动量将有很大差别，在上述具体条件下移动速度为 0.5 ～ 1.0 mm/d。

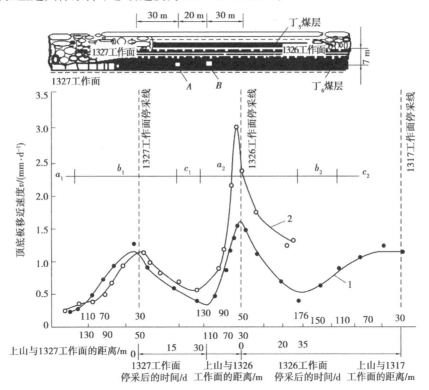

图 1-17　采动对上（下）山的影响

a_1—未受采动影响区域；b_1—一侧采动影响区；c_1—一侧采动影响稳定区；

a_2—两侧采动影响区域；b_2—两侧采动影响稳定区；c_2—两侧多次采动影响区

1—顶底板移近；2—两帮移近

此时巷道围岩的变形量为

$$u_{总} = u_0 + v_0 t_0 + n u_1 + v_1 t_1 + n u_2 + v_2 t_2 \qquad (1\text{-}16)$$

式中　u_0，u_1，u_2——开掘上（下）山、一侧采动及两侧采动时的变形量，mm；

　　　v_0，v_1，v_2——无采掘影响、一侧采动影响及两侧采动后稳定期围岩移动速度，mm/d；

t_0, t_1, t_2——u_0, u_1, u_2 的稳定期,d;

n——重复采动次数。

1.2.3 煤层底板岩巷矿压显现规律

以煤体与采空区交界地区为例,开采以后底板岩层中可分出几个不同的矿压显现区。

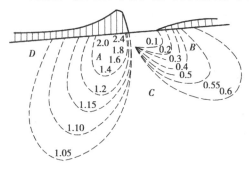

图1-18 煤体与采空区交界处底板眼层中的
不同矿压显现区

1)应力增高区

这是由于开采工作引起的支承压力经煤层传递到底板岩层,从而在靠近采空区的煤体下方形成的大于原始应力的增压区,且越靠近煤层,该应力集中越大,如图1-18中的 A 区。

2)应力降低区

由于开采后顶板岩层离层、冒落,在邻近煤体的采空区下方底板岩层中会形成应力明显低于原岩应力的卸压区,且随远离煤层其卸压程度逐渐减小,见图1-18中的 B 区。

3)影响轻微区

该区位于煤体边界处的采空区下方,介于应力增高区和降低区之间的区域,为受采动影响轻微的区域,见图1-18中的 C 区。

4)未受影响区

在煤层底板中,离煤体支承压力强作用区距离较远或深度较大而未受到影响的区域,见图1-18中的 D 区。

从减轻巷道受压的观点看,显然不应将地板岩巷布置于 A 区,但也不宜布置在离采空区很近的 B 区,因为该处的底板岩层常会朝采空区方向产生移动和鼓起。从减少掘进量、便于生产联络和有利于维护等观点看,也不宜将岩巷布置于 D 区。根据经验,一般将底板岩巷布置在 C 区,而且它离煤层底板和煤体边界面都应有合适的距离。

任务2 采煤工作面上覆岩层移动规律

2.1 概述

在煤层或矿床的开采过程中,一般把直接进行采煤或有用矿物的工作空间称为回采工作面或简称为采场。赋存在煤层之上的岩层称为顶板或称为上覆岩层,位于煤层下方的岩层称为底板。

一般把直接位于煤层上方的一层或几层性质相近的岩层称为直接顶。它通常由具有稳定性且易于随工作面回柱放顶而垮落的页岩、砂页岩或粉砂岩等岩层组成。

在煤层与直接顶之间有时存在厚度小于 0.3 ~ 0.5 m、极易垮落的软弱岩层,称为伪顶。它随采随冒,一般为炭质页岩、泥质页岩等。

通常把位于直接顶之上(有时直接位于煤层之上)对采场矿山压力直接造成影响的厚面坚硬的岩层称为基本顶。一般是由砂岩、石灰岩及砂砾岩等岩层组成。

为了维护好回采工作面,必须对回采工作面进行支护,并对采空区进行处理。从建筑物的一般概念出发,首先要研究被维护空间的形状,然后研究维护工作空间的支护结构受力情况,这样才能对支护结构的强度进行验算。

采空区的处理方法目前主要有如图 1-19 所示的几种工作空间形式。

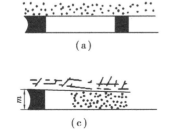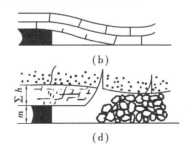

图 1-19 回采工作空间的形式

(a)采用刀柱法(或留煤性)时;(b)采用顶板缓慢下沉法时;

(c)采用全部充填或局部充填法时;(d)采用全部垮落法时

由图 1-19 可知,开切眼(图中(a))类似于一般巷道。基本顶垮落前(图中(b)),工作空间又类似于使用刀柱法处理采空区的状况。在基本顶垮落后,虽然处理采空区采用的方法不同(如图 1-19 中(a),(b),(c),(d)所示),但它们之间仍存在着内在联系。例如,全部垮落法相当于采高为 $\sum h + m$ 的全部充填法等后三种形式的工作空间,前方顶板都是由煤壁支撑,后方采空区则由煤层底板、充填物或已冒落的歼石支撑。

显然,在煤(岩)体内形成回采工作空间(巷道)将引起围岩破碎,其上方岩体的部分重量则由此空间内的支护物来承担,从而形成了对支架的压力(有时是由于围岩变形而形成对支架的压力)。这些对支架造成的压力,不同于岩体内的矿山压力,但习惯上也常称为矿山压力。为了区分其间的含义,可称它为围岩压力或顶板压力等。

对于岩层中未破坏的部分(或未产生剧烈变形的部分),或者虽然岩层已破断但仍能整齐排列的部分,有时能形成岩体内的"大结构"。这种大结构能够承担上覆岩层重量,从而对巷道及回采工作空间起保护作用。根据实际测定,回采工作空间支护物所承受的力仅为上覆岩层重量的百分之几。但当工作空间维护时间较长时,有时由于岩体内所受的应力超过其弹隆极限,或由于煤、岩的蠕变特性,使岩不易形成稳定性结构。这种现象在巷道中尤其容易出现,从而导致巷道围岩出现"挤"、"压"、"鼓"现象。对于回采工作空间,尤其当工作面推进较快时,这种时间影响因素所表现的结果可能变得较为次要。由此可见,研究开采后回采工作空间上覆岩层破断规律及其形成结构的稳定性,对保证生产的正常进行有着极其重要的作用。

由于采矿工程造成的空间断而形状有多种形式,这些空间的维护期限及其顶板岩层的完整性也不同,因此在分析上覆岩层形成结构的可能性时,不可能采用一种力学方法加以解决,而应当根据对象及状态的不同,采用各自适用的研究方法。

以下介绍煤层开采后从直接顶到基本顶破断运动的基本规律。

2.2 采场上覆岩层活动规律

2.2.1 采场上覆岩层活动规律的相关理论和假说

由于采矿工程涉及岩层内的原岩应力场以及岩体性质的复杂性,因而从一开始人们就对采场的矿山压力现象提出了各种不同的解释。这种解释(即揭示矿山压力现象内在联系的推测或科学的概括)即称为矿山压力假说,矿山压力假说对岩层控制具有指导意义。

最早的采场矿山压力假说当推"压力拱"假说与"悬臂梁"假说。20世纪50年代,随着长壁工作面开采技术的发展、采场上覆岩层运动的观测以及支护技术的发展,人们对采场上覆岩层运动时的结构形式有了新的认识,此时提出的矿山压力假说当推"铰接岩块"假说以及岩体"预成裂隙"假说。

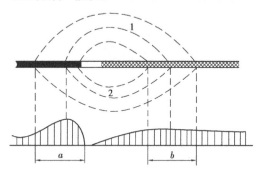

图1-20 回采工作面压力拱假说
a—前拱脚;b—后拱脚;
1—顶板内压力拱轴线;2—底板内压力拱轴线

1)压力拱假说

压力拱假说是由德国人哈克和吉淮策尔于1928年提出的。此假说认为,在回采工作空间上方,由于岩层自然平衡的结果而形成了个"压力拱"。拱的一个支撑点是在工作面前方煤体内,形成了前拱脚 a ,而另一个支撑点是在采空区内已垮落的研石上或采空区的充填体上,形成了后拱脚 b ,如图1-20所示。随着工作面的推进,前、后拱脚也将向前移动。a,b 均为应力增高区,工作面则处于应力降低区。在前、后拱脚之间,无论在顶板或底板中都形成了一个减压区,回采工作面的支架只承受压力拱内的岩石重量。

压力拱假说对回采工作面前后的支承压力及回采工作空间处于减压范围作出了粗略却经典的解释,而对于此拱的特性岩层变形、移动和破坏的发展过程以及支架与围岩的相互作用,并没有做任何分析。

2)悬臂梁假说

悬臂梁假说是由德国的施托克于1916年提出的,后得到英国的弗里德、苏联的格尔曼等的支持。此假说认为,工作面和采空区上方的顶板可视为梁,已一端固定于岩体内,另一端则处于悬伸状态。当顶板由几个岩层组成时,形成组合悬臂梁在悬臂梁弯曲下沉后,受到已垮落岩石的支撑,当悬伸长度很大时会发生有规律的周期性折断,从而引起周期来压。

此假说可以解释工作面近煤壁处顶板沉量小,支架载荷也小,而距煤壁越远则两者均大的现象。同时也可以解释工作面前方出现的支承压力及工作面出现的周期来压现象。

上述观点虽提出了各种计算方法,但由于并未查明开采后上覆岩层活动规律,因此仅凭悬臂梁本身计算所得的顶板下沉量和支架载荷与实际所测得的数据相差甚远。

3)铰接岩块假说

铰接岩块假说由苏联库兹涅佐夫于1950—1954年提出。此假说认为,工作面上覆岩层的破坏可分为垮落带和其上的规则移动带。垮落带分上下两部分,下部垮落时,岩块杂乱无章;上部垮落时,则呈规则排列,但与规则移动带的差别在于其无水平方向有规律的水平挤压力。规则移动带岩块间可以相互铰合而形成一条多环节的铰链,并规则地在采空区上方下沉(如图1-21所示)。

此假说对支架和围岩的相互作用做了较详细的分析。假说认为,工作面支架存在两种不同的工作状态。当规则移动带(相当于基本顶)下部岩层变形小而不发生折断时,垮落带岩层(相当于直接顶)和基本顶间就可能发生离层,支架最多只承受直接顶折断岩层的全部重量,

图 1-21　铰接岩块假说

1—不规则冒落带；2—规则垮落带；3—裂隙带

这种情况称为支架处于"给定载荷状态"。当直接顶受基本顶影响折断时,支架所承受的载荷和变形取决于规则移动带下部岩块的相互作用,载荷和变形将随岩块的下沉不断增加,直到岩块受已垮落岩石的支承达到平衡为止,这种情况称为支架的"给定变形状态"。铰接岩块间的平衡关系为三铰拱式的平衡。

铰接岩块假说正确地阐明了工作面上覆岩层的分带情况,并初步涉及岩层内部的力学关系及其可能形成的"结构",但此假说未能对铰接岩块间的平衡条件做进一步探讨。

4）预成裂隙假说

几乎与铰接岩块假说在同一时期,预成裂隙假说由比利时学者 A. 拉巴斯提出,假塑性梁是此假说中的主要组成部分。事实上,此假说是从另一侧面解释了破断岩块的相互作用关系。此假说认为,由于开采的影响,回采工作面上覆岩层的连续性遭到破坏,从而成为非连续体。在回采工作面周围,存在着应力降低区、应力增高区和采动影响区。随着工作面推进,三个区域同时相应地向

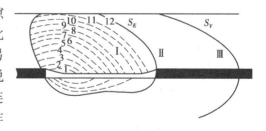

图 1-22　预成裂隙假说

前移动,如图 1-22 所示。其中, Ⅰ 为应力降低区; Ⅱ 为应力增高区;包围面 S_E 孔上的剪应力达最大; Ⅲ 为采动影响区。

由于开采后上覆岩层中存在各种裂隙,这些裂隙有可能是由于支承压力作用而形成的,它可能是平行于正压应力的张开裂隙,也可能是与正压应力成一定交角的剪切裂隙,从而使岩体发生很大的类似塑性体的变形,因而可将其视为"假塑性体"。这种被各种裂隙破坏了的假塑性体处于一种彼此被挤紧的状态时,可以形成类似梁的平衡;在自重及上覆岩层的作用下,将发生明显的假塑性弯曲;当下部岩层的下沉量大于上部岩层时,就产生离层,如图 1-23 所示。

此假说还认为,为了有效地控制顶板,应保证支架具有足够的初撑力和工作阻力,并应及时支撑住顶板岩层,使各岩层及岩块之间保持挤紧状态,借助于彼此之间的摩擦阻力,阻止岩层破断岩块之间的相对滑移、张裂与离层。

5）我国学者在岩体结构力学模型上的发展

我国学者在总结铰接岩块假说、预成裂隙假说以及在大量生产实践及对岩层内部移动进行现场观测的基础上,于 20 世纪 70 年代末 80 年代初提出了岩体结构的"砌体梁"力学模型,从而发展了上述有关假说。

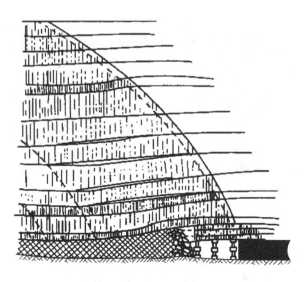

图 1-23　顶板岩层的假塑性弯曲

"砌体梁"结构是基于采动岩体移动的如下特征而提出的：

①采动上覆岩层的岩体结构的骨架是覆岩中的坚硬岩层,可将上覆岩层划分为若干组。每组以坚硬岩层为底层,其上部的软弱岩层可视为直接作用于骨架上的载荷,同时也是更上层坚硬岩层与下部骨架联结的垫层。

②随着工作面的推进,采空区上方坚硬岩层在裂缝带内将断裂成排列整齐的岩块,岩块间将受水平推力作用而形成铰接关系。岩层移动曲线的形态经实测呈初期下凹而后随工作面的推进逐渐恢复水平状态的过程,由此决定了断裂岩块间铰接点的位置。若曲线下凹,则铰接点位置在岩块断裂面的偏下部;反之,则在偏上部。如果在回采空间以及邻近的采空区上方出现明显的离层区,说明该区内断裂的岩块可以形成悬露结构。

③由于垫层传递剪切力的能力较弱,因而两层骨架间的联结能用可缩性支杆代替。

④当骨架层的断裂岩块回转恢复到近水平位置时,岩块间的剪切力趋近于零,此时的铰接关系可转化为水平连杆联结关系。

⑤最上层为表土冲积层,可将其视为均布载荷作用于岩体结构上,而骨架层各岩块上的载荷将随垫层的压实程度而变化。

采场上覆岩层的"砌体梁"结构模型如图 1-24 所示。图 1-24(a)表示回采工作面前后岩体形态,其中:Ⅰ为垮落带,Ⅱ为裂缝带,Ⅲ为弯曲下沉带,A 为煤壁支承区,B 为离层区,C 为重新压实区。图 1-24(b)为根据观测的岩层形态而推测的岩体结构形态;而图 1-24(c)为此结构中任一组(i)结构的受力状态。图中 Q 表示岩块自重及其载荷,R 表示支承力,R_0 等则表示岩块间的铅直作用力,T 为水平推力。鉴于此结构似砌体一样排列而组成的,因而称之为"砌体梁"。

此假说具体给出了破断岩块的咬合方式及平衡条件,同时还讨论了基本顶破断时在岩体中引起的扰动,很好地解释了采场矿山压力显现规律,为采场矿山压力的控制及支护设计提供了理论依据。

有的学者提出了"传递岩梁"假说。此假说认为,由于断裂岩块之间相互咬合,始终能向煤壁前方及采空区岩石上传递作用力,因此,岩梁运动时的作用力无需由支架全部承担;支架

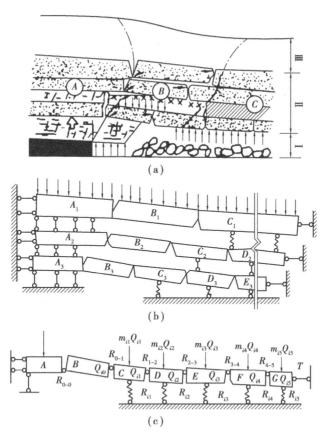

图 1-24 采场上覆岩层中的"砌体梁"力学模型

承担岩梁作用力的大小,由对其运动的控制要求决定。此假说还认为,基本顶岩梁给支架的力一般取决于支架对岩梁运动的抵抗程度,可能存在"给定变形"和"限定变形"两种工作方式。该假说基于基本顶传递力的概念,但并没有对此结构的平衡条件做出推导与评论。

近年来,随着对岩层控制科学研究的不断深入以及为了解决岩层活动中更为广泛的问题,如岩层移动过程中的卸压瓦斯抽放与突水防治、离层区充填与地表沉陷控制等,在"砌体梁"理论的基础上,进一步提出了"岩层控制的关键层理论"。

"岩层控制的关键层理论"认为在直接顶上方存在厚度不等、强度不同的多层岩层,其中一层至数层厚硬岩层在采场上覆岩层活动中起主要的控制作用。将对采场上覆岩层局部或直至地表的全部岩层活动起控制作用的岩层称为关键层。关键层的断裂将导致全部或相当部分的上覆岩层产生整体运动。

采场上授岩层中的关键层有如下特征:

①几何特征:相对其他同类岩层单层厚度较厚。

②岩性特征:相对其他岩层较为坚硬,即弹性模量较大、强度较高。

③变形特征:关键层下沉变形时,其上覆全部或局部岩层的下沉量同步协调。

④破断特征:关键层的破断将导致全部或局部卜覆岩层的同步破断,引起较大范围内的岩层移动。

⑤承载特征:关键层破断前以"板"(或简化为"梁")的结构形式作为全部岩层或局部岩层的承载主体,破断后则成为砌体梁结构,继续成为承载主体。

关键层理论的提出实现了矿山压力、岩层移动与地表沉陷、采动煤岩体中水与瓦斯流动研究的有机统一,为更全面、深入地解释采动岩体活动规律与采动损害现象奠定了基础,为煤矿绿色开采技术研究提供了新的理论平台。

2.2.2 直接顶的跨落

煤层开采后,首先会引起直接顶的垮落。回采工作面从开切眼开始向前推进时,直接顶悬露面积随之增大,当达到其极限跨距时开始垮落。直接顶的第一次大面积垮落称为直接顶初次垮落。直接顶初次垮落的标志是:直接顶垮落高度超过 $1 \sim 1.5$ m,范围超过全工作面长度的一半。此时,直接顶的跨距称为初次垮落距。初次垮落距的大小由直接顶岩层的强度、分层厚度、直接顶内节理裂隙的发育程度所决定,它是直接顶稳定性的一个综合指标。

直接顶初次垮落前,其变形一般相对上覆基本顶变形大,容易出现直接顶与基本顶间的离层。直接顶初次垮落后,一般将随着回柱放顶而在采空区垮落。

岩石破碎后,由于其杂乱堆积,岩体的总体力学特性类似于散体。由于岩层破碎后体积将产生膨胀,因此直接顶垮落后,堆积的高度要大于直接顶岩层原来的厚度。

影响碎胀系数 K_p 的重要因素是岩石破碎后块度的大小及其排列状态。例如坚硬岩层成大块破断且排列整齐,因而碎胀系数较小;若岩石破碎后块度较小且排列较乱,则碎胀系数较大。岩石破碎后,在其自重及外加载荷的作用下,渐趋压实碎胀系数变小,压实后的高度将取决于岩石的残余碎胀系数 K'_p。

若直接顶岩层的垮落厚度为 $\sum h$,从则垮落后堆积的高度为 $K_P \cdot \sum h$。它与基本顶之间可能留下的空隙 Δ 为

$$\Delta = \sum h + M - K_P \cdot \sum h = M - \sum h(K_P - 1) \tag{1-17}$$

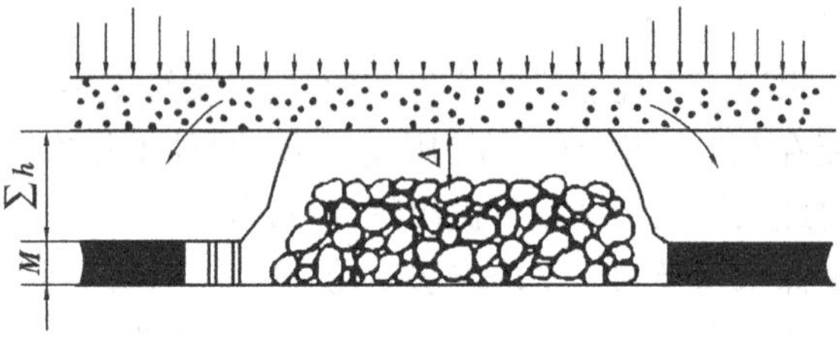

图 1-25 直接顶初次垮落后采空区情形

此时,沿走向方向回采工作面前后的岩层情况见图 1-25。

当 $M = \sum h(K_P - 1)$ 时,$\Delta = 0$,即冒落的直接顶将充满采空区。此时,基本顶一般的弯曲下沉量较小,常可忽略不计。因此,形成充满采空区所需直接顶的厚度为:

$$\sum h = \frac{M}{K_P - 1} \tag{1-18}$$

随着工作面自开切眼开始推进,直接顶发生初次垮落。由于基本顶的强度较大,因而继续呈悬露状态。此时,可视基本顶为一悬露的"板"(见图 1-26),下面主要就覆岩第 1 层基本顶岩层的断裂形式进行分析。

由于回采工作面沿倾斜方向的长度远大于基本顶沿走向悬露的跨距,因此可将基本顶视为端由工作面煤壁、另一端由边界煤柱支撑的固定梁,即所谓"梁"的假说。此时,若基本顶之上的岩层强度较低,则上覆岩层的重量将通过基本顶"梁"传递至两端的支承点上,即煤壁和煤柱上。

现在分析这种梁的应力状态,如图 1-27 所示。

由于是对称梁,所以梁两端的反力 $R_1 = R_2$,弯矩 $M_2 = M_1$。取 $\sum F_y = 0$,则

$$R_1 = R_2 = qL/2$$

式中符号含义见图 1-27。

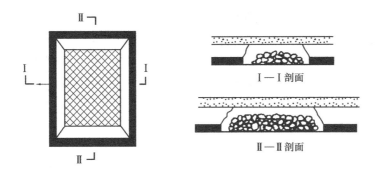

图 1-26 基本顶初次破断前的"板"与"梁"结构

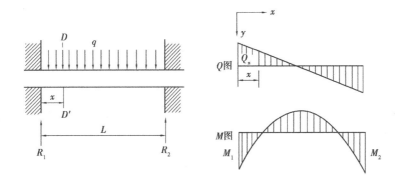

图 1-27 基本顶岩梁受力分析

取岩梁内任意截面 $D—D'$,其剪切力为:

$$Q_x = R_1 - qx = \frac{qL}{2}\left(1 - \frac{2x}{L}\right)$$

最大剪力发生在 R_1 和 R_2 处,其值为 $Q_{max} = \pm ql/2$。

固定梁任意截面 $D—D'$ 的弯矩为:

$$M_x = R_1 x - qx \cdot \frac{x}{2} + M_1$$

式中 M_1 根据材料力学的解,其值为 $-q^2 L/12$,故 $M = q(6Lx - 6x^2 - L^2)/12$。

在梁的两端 $(x = 0, L)$ 处,有最大弯矩 M_{max} 存在,$M_{max} = -q^2 L/12$,在梁的中部 $M = q^2 L/24$。

上面是按固定梁计算的结果,事实上在现实条件下的两端支承条件也有差异。例如,当一侧的采区已采完时,隔离煤柱上方的顶板已处于自由端状态,此时更接近于简支梁支座。有些国家把浅部的矿井基本顶按简支梁计算,认为浅部矿井岩层顶板由于两端煤体上集中压力较小,因而可视为简支梁支座,但在深部则应视为固定梁。若为简支梁,剪切力分布与图 1-28 相似,但弯矩图则不同,即:

$$Q_x = R_1 - qx = \frac{qL}{2}\left(1 - \frac{2x}{L}\right)$$

由此可知,最大弯矩发生在梁的中部:

$$M_{max} = \frac{qL^2}{4} - \frac{qL^2}{8} = \frac{qL^2}{8}$$

2.2.3 基本顶梁式断裂时的极限跨距

基本顶达到初次断裂时的跨距称为极限跨距,也称为初次断裂步距。掌握基本顶的初次断裂步距,对采场顶板来压的预测预报、岩层移动的计算与控制具有重要意义。

基本顶梁式断裂时的极限跨距可以用材料力学方法求得。图1-28为两端固支梁的受力分析图。

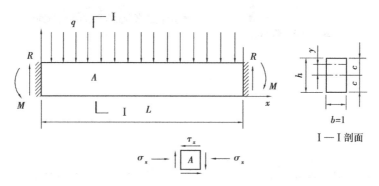

图 1-28　岩梁上任意点的应力分析

根据固定梁的计算,最大弯矩发生在梁的两端,$M_{max} = -q^2L/12$。因此,该处的最大拉应力 σ_{max} 和剪应力 τ_{max} 为:

$$\sigma_{max} = \frac{qL^2}{2h^2}$$

$$\tau_{max} = \frac{3qL}{4h}$$

当 $\sigma_{max} = R_T$ 时,即岩层在该处的正应力达到该处的抗拉强度极限,岩层将在该处拉裂。为此,这种梁断裂时的极限跨距为:

$$L_{lT} = h\sqrt{\frac{2R_T}{q}} \qquad (1-19)$$

若以最大剪应力 τ_{max} 作为岩层断裂的依据,最大剪切力发生在梁的两端,$Q_{max} = qL/2$,因此,最大剪应力 $(\tau_{xy})_{max} = 3qL/4h$。

当 $(\tau_{xy})_{max} = R_s$ 时,形成的极限跨距为:

$$L_{lT} = \frac{4hR_s}{3q} \qquad (1-20)$$

若考虑最大剪应力 $(\tau_{xy})_{max}$ 仍然为 $3qL/4h$,与固定梁计算结果相同。因此,所得极限跨距与上述计算也相同。但简支梁与固定梁的最大弯矩值却不同,因而由弯矩产生的拉应力也不同,此时

$$\sigma_{max} = \frac{3qL^2}{4h^2}$$

当 $\sigma_{max} = R_T$ 时,梁断裂时的极限跨距为:

$$L_{lT} = h\sqrt{\frac{2R_T}{3q}} \qquad (1-21)$$

在上述各关系中,关键是确定基本顶岩层梁所承受的载荷 q。一般情况下,基本顶上方的

岩层由好几层岩层组成。因此,基本顶岩梁的极限跨距所应考虑载荷的大小,须根据各层之间的互相影响来确定。

采动覆岩中任一岩层所受的载荷除其自重外,一般还受上覆邻近岩层的相互作用。采动岩层的载荷是非均匀分布的,但为了下面分析问题的方便,假设岩层载荷为均匀分布。下面以覆岩第1层岩层为例来说明岩层载荷的计算方法。如图1-29所示,设直接顶上方共有 m 层岩层,各岩层的厚度为 h_i ($i=1,2,\cdots,m$),体积力为 γ_i ($i=1,2,\cdots,m$),弹性模量为 E_i ($i=1,2,\cdots,m$)。其中,

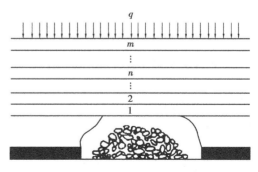

图 1-29　岩层载荷计算图

第 1 层岩层(编号为 1)所控制的岩层达 n 层。第 1 层与 n 层岩层将同步变形,形成组合梁。下面根据组合梁原理对第 1 层岩层所受载荷的计算公式进行推导。

根据组合梁原理,组合梁上每一截面上的剪力 Q 和弯矩 M 都由 n 层岩层各自的小截面负担。其关系为:

$$Q = Q_1 + Q_2 + \cdots + Q_n$$
$$M = M_1 + M_2 + \cdots + M_n$$

每个岩层梁在其自重作用下形成的曲率是不同的,根据材料力学,曲率 $k_i = 1/\rho_i$(ρ_i 为曲率半径),它与弯矩 $(M_i)_x$ 的关系为:

$$k_i = \frac{1}{\rho_i} = \frac{(M_i)_x}{E_i J_i}$$

此时由于各层岩层组合在一起,上下层的曲率(由于岩层曲率半径较大)必然趋于一致,从而导致各层岩层弯矩形成上述的重新分配。这样便形成了如下的关系:

$$\frac{M_1}{E_1 J_1} = \frac{M_2}{E_2 J_2} = \cdots = \frac{M_n}{E_n J_n}$$

即

$$\frac{(M_1)_x}{(M_2)_x} = \frac{E_1 J_1}{E_2 J_2}, \frac{(M_1)_x}{(M_3)_x} = \frac{E_1 J_1}{E_3 J_3}, \cdots, \frac{(M_1)_x}{(M_n)_x} = \frac{E_1 J_1}{E_n J_n}$$

而

$$M_x = (M_1)_x + (M_2)_x + \cdots (M_n)_x$$

$$M_x = (M_1)_x \left(1 + \frac{E_2 J_2 + E_3 J_3 + \cdots + E_n J_n}{E_1 J_1} \right)$$

$$(M_1)_x = \frac{E_1 J_1}{E_1 J_1 + E_2 J_2 + E_3 J_3 + \cdots + E_n J_n} M_x$$

由于 $\mathrm{d}M/\mathrm{d}x = Q$,故:

$$(Q_1)_x = \frac{E_1 J_1}{E_1 J_1 + E_2 J_2 + E_3 J_3 + \cdots + E_n J_n} Q_x$$

且 $\mathrm{d}Q/\mathrm{d}x = q$,则有:

$$(q_1)_x = \frac{E_1 J_1}{E_1 J_1 + E_2 J_2 + E_3 J_3 + \cdots + E_n J_n} q_x$$

式中 $q_x = \gamma_1 h_1 + \gamma_2 h_2 + \cdots + \gamma_n h_n$,$J_i = bh^3/12$($i=1,2,\cdots,n$),由此可得:

$$(q_n)_1 = \frac{E_1 h_1^3 (\gamma_1 h_1 + \gamma_2 h_2 + \cdots + \gamma_n h_n)}{E_1 h_1^3 + E_2 h_2^3 + \cdots + E_n h_n^3} \qquad (1\text{-}22)$$

式（1-21）即为计算基本顶上载荷的公式。

2.2.4 基本顶断裂后的"砌体梁"平衡

当基本顶达到极限跨距后，随着回采工作面继续推进，基本顶发生初次断裂。断裂后的一般状态可用图 1-30 表示。

显然，根据基本顶的"X"形的破坏特点，可将工作面分为上、中、下三个区。破断的岩块由于互相挤压形成水平力，从而在岩块间产生摩擦。工作面的上、下两区是圆弧形破坏，岩块间的咬合是一个立体咬合关系，而对于工作面中部。如图 1-30 中的 A—A 剖面，则可能形成外表似梁，实质是拱的裂隙体梁的平衡关系，这种结构称之为"砌体梁"。

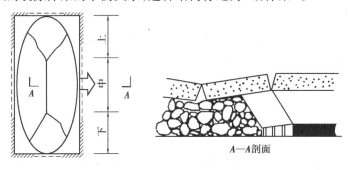

图 1-30　基本顶断裂的一般状态

由于岩层抗拉强度较小，基本顶岩梁先在两侧支座的上端裂开，而后在梁的中间底部开裂。随着岩块的转动形成强大的水平挤压力，使岩块间形成了三铰拱式的平衡，见图 1-31。破断后的岩块互相挤压有可能形成三铰拱式的平衡结构，此结构平衡将取决于咬合点的挤压力是否超过该咬合点接触面处的强度极限，在一定条件下可能导致岩块随着回转面形成变形失稳。另外，咬合点处（主要在拱脚）的摩擦力与剪切力的相互关系也可能产生影响。当剪切力大于摩擦力时会形成滑落失稳，在工作面的表现形式为顶板的台阶下沉。

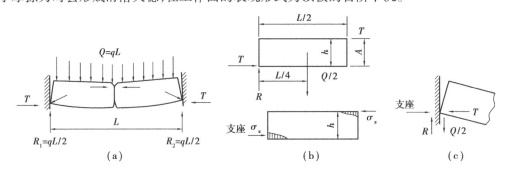

图 1-31　破断岩块的拱式平衡及其受力分析

1）结构的滑落失稳

咬合点处的摩擦力，即该处的水平挤压力与摩擦因数的乘积。此力的作用方向与岩块滑落的方向相反，因而起防止岩块间相互滑落的作用。

根据三铰拱的平衡原理，成拱且使岩块保持平衡的水平推力 T 为：

$$T = \frac{qL^2}{8h}$$

式中　q——裂隙体梁的载荷集度；

　　　L——跨距；

　　　h——基本顶岩层的厚度。

对于岩块咬合而形成的裂隙体梁，鉴于其形式类似于砌体，因而又称它为砌体梁。这种梁的剪切力在两端支座处最大，其值为 $qL/2$。

当剪切力与摩擦力相等时，结构呈极限平衡状态。如果剪切力大于摩擦力，此结构将出现滑落失稳。要此结构不产生滑落失稳，必须满足：

$$R \leqslant T \tan \varphi$$

将 $R = qL/2, T = qL^2/8h$ 代入上式中得

$$\frac{h}{L/2} \leqslant \frac{1}{2} \tan \varphi \tag{1-23}$$

式中　φ——岩块间的摩擦角；

　　　h——岩块厚度；

　　　$L/2$——岩块长度。

由式(1-23)可知，图 1-31 所示的三铰拱岩块结构是否产生滑落失稳主要取决于基本顶破断岩块的高长比。显然，高长比越小，结构抗滑落失稳的能力越大。

一般情况下，$\varphi = 38° \sim 45°, \tan \varphi = 0.8 \sim 1$，因此，要防止基本顶初次破断后砌体梁结构产生滑落失稳，岩块的高长比要小于 $0.4 \sim 0.5$，即岩块长度要大于 $2 \sim 2.5$ 倍岩块厚度。若考虑基本顶岩层断裂时，断裂面与垂直面成一断裂角 θ，则咬合点的关系如图 1-32 所示。

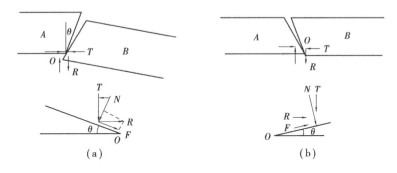

图 1-32　岩块咬合点处的平衡

相互间力的关系及平衡条件为(先分析图 1-33(a)的情况)：

$$(T \cos \theta - R \sin \theta) \cdot \tan \varphi \geqslant R \cos \theta + t \sin \theta$$

$$T \sin(\varphi - \theta) \geqslant R \cos(\varphi - \theta)$$

$$\frac{R}{T} \leqslant \tan(\varphi - \theta) \tag{1-24}$$

对于图 1-32(b)的情况，平衡条件为：

$$\frac{R}{T} \leqslant \tan(\varphi + \theta) \tag{1-25}$$

将 R, T 值代入式(1-24)和式(1-25)，可得到相应的防止岩块滑落失稳的 $h/(L/2)$ 应满足

的关系式。

由式(1-25)可知,对于图1-32(a),当 $\theta = \varphi$ 时,不论水平推力 T 有多大,都不能取得平衡。一般情况下,$\tan \varphi = 0.8 \sim 1$,$\varphi = 38° \sim 45°$。因此,当节理面与层面交角小于 $45° \sim 52°$ 时,都将发生岩块滑落失稳。而对于图1-32(b),则情况要好得多。由此说明节理面倾斜方向与工作面推进方向一致时,结构不易取得平衡,即工作面矿压显现比较严重,相反则对控制顶板有利。

2)结构的变形失稳

这是指在岩块的回转过程中,由于挤压处局部应力集中致使该处进入塑性状态,甚至局部受拉而使咬合处破坏造成岩块回转进步加剧,从而导致整个结构失稳。

岩块回转后的状态如图1-33(a)所示。取 $\sum M_0 = 0$,则

$$T \cdot (h - a - \Delta) = \frac{1}{2} q l^2 \tag{1-26}$$

式中有关符号的含义均可见图1-33。鉴于咬合点处于塑性状态,因而 T 的作用点取 $a/2$ 处,Δ 可近似地取 $l \sin \alpha$。

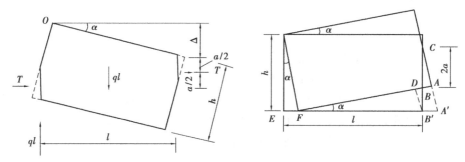

图1-33 回转岩块的分析

由图1-33中的关系可得:

$$a = \frac{1}{2}(h - l \sin \alpha)$$

$$T = \frac{q l^2}{h - l \sin \alpha}$$

咬合处形成的挤压应力 σ_P 为:

$$\sigma_P = \frac{T}{a} = \frac{2 q l^2}{(h - l \sin \alpha)^2} = \frac{2 q i^2}{(1 - i \sin \alpha)^2}$$

式中的 $i = l/h$。

令岩块间的挤压强度 σ_P 与抗压强度 $[\sigma_c]$ 的比值为 $\overline{K}$,则允许承受的载荷 q 为:

$$q = \frac{\overline{K}(1 - i \sin \alpha)^2 [\sigma_c]}{2 i^2}$$

而梁在断裂时(达到极限跨度),载荷 q 与岩梁抗拉强度 σ_t 的关系为:

$$\sigma_t = K \cdot q \frac{l^2}{h^2/6} = 6 K i^2 q$$

$$q = \frac{\sigma_t}{6 K i^2}$$

式中的 K 根据梁的固支或简支等状态而定,一般取 $1/2 \sim 1/3$。

在一般岩石中抗拉强度 σ_t 与抗压强度 $[\sigma_c]$ 的比值为 n，即 $\sigma_t = [\sigma_c]/n$。

因此，可求得：

$$\sin \alpha = \frac{h}{l}\left(1 - \sqrt{\frac{1}{3nK\,\overline{K}}}\right)$$

由 $\Delta = l\sin\alpha$，得：

$$\Delta = h \cdot \left(1 - \sqrt{\frac{1}{3nK\,\overline{K}}}\right) \tag{1-27}$$

由此可得：在岩梁破断后互相咬合中间下沉量达 Δ 时，即形成了岩块结构的变形失稳。

由上述分析可知，岩梁在破断成岩块后，只要有一定的条件，它仍然能形成外形如梁、实质是拱的平衡结构，保护着回采工作空间，使其不必承受上覆岩层的全部载荷。

2.3　基本顶的板式破断

随着回采工作面自开切眼开始推进，根据已采空面积的情况，如我国华北地区的一般条件，回采工作面长 150～200 m，推进 30 m 左右，基本顶岩层初次断裂。一般基本顶岩层厚 2～4 m，按照薄板的假设其厚度 h 与宽度 a 的比值为 $h/a = 1/7 \sim 1/15$，因此，可视基本顶岩层为薄板，当基本顶与上部岩层形成离层后更是如此。根据开采条件及采区边界煤柱的大小，又可将基本顶右层假设为图 1-34 所示的情况。

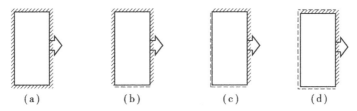

图 1-34　基本顶支撑条件的简化

(a)四周固支；(b)三边固支，一边简支；(c)两边固支，两边简支；

(d)一边固支，三边简支

根据薄板理论，求解这些板所处的应力状态是个比较复杂的过程。但由于解决采矿问题所要求的精度，只求在宏观上说明一些问题，因而可采用板的 Marcus 简算法，即视"板"为分条的梁对中部来说即为交叉的条梁，按挠度相等的原则可求得板中部及边界上的弯矩及其分布图，如图 1-35 所示。

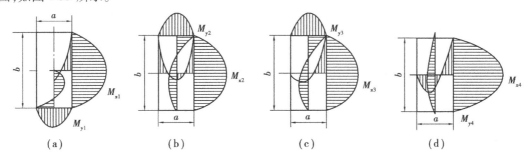

图 1-35　各类支撑条件下板四周及中心轴线上弯矩分布

(a)四边固支；(b)两边固支，一边简支；(c)两边固支，两边简支；(d)一边固支，三边简支

以四边固支条件为例,其关系式为:

$$q_x = q\frac{b^4}{a^4+b^4}, v_x = v_y = v, q_y = q\frac{a^4}{a^4+b^4}$$

$$M_{x1} = -\frac{q_x \cdot a^2}{12}, M_{y1} = -\frac{q_y \cdot b^2}{12} \quad (a < b), M_{x1max} = \frac{q_x \cdot a^2}{24}v, M_{y1max} = \frac{q_y \cdot b^2}{24}v$$

式中 q——板所承受的单位面积载荷(包括自重);

    q_x, q_y——板在 x, y 方向作为条梁时的单位长度载荷;

    M_{x1}, M_{y1}——板的长边、短边中部边界处的弯矩;

    M_{x1max}, M_{y1max}——板中部在 x, y 方向的最大弯矩;

    v_x, v_y, v——在 x, y 方向上的弯矩修正系数。

随着弯矩的增长,基本顶岩层达到强度极限时将形成断裂。以四边固支的板为例,弯矩的绝对值最大是发生在长边的中心部位,因而首先将在此形成断裂,见图 1-36(a)。而后在短边的中央形成裂缝,见图 1-36(b)。待四周裂缝贯通而呈"O"形后,板中央的弯矩又达到最大值,超过强度极限而形成裂缝,最后形成"X"形破坏,如图 1-36(c)所示。此时,在板的支承边四周形成上部张开下部闭合的裂缝,而在"X"形破断部分则形成上部闭合而下部张开的裂缝。

为了说明板的破坏过程,可以随着裂缝的发展,将已形成的裂缝部位视为简支条件,再进而考察其他部分的弯矩分布变化及新裂缝形成的部位和破断方向。这样,可以按图 1-37 的方式进行推理,图中横坐标为 a/b 值,纵坐标表示公式 $M = f \cdot q \cdot b^2$ 中的 f 值。鉴于回采工作时,其长度在各种不同支承条件改变时可作为一个常量,因而值的大小即表示了弯矩值的变化情况。

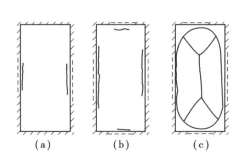

图 1-36 基本顶板竖"O—X"形破断形式

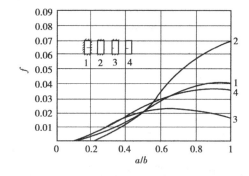

图 1-37 四边固支条件下 f 与 a/b 值的关系图

图 1-37 中,曲线 1 表示四边固支条件下长边中部的弯矩系数 f 值随 a/b 值变化的情况。曲线 2 表示当全部长边形成裂缝时(变为简支),短边中部的弯矩系数 f 值随 a/b 占值变化的情况。曲线 3 表示此时板中央在 x 轴方向的弯矩系数变化情况。曲线 4 则表示四周均形成裂缝时(变为简支),板中央在轴方向的弯矩系数变化情况。

由图可知:

①当 $f < 0.02$ 时,板破断时将先沿固定边长边形成裂缝并沿它延伸。在长边形成裂缝的过程中,板中央沿 y 方向将随之形成裂缝,而后导致破裂。

②当 $0.02 < f < 0.32$ 时,破断裂缝的变化过程是:先沿长边延伸→沿短边裂缝延伸→裂缝在四角形成圆弧形贯通→板中央沿 y 方向裂缝延伸→板形成 X 形断裂。

③当 $f > 0.32$ 时,破断裂缝的变化过程是:先沿长边延伸→沿短边裂缝延伸→裂缝在四角

形成圆弧形贯通→四周简支的板仍然处于稳定状态→工作面继续推进导致 a/b 值的增加→达到简支板的极限状态,原有工作面上方板的裂缝闭合→工作面上方重新形成新的裂缝并与短边的裂缝贯通,最终导致板的"X"形破断。

由上述可知,$f<0.032$ 时,基本顶的初次断裂步距可以四周固支条件下长边中部达到极限弯矩时(即可按梁计算)作为计算准则;但 $f>0.032$ 时,则应以四周简支条件板达到极限弯矩时(即按板计算)作为计算准则。

当采场处于一边采空的条件下(即该边简支),其破断规律与四周固支时相近。

当基本顶岩层处于两边简支、两边固支时,则将出现下述的破断现象,即:长边出现裂缝→工作面推进→另一长边出现裂缝(原裂缝闭合)→短边出现裂缝→裂缝贯通,板中央出现"X"形破坏。

当工作面处于三边采空时,基本顶岩层的破断过程与上述情况相仿。当基本顶初次破断后,随回采工作面推进将发生周期断裂过程。在上述分析中,工作面长度 a 与推进距占满足 $a/b<1$,基本顶板的破断呈图 1-36 所示的竖"O—X"形破断形式。如工作面长度 a 较小,导致基本顶初次破断时 $a/b>1$,基本顶的破断将呈图 1-38 所示的横"O—X"形破断形式。此时,仅在 A—A 剖面上满足砌体梁结构。

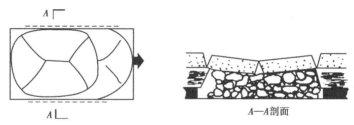

图 1-38　基本顶板的横"O—X"形破断

2.4　直接顶的稳定性

直接顶是工作面直接维护的对象。由于直接顶经常处于破坏状态,且无水平力的挤压作用,因而它难于形成结构,它的重量全应由工作面支架来承担。从岩体形成结构的观点分析,对于基本顶形成的大结构,支架是通过直接顶对其起支撑作用。因此,直接顶的稳定性将影响采煤工作的安全及工作面生产能力的发挥,影响支护方式的选择,也会影响液压支架架型的选择。

直接顶的稳定性取决于其自身的力学性质及基本顶移动对它的影响,同时也受支架架型及力学性能的影响。

图 1-39　顶板中直接顶的劈理分布状态
（a）人字劈；（b）升斗劈

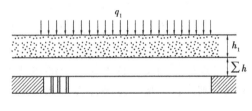

图 1-40　直接顶初次垮落前的离层分析

对于受裂隙切割较为剧烈的直接顶,岩块本身强度已失去意义,如图 1-39 所示的劈理分布状态。这些劈理均可导致部分直接顶处于离散状态,一旦支护工作疏忽,均可导致直接顶局部冒落。显然,此时直接顶的稳定性主要取决于弱面之间的粘结力及摩擦角。

由于直接顶本身难以形成结构,因而常受到基本顶岩层的结构形态的影响。以图 1-40 所示的直接顶初次放顶前为例,此时基本顶的最大挠度为:

$$y_{\max} = \frac{(\gamma h_1 + q_1)L_1^4}{384 E_1 J_1}$$

直接顶的最大挠度为:

$$(y_{\max})_n = \frac{\sum h \gamma L_1^4}{384 E_2 J_2}$$

式中　q_1——加于基本顶上的载荷;

γh_1——基本顶自身单位长度的载荷;

L_1——初次垮落步距;

$\sum h$——直接顶厚度;

h_1——基本顶厚度;

E_1, E_2——基本顶、直接顶的弹性模数;

J_1, J_2——基本顶、直接顶的断面惯性矩。

由于基本顶尚处于板的悬露状态,挠度较小;而直接顶的强度较弱或岩层较薄,其挠度大于基本顶的挠度,使基本顶和直接顶发生离层。

显然,直接顶与基本顶之间不形成离层的条件为:

$$\frac{(\gamma h_1 + q_1)L_1^4}{384 E_1 J_1} \geqslant \frac{\sum h \gamma L_1^4}{384 E_2 J_2}$$

若令 $q_1 = \gamma h_3$,且 $h_3 = \alpha h_1$, $J_1 = bh_1^3/12$, $J_2 = b(\sum h)^3/12$。上式可改写为:

$$\frac{1 + \alpha}{E_1 \cdot h_1^2} \geqslant \frac{1}{E_2 \cdot (\sum h)^2}$$

即

$$\frac{\sum h}{h_1} \geqslant \sqrt{\frac{E_1}{E_2}} \cdot \sqrt{\frac{1}{1 + \alpha}} \tag{1-28}$$

相反,则直接顶与基本顶互相分离。此时若支架没有足够的初撑力,则直接顶在支架上呈离层状态,极不稳定,很易形成初次放顶期间的推垮型事故。

粗略地讲,当直接顶厚度小于或等于基本顶厚度时,均易于形成这种离层。当然,此时直接顶也必须有一定的强度,并不是随开切眼推进而冒落;其次,冒落后的直接顶并不能填满采空区。这样,直接顶岩块间无水平方向力的联系,从而形不成结构,这些均是形成直接顶初次放顶时失稳的条件。

若考虑到初次放顶前支架支撑力的作用,则不致于形成离层的条件为:

$$\frac{(\gamma h_1 + q_1)L_1^4}{384E_1J_1} \geq \frac{\left(\sum h\gamma - p\right)L_1^4}{384E_2J_2}$$

式中　p——支架支护强度。

以单位面积的支撑力计算,则 p 为

$$p \geq \sum h \cdot \gamma \left[1 - \frac{E_2}{E_1}\left(\frac{\sum h}{h_1}\right)^2(1+\alpha)\right] \tag{1-29}$$

随着基本顶的初次断裂,基本顶破断岩块的变形迫使直接顶变形而向支架增加荷载,此时,直接顶就不可能形成如初次放顶时的离层状态,但基本顶破断岩块形成的滑落失稳和变形失稳将直接对直接顶的稳定性产生影响。

当基本顶形成滑落失稳后,直接顶在端面(机道上方)将形成破碎带。这种破碎带对于机道顶板的稳定性极为不利,因此,在任何场合均应避免基本顶破断岩块的滑落失稳,故支架必须有足够的支撑力。

当基本顶破断后,随着工作面的推进,破断岩块均发生回转,这种运动将迫使直接顶变形和破断,在直接顶内形成拉断区(上部)及塑性压缩区(煤壁及机道上方),如图 1-41 所示。图中表示基本顶的回转角 α 为 0.2°,0.4° 及 0.6°,断裂线位于工作面前方 4 m 时的情况。通常情况下可得出以下结论:

①基本顶在煤壁前方断裂并开始回转,它将导致直接顶上部产生纵向断裂,从而形成拉裂区。

②随着工作面推进,基本顶岩块的回转角继续加大,此时将在机道上方顶板形成塑性区,而且随着回转角加大而扩大,同时有可能在该处出现不同程度的冒顶。

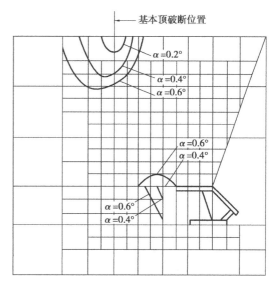

图 1-41　基本顶回转对直接顶稳定性的影响

③最危险的是拉断区域与塑性区域的贯通,此时可能导致贯穿式的端面顶板冒落。

④端面上方顶板有可能形成平衡拱,支架的力学性能有可能促成平衡拱的形成。

2.5　采煤工作面上覆岩层的移动概况

基本顶跨落后,采空区上方的岩层一般都将产生移动。根据岩层内部移动的国内外观测资料,推测岩层内部破坏如图 1-42 所示。按岩层破断的程度不同,岩层在垂直方向上可划分为冒落带、裂隙带和弯曲下沉带。

紧靠煤层的底板为冒落带,破断的岩块呈不规则跨落,排列不整齐,碎胀系数较大,此区域在多数情况下为直接顶冒落,冒落带的高度约为 2~4 倍的采高。

破裂带中破断岩块呈规则整齐排列,碎胀系数小,此区域岩层移动曲线符合负指数函数曲线,如图 1-42(b)所示,即:

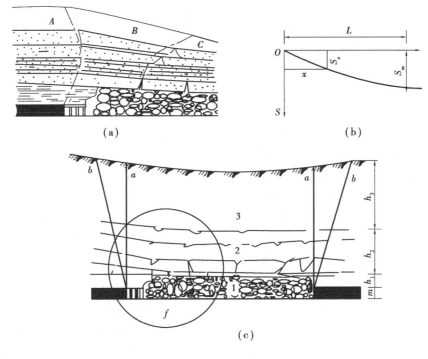

图 1-42　岩层移动推测图

$$S_x = S_m(1 - e^{-aZ^b}) \tag{1-30}$$

式中　S_x——距工作面煤壁水平距离为 x 处的位移量；

　　　S_m——岩层移动基本稳定后的位移量；

　　　Z——其值为 x/L，L 为基本稳定点到工作面的距离，x 为距工作面煤壁的水平距离；

　　　a,b——随岩层距煤层距离以及岩性特点不同而变化的系数。

因此，破裂带岩层在水平方向上可以划分三个区，如图 1-42(a) 所示。

A 区：从工作面前方 30 ~ 40 m 开始到工作面后方 2 ~ 4 m，该区内顶板水平移动较为剧烈，垂直移动甚微，甚至在某些情况下顶板还有上升现象。这显然是由于工作面煤壁支撑使顶板呈张拉变形的结果，所以称为煤壁支撑区。

B 区：从工作面后方 2 ~ 4 m 至 30 m 左右，顶板剧烈下沉破断，且各岩层下沉速度由下至上逐渐减小，层与层之间产生离层，称为离层区。

C 区：工作面后方 30 m 以及更远，已断裂的岩块又重新受到采空区冒落矸石的支撑，由下至上各层的下沉速度逐渐增大，层间进入相互压实的过程，称重新压实区。

由此可见，A 区和 C 区的岩层分别被煤壁(刚性体)和矸石(柔性体)所支撑，B 区的岩层则离层悬空，说明工作面上覆岩层中存在某种"结构"，使之实现平衡，而工作面正是在这种"结构"保护下完成采煤作业过程的。

弯曲下沉带位于裂隙带以上，直达地表。由于远离采空区，其受到的采动影响小，一定过程表现为连续有规律地平缓下沉。在我国目前的开采深度情况下，地表沉陷成椭圆形的移动盆地，在盆地中心与煤层垂直的采空区中心线上，盆底边缘产生明显的压缩变形区 aa 和拉伸变形区 ab，如图 1-42(c) 所示。

任务3　采煤工作面矿山压力显现规律

在实际生产过程中,回采工作面常有下述一系列矿山压力现象,并且习惯上用这些现象作为衡量矿山压力显现程度的指标。

(1)顶板下沉

顶板下沉一般指煤壁到采空区边缘裸露的顶底板相对移近量随着工作面推进,顶底板处于不断移近的状态。图 1-43 中分别表示了顶板绝对下沉、底板鼓起及顶底板相对移近曲线。由于在缓斜及倾斜工作面底板鼓起量比较小,因而常常可以忽略不计,为此顶底板移近量简称为顶板下沉量。实际测定时常常是在工作面煤壁刚悬露的顶板处设置测杆,随着工作面的推进测得由煤壁到采空区放顶线处的顶底板移近量,也有人用它作为衡量顶板状态的一个指标,一般以 s 表示。有时为了对比,常常把这个指标换算为单位采高、单位推进度的顶板下沉量,即 $\dfrac{s}{L \cdot M}$(L 为控顶距,M 为采高,以 1 m 采高、1 m 推进度下沉的毫米数表示)。

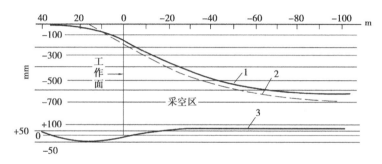

图 1-43　工作面顶底板移近曲线

1—顶板绝对下沉曲线;2—顶底相对移近盆曲线;3—底板鼓起曲线

(2)顶板下沉速度

顶板下沉速度是指单位时间内的顶底板移近量,以 mm/h 计算,它表示顶板活动的剧烈程度。图 1-44 表示在一个工作面测得的顶板下沉速度变化情况,纵坐标为下沉速度,横坐标为时间。

(3)支柱变形与折损

随着顶板下沉,回采工作面支柱受载也逐渐增加,一般可以用肉眼观察到木柱帽的变形,剧烈时可以观察到支柱的折损。

(4)顶板破碎情况

通常以单位面积中冒落面积所占的百分数来表示顶板破碎情况。它常常是用来衡量顶板管理好坏的质量标准。

(5)局部冒顶

这是指回采工作面顶板形成的局部塌落,它会严重影响回采工作的正常进行。

(6)工作面顶板沿煤壁切落(或称大面积冒顶)

这是指采面由于顶板受压而导致沿工作面切落,它常严重影响工作面的生产。其他还有

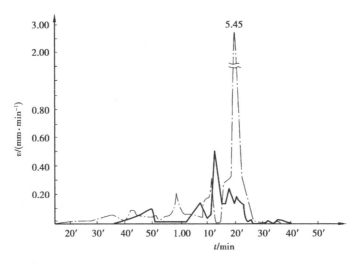

图 1-44   工作面所测顶板下沉速度变化情况

煤壁片帮、支柱插入底板、底板鼓起等一系列矿山压力现象。如前所述,回采工作空间是一个小结构,它处于围岩形成的大结构之中。因此,大结构的变形、失稳将直接影响到小结构的状态。同时,大结构周围的支承压力分布情况也将直接影响到煤壁及底板岩层的稳定性。

3.1   基本顶的初次来压

当基本顶悬露达到极限跨距时,基本顶断裂形成三铰拱式的平衡,同时发生已破断的岩块回转失稳(变形失稳),有时可能伴随滑落失稳(顶板的台阶下沉),如图 1-45 所示,从而导致

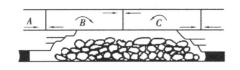

图 1-45   基本顶断裂成岩块后的转动

工作面顶板的急剧下沉。此时,工作面支架呈现受力普遍加大现象,即称为基本顶的初次来压。由开切眼到初次来压时工作面推进的距离称为基本顶的初次来压步距。一般情况下,基本顶的初次来压步距与基本顶初次断裂的极限跨距相当。

当基本顶岩块失稳时,会形成岩块滑落,对工作面安全造成严重威胁。图 1-46 表示了两个滑落失稳的实例。

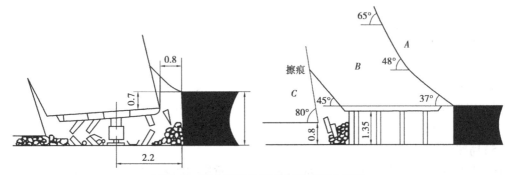

图 1-46   基本顶岩块滑落失稳的两个实例

基本顶初次来压时对工作面支架受力的影响,可用图 1-47 的力学模型来表示。图中 P 为支架的反力,Q_1 和 Q_2 分别为直接顶和基本顶的载荷。

由图 1-47 可知,由 P 力形成的反力矩(以 O 为轴)难以平衡由 Q_2 所形成的力矩。因此,基本顶岩块的回转在一定程度上是不可避免的。此时,为了不使基本顶沿工作面发生切落,支架的工作阻力应等于 Q_1 和 Q_2 之和。只有当基本顶岩层在采空区接触到冒落矸石后形成反力 R_t,冒落矸石才有可能承担部分基本顶的载荷,使工作面支架所受的载荷得到减轻。由此可知,由于基本顶破断岩块回转的影响,工作面顶板必然发生下沉。这种现象也是不可避免的,也是回采工作空间的地下结构物与其他构筑物的重要区别之一。

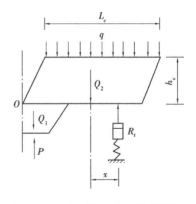

图 1-47　基本顶初次来压的力学模型

初次来压前,由于上覆岩层结构中有梁式或拱式结构存在,因此整个采空区周围的岩体可以视为一个结构系统。这个系统的顶部是基本顶岩层,四周则是直接顶加煤柱。回采工作面就处在这样的结构系统保护之下,其四周岩层的应力分布和走向分别如图 1-48 所示。

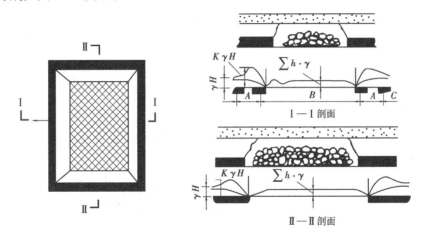

图 1-48　初次来压前四周围岩的支承压力分布状态
A—增压区;B—减压区;C—常压区

显然,回采工作面煤壁上所承受的支承压力将随着基本顶跨度的加大而增加。即刚从开切眼推进时为最小,在初次来压前则达到最大。这时也可以把各个不同的应力区划分为增压区、减压区及稳压区。

基本顶初次来压时,工作面矿压显现的特征是:

①顶板剧烈下沉。基本顶的破断失稳运动,迫使直接顶压缩支架而迅速下沉。

②支架载荷突增。基本顶断裂,同时会发生岩块回转失稳,支架载荷普遍加大。

③煤层片帮严重。基本顶来压前,回采工作面的顶板压力虽不大,但煤壁内的支承压力却达到了这种情况下的最大值。所以,煤帮的变形与塌落(片帮)常常是预示工作面顶板来压的一个重要标志。

④采空区有顶板断裂的闷声,有时伴随基本顶岩块的滑落失稳,导致顶板台阶下降。

基本顶初次来压比较突然,来压前回采工作空间上方的顶板压力较小,因而往往容易使人疏忽大意。初次来压时,基本顶跨距比较大,影响的范围也比较广,工作面易出现事故,因此在生产过程中应严加注意。

初次来压一般要持续 2~3 天,由于基本顶初次来压对工作面的影响较大,因此必须掌握初次来压步距的大小,以便及时采取对策。在来压期间,必须加强支架的支撑力,尤其要加强支架的稳定性,一般可以采用木垛、斜撑、抬棚等特种支架加强回采工作空间的支护。

如前所述,基本顶初次来压步距与来压强度,与基本顶岩层的力学性质、厚度、破断岩块之间互相咬合的条件等有关,同时也与地质构造等因素有关,例如遇到断层则可能减小来压步距等。因此,基本顶初次来压步距是基本顶岩层分类的主要依据。

据大量实测资料统计,在我国现有的生产工作面中,初次来压步距为 10~30 m 的约占 54%,30~55 m 的约占 37.5%。其余则为大于 55 m 的情况,有的可达到 160 m。

一般条件下,基本顶初次来压步距越大,工作面来压显现越剧烈,相应的动压系数(支架在来压时的载荷与平时载荷之比)也越大。但是,在一定条件下,即使在基本顶初次来压步距并不十分大的情况下,回采工作面来压显现也很剧烈,甚至造成工作面支架被压死的现象。

3.2　基本顶的周期来压

基本顶初次来压后,回采工作面继续推进,裂隙体梁所形成的结构将发生变化,图 1-49 表示了这个变化过程。由图(a)进入图(b),A 岩块将由稳定状态进入断裂状态。此时,按结构的自由度计算,结构将进入不稳定状态。同样,取 A 岩块作受力分析也可证明这一点。

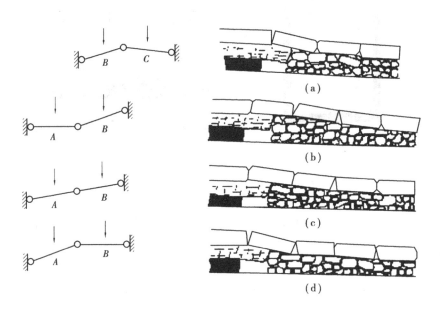

图 1-49　回采工作面推进中岩体结构的变化过程

在图 1-50 中,形成了 A 岩块的回转与 B 岩块的反向回转。此时,A 岩块的前咬合点 O 有一向上运动的趋势,这种趋势使 A 岩块前咬合处的局部范围受拉应力。这种情况很易使 A 岩块的前端点破碎,导致结构的失稳。当 A 岩块与 B 岩块回转成一体时,如图 1-49(c)所示,由于 A,B 岩块合为一体,此时结构有可能暂时进入稳定状态。但随着回采工作面的继续推进,若此结构只允许悬露一个岩块长度时,则 A,B 岩块又将在下部分开,像 B,C 岩块间的关系一样,如此反复。由此可知,随着回采工作面的推进,上覆岩层的结构经历了"稳定—失稳—再

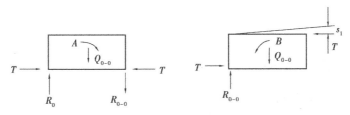

图 1-50 岩块的受力分析

稳定"的过程。

由于 A 岩块的回转,必然导致回采工作面顶板的不断下沉,支架所受的载荷也随之增加。这种现象是不可避免的。但从管理工作面顶板出发,支架的性能必须要与这种过程相适应。除此之外,支架应能防止顶板沿煤帮切落。在 A 岩块断裂的瞬间,A 岩块与未断岩块的接触处的剪切力达到最大(Q_{A+B}),即相当于 A 岩块与 B 岩块本身的重量再加上它们的载荷。为了防止滑落失稳,其应力条件为:

$$T \cdot \tan(\varphi - \theta) > Q_{A+B} \tag{1-31}$$

由前述可知,随着回采工作面的推进,在基本顶初次来压以后,裂隙带岩层形成的结构将始终经历"稳定—失稳—再稳定"的变化,这种变化将呈现周而复始的过程。由于结构的失稳导致了工作面顶板的来压,故这种来压也将随着工作面的推进而呈周期性出现的特性。因此,由于裂隙带岩层周期性失稳而引起的顶板来压现象,就被称为工作面顶板的周期来压。若在失稳过程中不能满足 $\sum F_y = 0$ 的条件($T \cdot \tan(\varphi - \theta) > Q_{A+B}$),则工作面顶板将出现台阶下沉,甚至沿煤壁切落,形成严重的周期来压现象。

周期来压的主要表现形式是顶板下沉速度急剧增加,顶板的下沉量变大,支柱所受的载荷普遍增加,有时还可能引起煤壁片帮、支柱折损、顶板发生台阶下沉等现象。如果支柱参数选择不合适或者单体支柱稳定性较差,则可能导致局部冒顶甚至顶板沿工作面切落等事故。

在有些文献中,基本顶的周期来压步距常常按基本顶的悬臂式折断来确定。在材料力学中,对于 $\sigma = MY/J$ 此处,最大弯矩 $M_{\max} = qL^2/2$(L 为悬梁的极限跨距;$Y = h/2$,为岩层厚度),σ 取极限抗拉强度 R_T 时,则有:

$$L = h \sqrt{\frac{R_T}{3q}} \tag{1-32}$$

它与基本顶初次断裂时的极限跨距 $L_b = \sqrt{\dfrac{2R_T}{q}}$ 相比,周期来压步距相当于 L_b 的 $\dfrac{1}{2.45}$。

事实上,当覆岩存在多层坚硬岩层时,对采场来压产生影响的可能不止是邻近煤层的第 1 层坚硬岩层,有时上覆第 2 层、甚至第 3 层坚硬岩层也会成为基本顶。它们破断后会影响采场来压显现,从而导致采场周期采压步距并不是每次都相等,有时可能出现很大的差别。在实际生产中有许多这样的实例。在基本顶初次来压及周期来压期间,由于基本顶的作用力都是通过直接顶而作用于支架上,同样支架的支撑力也是通过直接顶而对基本顶进行控制,因此保证直接顶的完整性有十分重要的意义。

基本顶来压时,若控制不当,将导致工作面的垮顶现象。预防基本顶来压造成事故,主要是准确地判断基本顶来压的预兆,及时采取加强支护的措施,尤其要保证支架的规格、质量,保证支架密度及支架稳定性。为了控制剧烈的基本顶来压,可将工作面与开切眼斜交,此时基本顶悬板呈梯形。根据顶板达极限跨度时破断的原理,基本顶的破断将不致于造成工作面全面来压,而呈局部来压。

3.3 回采工作面前后支承压力的分布

3.3.1 回采工作面前后支承压力分布特点

采煤工作面前后的支承压力分布与采空区处理方法有关。联系到巷道两侧的支承压力分布图形,可对回采工作面前后的支承压力曲线作如下的推理。

假设采空区采用的是刀柱法刚性支撑,工作面前后的支承压力分布如图 1-51 中曲线 1 所示。

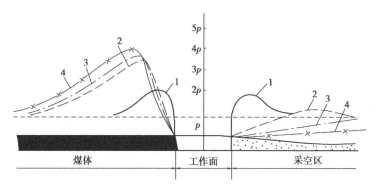

图 1-51 各种采空区支撑条件下工作面前后支承压力分布

假设采用的是全部垮落法或充填采空区的办法,则由于上覆岩层中出现块体咬合的结构,将导致工作面前方支承压力急剧增加,采空区后方则大幅度减小,如图 1-51 中曲线 2 所示。

假如工作面采高很大或顶板岩层极为坚硬,则有可能在岩层悬露时,工作面前方支承压力有所增高,如图 1-51 中曲线 3 所示。但当坚硬顶板切落时,前方支承压力将有所降低,采空区后方则有所增高。

由于种种原因,如开采深度太大或受岩石影响,开采后岩层的移动可能未能波及到地表,此时将出现图 1-51 中曲线 4 所示的情况,即采空区的支承压力可能恢复不到 γH 值。

根据苏联在某矿井的具体测定资料,其采空区内已冒落矸石上的压力分布情况,如图 1-52 所示。图(a)的测定条件是:采深 163 m(即 $\gamma H = 4.07$ MPa),工作面长 120 m。开采第一分层,测点设在工作面推进离开切眼 600 m 处。图中曲线 1 是指测点在靠近运巷 10 m 处;曲线 2 是指测点离运巷 30 m 处;曲线 3 是指测点处于工作面的中部;曲线 4 则是测点处在离工作面回风巷 20 m 处。

由图 1-52 可知,在工作面中部离煤壁 80~85 m 处,冒落矸石所承受的力达 γH 值,到 125 m 处则达到 $1.31\gamma H$,而后又逐渐恢复到 γH 值。

开采下分层时,采空区测得的压力变化曲线如图 1.52(b) 所示。测定条件为:采深 174 m(即 $\gamma H = 4.35$ MPa),采高 2.2 m,工作面长 95 m。测力计设置在离开切眼 320 m 处。1 号测力计距工作面运输巷 5 m,2 号测力计距运输巷 20 m,3 号测力计距运输巷 45 m。此曲线的特点是稳定较决,一般在 100 m 内就已稳定,即使在工作面中部最大值也不超过 γH 值。

根据上述分析,回采工作面前后的支承压力状态一般可绘成图 1-53 的形式,并且可将其分为应力降低区(减压区 b)、应力增高区(增压区 a)及应力不变区(稳压区 c)。

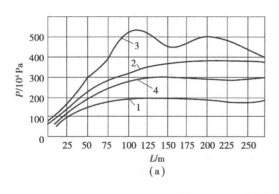
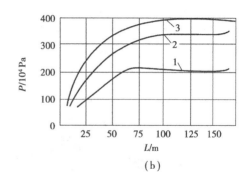

图 1-52　已采空间支承压力的分布

(a)顶分层;(b)下分层

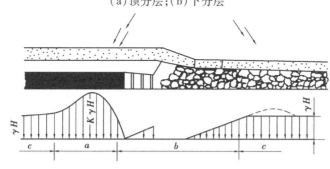

图 1-53　工作面前后支承压力分布

3.3.2　支承压力在煤层底板中传递

采煤工作面采动后,承受支承压力的煤柱或煤体将把支承压力传递给底板。

若煤柱上方为均布荷载,底板是处于弹性变形阶段的匀质岩层,则在垂直方向与煤柱不同距离的水平截面上的应力将按图 1-54(a)中的曲线 abc, $a_1b_1c_1$, …的规律分布,曲线的纵坐标值为煤柱上荷载 P 的百分率。图 1-54(b)中的曲线 def 为通过受载面积中心轴上压应力的分布, $d_1e_1f_1$, $d_2e_2f_2$ 曲线为与受载面积中心轴线相距 $0.5B$ 和 $1.0B$ 的应力分布曲线。

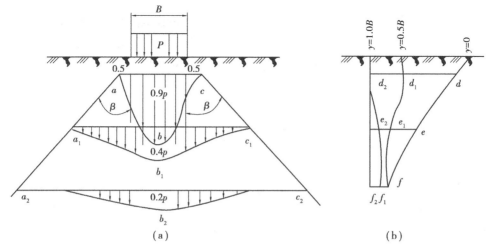

图 1-54　受局部荷载的弹性体内不同深处的压应力

由图 1-54 可知,底板内各点应力大小与施力点的距离成反比,随底板岩层与煤柱之间垂直距离的增加而迅速降低。同时,应力以中心为最大,向煤柱外侧呈一定夹角扩展,在边缘处迅速减小。如果将底板中垂直应力相同的各点连成曲线,即构成等压线,如图 1-55 中的曲线 4,5,6 所示。

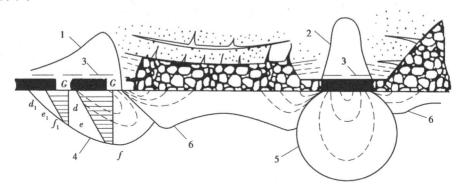

图 1-55　底板岩层内的应力分布

1,2—支承应力曲线;3—原岩应力曲线;4,5—应力增高区界线;6—应力降低区界线

图中曲线 4,5 以内的底板岩层为应力增高区,这是由于开采工作引起的支承压力经过煤层传递到底板岩层,在靠近采空区的煤体下形成大于原始应力的增压区,且越靠近煤层,集中应力值越大。对于曲线 4,5 以外的底板岩层,由于距离煤体上支承压力的强作用区较远或深度较大,因而不受支承压力影响。曲线 6 以内是应力降低区,这是因为开采后顶板岩层离散、冒落,在邻近煤体的采空区下方底板岩层中形成应力明显低于原是应力的卸压区,且随着远离煤层而卸压程度逐渐减小。

底板岩层内的应力值与煤柱上方的支承压力成正比,即与煤层厚度、倾角、埋深、底板岩层性质、煤层的采动状况和煤柱的宽度等密切相关。若煤柱两侧都已采动,则使支承压力叠加,在煤柱上形成比单侧采煤时更大的支承压力,如图 1-55 中曲线 2 所示。这样,必然使其在底板内的传递深度和应力值均比单侧采煤时大得多,且随着煤柱宽度减小,支承压力在底板内的传递深度和应力值显著增大。

底板岩层的性质将对上部煤柱的支承压力在底板内的传递范围有很大影响。坚硬的底板岩层可使传递应力迅速减弱,但应力向煤柱外侧的扩展角度增大。相反,在松软岩层内,支承压力的传递深度要大得多,其强烈影响范围往往可达 20～30 m 以上。

3.4　影响采煤工作面矿山压力的主要因素

影响采场矿山压力显现的主要因素是围岩性质,除此以外,采煤空间大小、采深、采高、倾角及推进速度等因素都对工作面矿山压力显现有影响。

3.4.1　采高与控顶距

在一定地质条件下,采高是影响上覆岩层破坏状况最重要的因素之一。众所周知,采高越大,采出的空间越大,必然导致采场上覆岩层破坏越严重。根据淮南、淮北矿区枣庄柴里等矿的实际测定,在单一煤层或厚煤层第一分层开采时,冒落带与裂缝带的总厚度与采高基本上成正比关系。

根据测定,工作面开采后,上覆岩层的移动曲线是按照 $S_x = S_m(1 - e^{-ax^k})$ 的关系变化。工作面支架的支撑力一般不能改变此曲线的性质。因此,从采场支护的小结构必须与围岩形成的大结构相适应,工作面顶板下沉量也将基本上按此规律进行。图1-56即表示了这种关系。图中 θ 为煤壁支承区的影响角,L_0 为移动曲线中由前最大曲率点到后最大曲率点的距离,L 为控顶距,S_0 和 S_L 则分别是 L_0 和 L 范围内的岩层与顶板的下沉量。根据粗略的估算,其关系为:

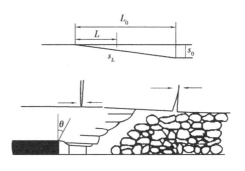

图1-56　上覆岩层移动与工作空间
顶板下沉的关系

$$\frac{S_L}{L} = \frac{S_0}{L_0}$$

式中 $S_0 = \sum h + m - K_0 \sum h$（$K_0$ 是指在 L_0 处冒落矸石的碎胀系数,一般相当于裂隙带岩层在采空区与冒落矸石基本接触处的冒落矸石的碎胀系数）。

因此

$$S_L = \frac{\sum h + m - K_0 \sum h}{L_0} L = \frac{m\left(1 - \dfrac{K_0 - 1}{K_P - 1}\right)}{L_0} L$$

式中　K_P——冒落矸石未承受压力时的碎胀系数。

显然,在特定岩层组成的条件下（如特定地区的特定煤层）,K_0,K_P 和 L_0 均为常数,因而可令 $\eta = \left(\dfrac{K_P - K_0}{K_P - 1}\right)\dfrac{1}{L_0}$,即为每米采高、每米推进度的顶板下沉量,称为下沉系数。这样可将上述公式简化为:

$$S_L = \eta m L \tag{1-33}$$

由此可见,回采工作面的顶板下沉量与采高、控顶距的大小成正比关系。

从我国实际测定的50个工作面的统计中可得,离煤壁4 m处的顶板下沉量一般相当于采高的 $10\% \sim 20\%$,即下沉系数 $\eta = 0.025 \sim 0.05$。

用同样原理可以推得采用充填或局部充填法处理采空区时,回采工作面顶板下沉量要比采用垮落法小。根据实际统计,控顶距为4 m处的顶板下沉量仅是采高的 $4\% \sim 5\%$,即 $\eta \approx 0.01$。

显然,采高越高,在同样位置的基本顶可能取得平衡的几率越小,而且在支承压力的作用下,工作面煤壁也越不稳定,易于片帮。

应注意的是,上述顶板下沉量的估算是从基本顶形成结构形式出发估算的,对于回采工作空间的顶板下沉量,假若直接顶与基本顶之间无任何离层而且直接顶本身也不碎胀,则上述关系式存在;否则,工作空间的下沉量将大于上述估算的下沉量。从实际顶板管理的角度出发,控制的顶板下沉量应控制在接近或稍小于上述下沉量为佳。

3.4.2　工作面推进速度的影响

工作面推进速度对顶板下沉量的影响也可用顶板下沉量 S 与时间 t 的坐标关系表示。显然,在一定的生产条件下,时间 t 本身包含有工作面推进速度的因素,在实际测定中也常常反映出顶板下沉量是时间的函数。因而有些人片面认为:"既然顶板下沉量与时间有关,若加决推进速度,缩短工作面每个循环的时间,必然可使顶板下沉量减少。这样就能把顶板压力甩掉。"在有些工作面中,当推进速度比较慢时,确实容易出现局部冒顶等不利于生产的现象,而当工作面推进速度加快时,则顶板状况明显好转。但国外资料证明,随着回采工作面推进速度加快,顶板下沉速度也明显地加快。因此,具体在什么条件下加快推进速度能改善工作面状况,以及能否把顶板压力"甩掉",必须从原理上进行分析。

从一般分析可知,因为支承压力对煤壁的压裂过程以及在采空区的压实过程均为时间过程,且上覆岩层破断后,岩块间的相互咬合也经常要经历失稳阶段以及处于极限平衡状态。因此,反映在工作面,顶板的下沉也是个时间过程。

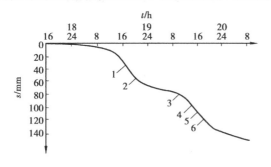

图 1-57 工作面实际测定的 s—t 曲线
1—采煤机距测点 15 m;2—采煤机距测点 10 m;
3—放顶过测点 5 m;4—放顶过测点 15 m;
5—放震动炮后;6—采煤机距测点 6 m

一般情况下,测得的"s—t"曲线如图 1-57 所示。由图 1-57 可知,在工作面中进行落煤与放顶时,顶板下沉表现最为剧烈,平时则比较缓和。由于落煤与放顶是回采工作面两个主要生产过程,从表面上看可以认为是生产工序的影响,但并非是其本质。下面具体分析落煤与放顶对顶板下沉的影响。

图 1-58 为某一工作面放炮落煤时对顶板下沉量的影响。由图中可以看出,一般放炮的影响范围是沿工作面倾斜方向各为 15 m 上下,剧烈影响范围则为沿倾斜方向各为 5 m 上下。

影响剧烈的本质原因是,由于放炮后增大了回采工作面的控顶距,因而破坏了煤壁前方的应力平衡,使支承压力产生一个向煤壁深处移动的过程。另一个极为重要的原因,是由于落煤使工作面推进逐步接近图 1-59 所示的位置使 A 岩块逐渐趋向失稳,其受力关系如图 1-59 所示。

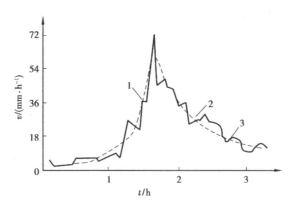

图 1-58 放炮对工作面顶板下沉速度的影响
1—放炮经过测点;2—测点下 4 m 处放炮;3—测点下 10 m 处放炮

在工作面推进前,B 岩块处于悬露状态,因而 R_{0-0} 的作用方向应如图 1-59 所示。又由于 A 岩块刚刚断裂,因此倾斜度较小,此处可暂设 A 岩块两侧的水平力 T 作用在一个平面上。图中 P_1 为支架通过直接顶对基本顶的作用力,F_1 为煤壁对 A 岩块的支撑力,它随着工作面向前推进而越来越小。因此,当工作面每推进一个距离,必然导致 A 岩块回转一定的角度,同时也使 B 岩块朝相反方向回转,直至出现图 1-49(c)的稳定状态,由此形成了如图 1-57 所示的下沉速度变化曲线。

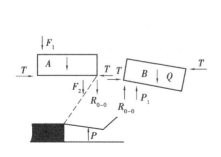

图 1-59　A,B 刀岩块不平衡时受力图

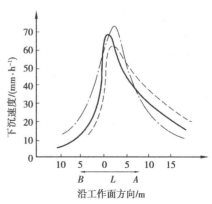

图 1-60　放顶对顶板下沉的影响
A—倾斜向上;B—倾斜向下

现在再分析放顶对顶板下沉的影响,图 1-60 表示了放顶对工作面顶板下沉速度的影响过程。由图可见其特征与落煤时的影响相仿。

根据测定,放顶的影响范围沿工作面向上为 20 m ,向下为 10 m。剧烈影响范围向上为 10 m,向下为 5 m 左右。

由前述可知,裂缝带的下位岩层形成的结构是由“煤壁—工作面支架—采空区已冒落的矸石”支撑体系所支撑。放顶过程就是撤除了靠近采空区侧的支架支撑力,即撤除了对裂隙带下位岩层的部分支撑力。这样必然使支架—围岩的力学系统发生变化,形成新的平衡,从而导致采空区一侧已冒落矸石进一步压实。这种变化将使顶板下沉量急剧增加,直到新的平衡开始形成时,顶板下沉速度才能重新趋向于缓和。

使用自移支架时,放顶过程即是移架过程。一般来说,其影响远较落煤时形成的下沉量大,有时可达落煤时下沉量的 4 ~ 6 倍。而在单体支架工作面中,落煤与放顶的影响哪个较大,须视具体条件而定。有时放顶的影响大于落煤的影响,有时则相反。

由以上分析可知,所谓工序对顶板下沉量的影响,实质上就是开采后上覆岩层形成的结构在其前后支承力不断推移过程中对工作面顶板所带来的影响。事实上,加快工作面的推进速度只是缩短了落煤与放顶两个主要生产过程的时间间隔,从理论上说,其结果肯定能减少顶板下沉量,但同时必然使顶板下沉速度加快。例如,根据苏联一回采工作面的测定,工作面推进速度由 3.5 m/d 增至 13.5 m/d 时,平时的顶板下沉速度加剧了一倍。由于落煤与放顶所造成的剧烈影响都是在较短的时间内(如 1 ~ 2 h)完成的,加快推进速度只能消除平时一部分的下沉量,但绝不能消除此工序的剧烈影响所造成的下沉量。所以,只有在原先的工作面推进速度比较缓慢的条件下,加快工作面推进速度才会对工作面顶板状态有所改善。当工作面推进速度提高到一定程度后,顶板下沉量的变化将逐渐减小,因而想把顶板压力“甩掉”的企图实际上是不能实现的。

同时可以这样认为:在一定的生产技术条件下(如采高、顶底板条件以及截深、放顶距等),在工作面中测得的“s—t”曲线,事实上是在该具体条件下顶板压力显现的综合反映。

另外,对于单体支架工作面,《煤矿安全规程》中规定:“放炮、割煤等工序与回柱工序平行作业时其安全距离要在作业规程中规定。"这是因为落煤与放顶对工作面顶板下沉量影响都很大,单体支架的结构无法在这种情况下保证人身安全。所以,不允许落煤与放顶工序在同一地点同时进行,必须错开一定的距离。从上述资料分析,两者的错距在 10 ~ 15 m 比较合适。但对于液压自移支架来说,由于其工作特点决定了落煤与放顶(移架)几乎是在同一地点同时进行(特别是采用及时支护方式),又因为移架时大部分采用整架降柱而后再升柱的办法,因而顶板比采用单体支架时易于破碎。但是,这种支架的结构稳定性好,能够保证人身安全。所以,这时采用平行作业是完全允许的。

3.4.3 开采深度的影响

开采深度直接影响着原岩应力的大小,同时也影响着开采后巷道或工作面周围岩层的支承压力值。从这个意义上讲,开采深度对矿山压力具有绝对的影响,但对矿山压力显现的影响则不尽相同。

开采深度对巷道矿山压力显现的影响可能比较明显,如在松软岩层中开掘巷道,随着深度的增加,巷道围岩的"挤、压、鼓"现象将更为突出。据德国有关材料统计,当开采深度达到了 1 400 m 时,估计有 30% 的巷道不能采用现有的维护方法。这是因为随着深度增加,巷道围岩的变形与支架上承受的压力都将增加。对于有冲击矿压危险的矿井,随着深度的增加,发生冲击矿压的次数与强度都将显著增加。国内外的经验都已证明,在一般条件下,一定的开采深度是出现冲击矿压的一个必要条件。

但开采深度对采场顶板压力大小的影响并不突出,因而对矿山压力显现的影响也不明显,尤其是对顶板下沉量的影响。这显然是由于采场顶板的挠曲情况及支架所受载荷的大小,以及与裂隙带形成结构的条件有关,因而主要应视煤层采高、直接顶和基本顶的力学性质、厚度等因素而定。在目前的开采深度(600 ~ 800 m)条件下,实际测定表明,采场顶板下沉量与采深之间并无直接关系。

随着采深增加,支承压力必然增加,从而导致煤壁片帮及底板鼓起的几率增加,由此也可能导致支架载荷增加。

3.4.4 煤层倾角的影响

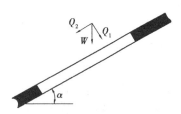

图 1-61 倾角对矿山压力的影响
W—上覆岩层的重力;
Q_1—垂直于岩层的分力;
Q_2—平行于岩层的分力

实际观测证明,煤层倾角对回采工作面矿山压力显现的影响也是很大的。例如,随着煤层倾角增加,顶板下沉量将逐渐变小。众所周知,急斜工作面的顶板下沉量比缓斜工作面要小得多。

上覆岩层的重量 W,如图 1-61 所示。由于倾角增大,必然使沿岩层面的切向滑移力 $W \sin \alpha$(即 Q_2)增大,而使作用于层面的垂直压力 $W \cos \alpha$(即 Q_1)减小。

另外,由于倾角增加,采空区顶板冒落的矸石不一定能在原地留住,很可能沿着底板滑移,从而改变了上覆岩层的运动规律。根据对不同倾角的两带(冒落带、导水裂隙带)观测(图 1-62),也可以证明岩层移动是不均匀的,尤其在急倾斜煤层,基本上改变了原来的规律性。

采空区内冒落矸石的滑移不仅与倾角有关,而且还与 h/m 的比值有关(h 为分层厚,m 为采高)。例如,当 $h/m > 0.4 ~ 0.5$ 时,即使倾角达到 60°,冒落后的矸石还可能留在原来位置保持不滑移;但当 $h/m < 0.4 ~ 0.5$ 时,冒落的矸石将发生滑移。

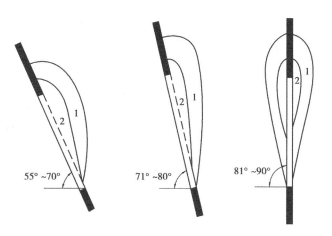

图 1-62　各种倾角情况下导水裂隙带冒落带的分布
1—导水裂隙带;2—冒落带

　　由于冒落岩块滑移,使采空区形成了如图 1-63(a)所示的情况,即下部充填较满而上部形成冒空,这样必然使回采工作面支架受力不均匀。图 1-63(b)表示了各种不同倾角时工作面支架载荷的分布情况。显然,当倾角为 60°时显得最不均匀。

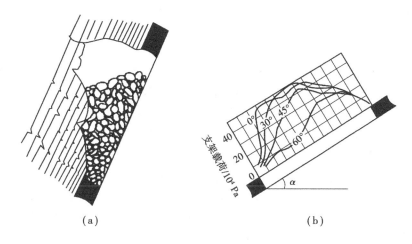

图 1-63　采空区冒落矸石的滑移及其造成的后果

　　当回采工作面沿倾斜方向推进时,即为倾斜长壁回采工作面。开采后上覆岩层破断岩块间的相互咬合状况如图 1-64 所示。这时,咬合点保持平衡的条件是:

$$f\left[\left(T_\alpha + R_\alpha\right)\cos\theta - Q_\alpha\sin\theta\right] > \left(T_\alpha + R_\alpha\right)\sin\theta + Q_\alpha\cos\theta$$

　　即应满足:

$$\tan(\varphi - \theta) > \frac{Q_\alpha}{T_\alpha + R_\alpha} \tag{1-34}$$

式中　f——破断岩块间摩擦因数;

　　　　T_α——沿层面的横向推力;

　　　　R_α——由于岩块自身重量形成的岩块间的压力;

　　　　Q_α——两岩块间的剪切力由岩块的自重及其载荷组成。

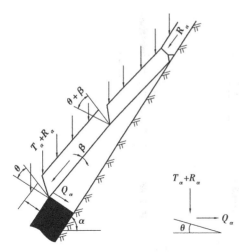

图 1-64 沿倾斜方向开采时岩块的咬合关系

当 α 等于或趋近于零,即为水平或缓倾斜煤层时,R_α 趋近于零。此时的平衡条件即为:

$$\tan(\varphi - \theta) > \frac{Q_\alpha}{T_\alpha}$$

在一般情况下,显然有:

$$\frac{Q_\alpha}{T_\alpha + R_\alpha} < \frac{Q_\alpha}{T_\alpha} \qquad (1\text{-}35)$$

因此,在同样的生产技术条件下,采用沿倾斜向下推进的倾斜长壁工作面与沿走向推进的工作面相比,在上覆岩层中更容易形成"结构"。

3.5 分层开采时的矿山压力显现特点

当厚煤层用倾斜分层开采时,可采用全部垮落法自上而下逐层回采。众所周知,开采第一分层时,矿山压力显现规律与普通单一煤层开采没有任何区别。但当回采以下各分层时,工作面顶板就变成了在第一分层回采时冒落的岩块。这样,破碎的顶板必然给顶板管理工作带来新的困难。

早先,在回采第二分层及以下各分层时,为了防止破碎岩块塌落,常在分层间留下一定厚度的煤层(常称为煤皮)用以护顶。但这种办法煤损失大,而且也不能可靠地保证安全。以后在生产实践中逐步使用木板、金属网代替煤皮,人为地形成了一层顶板,通常称为人工假顶。在我国煤矿生产实践中,又逐步使用既经济而又实用的荆笆、竹笆、杏条帘子等经济材料代替金属网等假顶。在有些情况下,有些较软的具有一定粘结性的岩石(如页岩等)冒落后,在上覆岩层重量的压力下,再加上水及黄泥浆的作用,又能重新结成一个整体形成顶板,一般称为再生顶板。因此,分层开采时控制的顶板主要是人工假顶及其上部的破碎岩块,或是再生顶板。

第一分层开采时,已垮落的顶板岩层经过一次压实过程。开采第二分层时,顶板垮落时的碎胀系数可能小一些,因而形成的冒落带高度比回采第分层可能要高一些。即第一分层开采时形成的裂缝带岩层,此时可能部分地转化为冒落带。假如在原裂缝带中有层比较厚而坚硬的岩层,则冒落带的高度变化也可能不会太大。在回采第二分层时,基本顶岩层经历了一次悬露、破裂与折断的过程,而且岩块与岩块的咬合处也经历了一次变形过程,使其完整性受到一定的破坏。因此,在回采第二分层时,某些矿山压力现象可能减弱,而另一些矿山压力现象则可能加剧。一般说来,下分层的矿压显现与上分层相比有以下特点。

(1)基本顶来压步距小、强度低

以南屯煤矿 $73_{\perp}4$ 综采为例,直接顶为厚 4.4 m 的粉砂岩,基本顶为厚 12.7 m 的中细石英岩,分上、下两个分层回采,使用 4 柱 5 500 kN 支撑力的支撑掩护式液压支架。经观测,上、下分层的基本顶初次来压步距与周期来压步距如表 1-3 所示。

表 1-3 南屯煤矿 $73_{\perp}40$ 工作面基本顶来压步距实测值

分 层	初次来压步距/m	周期来压步距/m
上	60	39.4
下	33.8	19.4

其他如大同同家梁矿 8320 面及阜新五龙矿等也观测到类似的规律。

（2）支架载荷变小

经大量统计，无论采用液压自移支架还是单体支柱，第二分层的支架载荷要比第一分层小，有时可低 40% 左右。其原因首先是回采第一分层时，顶板来压表现的动载荷（即基本顶折断时对支柱形成的载荷）较大，而在第二分层则主要表现为静载荷；其次，在第一分层回采时，"支架—围岩"系统形成的刚度要比以下各分层大。

（3）顶板下沉量变大

表1-4 列出了在部分矿井中得到的顶板下沉量。由统计值可知，下分层顶板下沉均比上分层大。其中再生顶板又比矸石顶板幅度大。但对于最下分层，因底板是岩石，则下沉量又稍小些。可见影响下沉量的因素之一是支架与围岩的综合刚度。

表 1-4 倾斜分层开采单体支架工作面顶板下沉量变化表

煤 层	平顶山 C_{17}		邢台大煤		邢台小煤		淄博 10 煤层	
顶板	页岩		砂岩（再生顶板）		砂页岩（矸石顶）		页岩（矸石顶）	
分层 单位	mm	%	mm	%	mm	%	mm	%
一	207.00	100	145	100	110.8	100	136	100
二	427.23	207	389	262	173.9	157	208	153
三	347.40	168	353.7	244	—	—	—	—

由于上述原因，在开采中、下分层过程中常常遇到单体支柱压死、歪倒和破网窜柱等现象。因而在这种情况下，要求支架具有较强的适应顶板大变形量的能力。

除上述一般规律外，在实际工作中也遇到个别相反的情况，如邢台煤矿七层煤分三层采，煤层的顶板是一层厚达 9 m 以上的灰色中细砂岩，其周期来压都以中、下分层更为激烈。该矿回采第一分层时，周期来压步距大，但较缓和回采中、底层步距虽小，却来压剧烈。又如枣庄矿务局山西组二层煤，顶板为中细粒硬质长石石英砂岩，硅质和钙质胶结，平均厚度达 42 m。在采用倾斜下行分层采煤时，中、下分层的顶板很难管理，经常出现冒顶事故。显然，上述不同实例与分层开采时上覆岩层的活动规律及平衡条件密切相关。

为了控制分层开采时顶板中坚硬岩层运动带来的危害，有时可采用改变开采顺序的办法。例如，枣庄矿务局山家林矿采用了不同的方法，即先回采顶分层并铺以假顶，在顶板冒落后，再采取洒水、注泥浆等办法促使其胶结；而后暂不采中分层，先采底分层。这样中分层的煤就成为下分层的顶板，缓和了回采底分层的顶板压力；最后再回采中分层。中分层虽经破坏，但压实后仍可作为开采对象。此试验现已获得成功。

综上所述，对分层开采中的矿山压力显现规律，应根据具体条件进行分析。

3.6 放顶煤开采时矿压显现特点

应用放顶煤开采工艺时，使采煤工作面上覆岩层移动规律及结构特点发生了较大变化，由此造成矿压显现及支架受载的变化，并与分层开采有较大差别。

3.6.1 上覆岩层移动特点

放顶煤开采时，由于煤层一次采出厚度的增大，直接顶跨落高度通常可达每层采出厚度的

2.0~2.5倍,其下位1.0~1.2倍范围内的直接顶为不规则跨落带。随着直接顶跨落向上发展,考虑到跨落矸石的碎胀作用,顶板的回转空间逐渐减小,在上位直接顶中可形成半拱式小结构,并根据煤层顶板条件等表现出不同的形式。随着工作面推进,半拱式结构出现失稳和跨落,从而对采煤工作面造成影响。

大量测量结果及模拟试验表明,放顶煤采煤工作面上方仍可形成砌体梁式基本结构,但其形成的位置远离采煤工作面,其稳定性也具有相应的特点。放顶煤开采时,由于直接顶充填程度相对较低,基本顶回转角度相对增大,因而砌体梁结构一般不会发生滑落失稳,而多表现为转动变形和岩梁的再断裂。

放顶煤开采工作面上方基本顶的砌体梁结构与其下的半拱式结构相结合,共同构成放顶煤开采工作面顶板结构的基本形式。两种结构各有其自身的稳定条件,又有相互作用和相互影响。由于还受到顶煤跨落过程的影响,使这种复合结构的稳定性及其对矿山压力显现的影响与倾斜分层相比更趋于复杂化。

表1-5 三河尖煤矿综放工作面顶板来压状况表

顶板来压性质	7131(整层)综放面			7121(下分层)综放面		
	推进距离/m	来压步距/m	动载系数	推进距离/m	来压步距/m	动载系数
直接顶初次来压	41	41	1.26	31	31	
直接顶周期来压(1)	58	17	1.64			
直接顶周期来压(2)	70.5	12.5	1.45			
直接顶周期来压(3)	85	14.5	1.35			
基本顶初次来压	90.5	90.5	1.77	52.8	52.8	1.43
直接顶周期来压(4)	104	13.5	1.21			
直接顶周期来压(5)	118.3	14.5	1.41			
基本顶周期来压(一)	120	29.5	1.68	62.2	9.4	1.08
直接顶周期来压(6)	136.5	16.5	1.41			
基本顶周期来压(二)	137.5	25.5	1.48	76	13.8	1.05
基本顶周期来压(三)				87.6	11.6	1.32
基本顶周期来压(四)				103.6	16	1.34
基本顶周期来压(五)				114.1	10.5	1.34
基本顶周期来压(六)				135.5	21.4	1.4
直接顶周期来压平均		14.8	1.412			
基本顶周期来压平均		27.5	1.58		13.5	1.32

在基本顶、直接顶和顶煤组成的力学体系中,顶煤的强度和刚度低于直接顶,而直接顶的强度和刚度又低于基本顶。放顶煤开采过程中,在基本顶、直接顶和顶煤的共同作用下,顶煤在煤壁前方承受最大支承压力,破碎的顶煤产生较大的垂直变形,同时向支架上方或采空区水平移动;在基本顶与顶煤的共同作用下,直接顶已在煤壁前方一定范围内断裂,向采空区移动。

随着工作面的推进,基本顶一般在工作面煤壁前方断裂,在工作面后方完全跨落。顶煤及顶板位移的始动点取决于顶煤及顶板的强度及厚度,并表现出较大的差异,但较分层开采时明显增大。根据顶煤及直接顶中的深基点位移实测结果,顶煤及直接顶具有明显的分组运动特性。

3.6.2 矿山压力显现特点

1)工作面来压特点

大量矿压观测表明,放顶煤工作面在开采过程中同样有着周期性矿山压力显现。表1-5为徐州三河尖煤矿综放工作面顶板来压实测参数。其中,7131工作面为整层综放工作面,煤厚9.0 m,直接顶的跨落高度为20.8 m。7121工作面下分层综放工作面,煤层采出厚度为6.6 m。

由表可知,由于顶板岩层的分层跨落特性,综放面均出现直接顶初次来压。直接顶初次来压是由半拱结构失稳引起的,一般发生在直接顶初次跨落之后、基本顶初次来压之前。是否出现直接顶周期来压取决于两种结构的互相作用关系,两种结构作用较为明显时,则不出现周期来压。7131工作面顶板的半拱结构表现为复合梁结构,并且与砌体梁结构之间为软岩层,缓和了两种结构间的相互作用,因而表现为明显直接顶来压和基本顶来压;7121工作面顶板的半拱式结构表现为桥拱结构,它是由顶分层开采时的基本顶再断裂而形成的,与其上方的砌体梁结构相互作用较为直接,因而仅表现出直接顶初次来压,无直接顶周期来压。

半拱式结构的失稳和来压可诱发基本顶结构失稳,造成基本顶来压。由于基本顶结构远离采煤工作面,与分层开采相比,周期来压步距明显增大,一般均在50 m以上。据对10余个综放工作面的统计,直接顶初次来压步距平均为42.6 m,基本顶初次来压步距平均为63.4 m。由于煤壁前方支承压力增高和顶板超前破坏范围增大,基本顶周期来压步距相对减小,约为其初次步距的$\frac{1}{3}$。

图1-65为姚桥煤矿7509综放工作面支架阻力随工作面推进距离增大的变化情况。由图可见,工作面呈大、小来压交替出现的现象,每两次大的来压之间出现一次小的来压,即直接顶来压强度小于基本顶来压。这是由于在工作面顶板的砌体梁与半拱式结构组成的复合梁结构中,砌体梁结构的失稳造成工作面基本顶来压,而半拱式结构的失稳则造成工作面直接顶来压,而直接顶来压强度通常小于基本顶来压强度,因此工作面通常大、小来压交替出现。

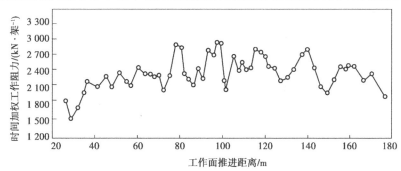

图1-65 支架阻力随工作面推进距离的变化

2)支架荷载的变化

大量矿压观测还表明,放顶煤开采虽然成倍地增加了一次采放出煤的厚度,但支架荷载并没有随采高的增大而增大,一些工作面支架的工作阻力利用率较低。显然,这与放顶煤开采部分的改变了"支架—围岩"的关系有关。松软顶煤的参与,缓和了顶板与支架的相互作用,支架的受载能力不能真实地反映顶板(尤其是基本顶)的移动情况,所测的支架载荷是围岩压力经过破坏的顶煤作用在支架上载荷。例如,表1-6为对部分类似开采条件下综放整层开采与综采分层开采(上分层)支架载荷的观测参数;表1-7为对松软煤层综放开采时对支架工作阻力的观测结果。

表1-6 类似开采条件下,综放整层开采与综采分层开采上分层支架载荷观测表

矿别	开采方式	一次采出厚度/m	煤的坚固性系数f	额定工作阻力/(kN·架⁻¹)	实测工作阻力/(kN·架⁻¹)	实测支护强度/MPa	动载系数	与整层综放平均工作阻力比	与整层综放平均支护强度比	与整层综放平均动载系数比	前后柱阻力比
路安王庄煤矿	上分层综采	—	—	—	2 540	—	1.3	1.21	—	1.09	—
	整层综放	7.02	1.5~2.5	400	2 102	1.19					—
兖州局兴隆煤矿	上分层综采	—	—	—	3 300	0.55	1.33	1.15	1.15	0.99	—
	整层综放	7.89	1.5~2	5 200	2 531	0.42	1.38				1.41
		8.52	1.5~2	5 200	3 198	0.53	1.41				1.25
		8.2	1.5~2	5 200	2 586	0.48	1.25				1.33
兖州局东滩矿	上分层综采	6.1	—	—	3 608	0.61	1.39	1.05	1.20	1.04	1.28
	整层综放	—	2~3	5 200	3 446	0.51	−1.34				—
邢台局邢台煤矿	上分层综采	—		2 000	1 944	—	1.38	1.68	—	1.11	—
		—		2 000	2 438	—	1.35				—
		—		2 000	2 191	—	1.37				—
	整层综放	6.01			1 341		1.16				—
		6.01			1 262		1.30				—
		6.01			1 302		1.23				—
大同局沂州窑煤矿	上分层综采	—			4 210	—	2.1	1.33	—	1.53	—
	整层综放	8.29	2.9~4.4	6 000	3 235		1.28				0.94
		8.29	2.9~4.4	6 000	2 383		1.52				0.91
		7.9	2.9~4.4	6 000	3 712		1.37				1.14
		7.5	2.9~4.4	6 000	3 306		1.32				1.11
		8.0	2.9~4.4	6 000	3 159		1.37				1.03
邯郸局云架岭煤矿	上分层综采	—		—	1 510	0.25	—	1.15	1.15	—	—
	整层综放	3.6	2.5	2 400	1 310	0.22	—				1.2

表 1-7 松软煤层综放工作面支架工作阻力

矿　别	工作面编号	煤层厚度/m	煤的坚固性系数 f	支架设计工作阻力/(kN·架$^{-1}$)	支架平均工作阻力/(kN·架$^{-1}$)	对比数/%
米村	15011	8.4	0.3 ~ 0.5	4 400	1 706	38.8
乌兰	5321	6.79	0.6 ~ 1.2	3 200	1 206	38.6
超化	11051	7.50	0.3 ~ 0.5	3 600	2 268	63.0
魏家地	110	12.00	0.5 ~ 1.0	3 600	2 043	56.8
谢桥	1121	4.56	0.35 ~ 1.0	4 400	1 434	46.8
东欢坨	2188	4.03	0.58 ~ 1.07	2 400	587	24.5

由表可知:

①放顶煤开采的一次采出厚度比分层开采大,支架载荷不仅不增大,反而减小了5% ~ 68%,强度也减小了15% ~ 20%。

②放顶煤工作面支架所受动载的显现不强烈,动载系数一般均低于分层开采的顶分层,坚硬顶板(对比工作面均采用预爆破措施)的动载系数则有明显降低,这表明上位顶板岩梁的运动(周期来压)对支架的影响有明显的缓和作用或没有影响,即周期来压显现影响小。

③放顶煤工作面支架的实际载荷大小不均,仅为额定工作阻力的50%左右,松软煤层综放工作面的实际载荷更低。这表明放顶煤工作面支架载荷并不取决于一次采出厚度,而与顶煤的强度有关。

④综放支架前柱的支护阻力普遍比后柱高,即使是坚硬煤层、坚硬顶板的情况,前柱平均工作阻力也略大于后柱。这表明综放工作面支架的荷载重心更靠近煤壁,当不能对顶煤进行全封闭支护时,工作面冒顶明显增多。破碎顶煤作用在支架上的荷载以静载为主,对周期来压反映比较敏感的后柱支撑力不高,即基本顶活动对支架作用影响减小。

3.6.3 综放面回采巷道矿压显现特点

1)实体煤巷道

与综采分层工作面相比,综放工作面超前支承压力分布范围大,应力峰值位置前移,导致综放整层实体煤回采巷道矿压显现与综采实体煤回采巷道有较大差异。一般情况下,综放巷道各项指标参数均高于综采分层巷道。以兖州兴隆庄煤矿综放面为例,综放整层与综放分层实体煤巷相比,超前明显影响区扩大4 ~ 22 m,支持应力高峰区扩大1 ~ 8 m,巷道顶底板移近量增加100 ~ 300 mm;与综采二分层、三分层实体煤巷道相比,由于煤层反复受到支承压力作用,超前压力影响范围基本相等,顶底板移近量增加100 ~ 200 mm,移近速度平均增大2倍以上。

2)沿空掘进巷道

(1)综放沿空巷道与实体煤巷道矿压显现分析

对于中等稳定围岩综放沿空掘巷,超前90 m作业就会出现采动影响,明显变形出现在工作面前方35 m左右,比实体煤巷道增加近20 m。巷道剧烈变形在工作面前方0 ~ 10 m,综放面沿空巷道顶底板移近量比实体煤巷道增大 5～10 倍,两帮相对移近量增大 10 倍以上。巷道围岩移近量回采影响期间与掘巷影响期间相比,对于沿空巷道,前者是后者的 5～10 倍;若是实体煤巷道,前者是后者的 1.2～1.5 倍。实体煤巷道的顶底板及两帮变形大体相近,而沿空巷道两帮移近量大于顶底板移近量,前者约是后者的 2 倍。

(2)综放沿空巷道与综采上分层沿空巷道矿压显现对比分析

以兖州兴隆庄煤矿综放工作面为例,综放沿空巷道与综采一分层沿空巷道相比,其超前支承压力明显影响范围扩大 20 m 左右;支承压力高峰区基本保持不变,顶底板平均移近量增加 100～400 mm,顶底板平均移近速度增加 12 mm/d。综放沿空巷道与综采二分层、三分层沿空巷道相比,由于分层巷道煤层反复受到支承压力作用,其超前压力影响范围有所增大,顶底板移近量增加 100～300 mm,移近量平均值增大 1.5 倍以上。

巷道矿山压力观测与分析

　　煤矿巷道按其空间形态可分为水平巷道、垂直巷道和倾斜巷道;按其所处的位置及服务范围可分为开拓巷道、准备巷道和回采巷道(后文中将准备巷道和回采巷道统称为采准巷道)。

　　开拓巷道服务年限较长,主要布置在稳定的岩石中,顶底板及两帮为较坚硬的岩石,主要受矿压影响,受采动影响较小,或不受采动影响。

　　采准巷道一般是指采区上、下山,区段运输平巷、回风平巷,以及工作面的开切眼和各种联络巷道等。采准巷道的特点之一是两帮的顶底板往往是强度较低的煤体、煤柱,有时是已冒落的矸石或强度较低的泥质结构的软岩。巷道周围这种低强度的介质或松散体对采准巷道极为不利。采准巷道的另一特点是受相邻采煤工作面的采动影响,其围岩移动量较大,常导致巷道断面严重缩小,并容易发生支护失效、顶板局部冒落、巷道片帮、底板臌起等严重的矿压现象。

　　巷道围岩活动的主要表现是顶板离层、下沉、冒落、两帮片帮、滑移,底板鼓起等。巷道顶板一旦发生冒顶,多数情况下规模较大,其危害性较为严重。巷道两帮的失稳会造成煤帮大面积滑落,也易于诱使顶板冒落。因此,所有采掘巷道、开拓巷道都应该进行巷道矿压与支护日常观测。观测的目的一是可及时发现异常,可采取措施,保证安全生产;二是可获得围岩稳定状况的信息,为修改、完善设计提供依据。

　　观测内容的选择必须充分考虑:①巷道围岩的运动状况,从监测数据直接判断围岩是否稳定;②通过支护的工作状态,判断支护参数是否合理;③易于现场测取数据。

　　本章就如何进行巷道围岩相对移近量、巷道支架载荷与变形、巷道围岩应力及巷道围岩松动圈的观测分别加以叙述,从而为正确分析巷道围岩应力分布、选择合理巷道支护方式、确定合理的开采参数、改进采区巷道支架、提高巷道支架效果、保证安全生产提供有效依据。

任务 1　巷道围岩表面位移测量

　　巷道表面位移测量包括两帮收敛、顶板下沉及底臌的测量等。根据测量结果,可以分析巷道周边相对位移变化速度、变化量,以及它们与工作面位置及掘进巷道时间的关系,也可以得到巷道周边的最终位移,从而判断支护效果和围岩的稳定状况,为完善支护参数提供依据。

1.1 测站布置及测点安设

1.1.1 测站布置

对一条巷道进行围岩稳定性监测,通常可设 3 个测站,测站间距可取 100～200 m,选择有代表性围岩条件,或选择特殊条件进行专项观测。每一个测站,应设 3 个观测断面,断面间距可取 3～5 m。

测站的具体位置应视地质条件和生产情况而定。如在运输巷道内设置观测站时,在观测时可能影响生产,或者生产过程中易将测站损坏。为了使生产和观测互不影响,可在巷道一侧开掘煤龛,并在煤龛里安设测量仪器。煤龛的规格一般为 2 m×3 m,可沿煤层开掘并保持顶板完好。如果在巷道里安设测量仪器不妨碍生产和观测,应尽量把测站布置在巷道里,这样可以获得巷道围岩移动及其支架的准确情况。

1.1.2 测点安设

1)测点安设要求

测点是观测的基准点,应安设可靠,通常需要设在基岩内。同时应避免设在顶底板或两帮有破坏的地方。测点处要求顶板稳定、支架完好、两帮整齐、底板平坦、便于观测;测点应安设牢固,以便进行长期观测。由于巷道周围的移动值不尽相同,且与观测点的位置有关,所以各观测截面内的空间位置应力求一致,以便减少观测资料产生偏差。

2)测点安设方法

先在顶板上打一个深 100～200 mm、直径为 ϕ40 mm 的钻眼,在眼中打入木塞,木塞上钉入作为测量基准点的铁质基钉,铁钉头部有圆穴,如图 2-1 所示。同时,在上述基点垂线方向

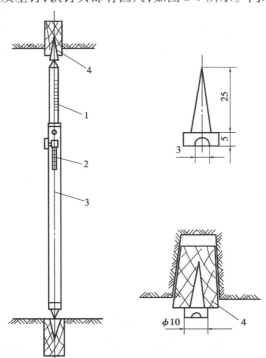

图 2-1 测点安设

的底板上,以同样的方法在底板设基点。在测量过程中,要注意保护基点,避免移动或损坏,以保证测量精度。两帮观测基点的安设方法与上述方法基本相同,但要尽可能使观测截面内各对测点在同一水平面上。

3)测点的布置方式

(1)垂直布置

垂直于巷道顶底板布置一对测点,如图2-2(a)所示。这种布置方法适用于巷道顶底板相对移动量大且两帮不产生变形或变形较小的情况。

(2)十字布置

当巷道顶底板和两帮都有较大变形时,为了测定顶底板和两帮的相对移近量,一般采用十字形布置测点,如图2-2(b)所示。在巷道顶底板跨度中心布置一对测点,这样,在观测时通常只测顶底的相对移近量 ab 值及两帮的相对移动量 cd 值就可以了。

(3)网格布置

如果巷道围岩松软、四周巷道空间凸出,为了研究围岩的变形状况及巷道断面缩小率,可采用网格布置法。此法是在同一巷道截面上,在顶底板和两帮分别选取若干对测点,并相互垂直形成网格状,这样就可以观测巷道周围的变形情况。图2-2(c)所示即为纵横3对测点的网格布置。测点 a 与 d,b 与 e,c 与 f 观测垂直方向的移动值;测点 1 与 2,3 与 4,5 与 6 观测水平方向的移动值。根据这6对测点的观测数据,可以勾画出巷道变形的基本情况。如果需要求巷道断面的缩小量时,可通过取3对测点最后的平均变化计算而得。

(4)扇形布置

扇形布置法也可以测定全断面收缩率,还可以采用其他测点布置形式,如图2-2(d)所示。

(5)双十字布置

对于沿煤层掘进的梯形巷道,为了测量巷道两帮移近量、顶板下沉量、底臌量、高帮低帮的移近量以及相对应的顶板下沉量时,巷道围岩的收敛观测可采用双十字布点法,如图2-2(e)所示。

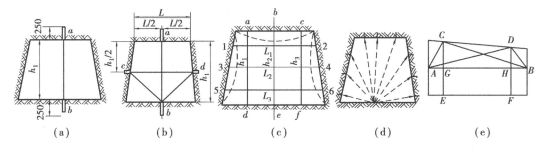

图2-2   测点的布置方式

(a)垂直布置一对测点;(b)十字布置;(c)网格布置;(d)扇形布置法;(e)双十字布置

1.2   观测仪器与使用方法

巷道表面相对位移的测量仪器种类很多,选用时应根据巷道尺寸及待测位移量要求的精度等决定。对于小跨度巷道,除采用钢卷尺、游标卡尺式测杆外,还可以用收敛仪、测枪等。这些仪器结构简单、使用方便,进行一般的测量时精度已经足够。对于精度要求比较高的测量,可以采用较精密的仪器。

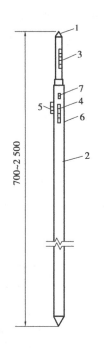

图 2-3 ADL—2.5 结构示意图
1—活柱;2—套管;3—标尺;4—卡环;
5—夹紧螺钉;6—弹簧;
7—固定螺钉

测枪是测量井下巷道周边任意方向两点间距离变化的一种常用仪器,BHS—10 型测枪结构图如图 2-5 所示。该测枪测量范围大,读数精确,使用方便。

测量时,将测尺接头挂在预先安设的测钉帽处,下压卡簧片,松开扳机,移动测枪放出测尺,待测枪顶尖接近对应测点时,扳机压至一挡,将测尺压紧。当顶尖触到测钉断面时,扳机压至二挡,锁紧测尺,由于枪身长度已准确算出,从放大镜 4 处观看尺标,看见的即是测取的数值。

3)JSS30/10 型伸缩式数显收敛计

JSS30/10 型伸缩式数显收敛计为煤炭科学研究总院北京建井所研制,它是本安型矿用电子数字收敛仪,可用于测量巷道周边两点间的距离变化。该收敛计主机读数有液晶显示屏显示,具有读数直观、结构新颖、测量精度高、重量轻、便于携带等特点。

1)测杆

测杆一般由活柱、套管、标尺、卡环、夹紧螺钉、弹簧和固定螺钉等组成,ADL—2.5 型测杆是其中的一种,其结构如图 2-3 所示。

安设时,可先拧松测杆上的固定螺钉,拉出活柱到适当高度,当拧紧夹紧螺钉时,卡环夹紧活柱,活柱借弹簧力使测杆牢固地支撑在两基点之间,观测基准线后即可读出标尺数值。套管长 700 mm,拉出活柱共长 1 300 mm,一套测杆配备有 3 个加长管(两个 500 mm,一个 300 mm),测量精度为 1 mm,需要时,可增加加长管的数目。

测杆配合图 2-4 所示 D—Ⅱ型自动记录器可实现自动连续观测。使用时,将测杆从自动记录器测杆孔口 9 穿过,固定好自动记录器,将测杆支设在两测量基点间,然后拧紧测杆的夹紧螺钉。利用自动记录器上的夹紧装置,使测杆的活杆移动时带动杆杠 5,并驱动记录笔笔尖 6 在自记钟 1 柱形表面记录纸上绘出顶板下沉曲线。观测期间每天更换一次记录纸,上紧自记钟的发条。若记录笔使用墨水时,还应及时灌注墨水。

2)测枪

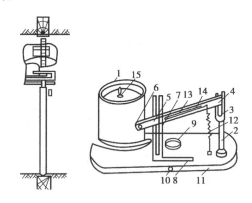

图 2-4 D—Ⅱ型自动记录器结构图
1—自记钟;2—立柱;3—导槽;4—轴;5—杠杆;
6—笔尖;7—导轨;8—调节板;9—测杆孔口;
10—固定螺钉;11—底座;12—弹簧;
13—放大旋钮;14—放大刻度;15—自记钟

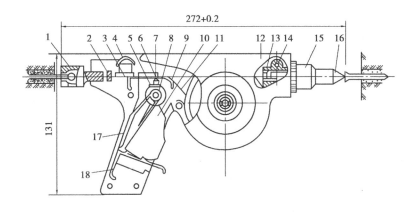

图 2-5   BHS—10 型测枪结构图

1—接头组;2—毡垫;3—尺标;4—放大镜;5—调整螺母;6—压钉;7—橡胶板;

8—扳机轴;9—弹簧片;10—扳机;11—测尺;12—枪壳;13—枪嘴;14—螺钉;

15—保护帽;16—顶尖;17—扳机簧;18—卡簧片

(1)结构及工作原理

该型收敛计主要由钩、尺架、调节螺母、滑套、紧固螺钉、外壳、数显装置、弹簧、前轴螺母、前轴、联尺、尺卡、尺孔销、带孔钢尺等零部件组成,如图 2-6 所示。该收敛计是用机械传递位移的方法,将两个基准点间的相对位移转变为数显位移计的两个读数差,从而得到数据。当用挂钩连接两基准点 A , B 预埋件时,调整滑套及调节螺母,改变收敛计长度,通过前轴与前轴螺母对弹簧施加一恒定压力,并经联尺尺架及尺孔销转换为对钢尺的张力,从而保证测量的准确性和可比性。当收敛计改变长度时,调节螺母与滑套带动数显位移计主尺位移,并显示读数。当 A , B 两点随时间发生相对位移时,在不同时间内读数值的不同,其差值就是 A , B 两点间的相对位移值。当两点间相对位移值超过数显位移计有效量程时,可调整孔销所插尺孔,以便继续用数显位移计读数。

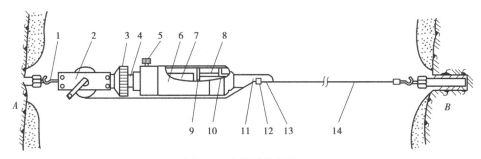

图 2-6   收敛计结构图

1—钩;2—尺架;3—调节螺母;4—滑套;5—紧固螺钉;6—外壳;

7—数显装置;8—弹簧;9—前轴螺母;10—前轴;11—联尺;12—尺卡;13—尺孔销;14—带孔钢尺

基线两点间收敛值 s 按下式计算:

$$s = D_0 - D_n + L_0 - L_n$$

式中 D_0 ——首次数显读数,mm;

D_n ——第 n 次数显读数,mm;

L_0 ——首次钢带尺长度,mm;

L_n——第 n 次钢带尺长度,mm。

(2)主要技术参数

测量范围:1~10 m(换钢尺可测 15 m);施加钢尺张力:50 kN、60 kN 两级;分辨率:±0.1 mm;测量精度:±0.06 mm;防爆类型:矿用本安型;显示器示值稳定值:24 h 内不大于 0.01 mm;电源:1 节 1.55 V 氧化银纽扣电池 SR44W;短路电流:≤0.35 A;整机工作电流:≤22 μA;连续工作时间:≥8 个月;外形尺寸:418 mm×84 mm×42 mm;质量:1 kg。

(3)使用方法

①将收敛计进行机械对零并装入电池;②测量基点埋设,在测点局部焊接一段长 200~300 mm、φ4~16 mm 的钢筋,并露出巷道表面 20 mm;③取出测点圆环安装到测点上,打开收敛计钢尺摇把,拉出尺头挂钩并放入测点孔内。将收敛计拉至另一端,并把尺架挂钩挂入测点孔内,选择合适的尺孔,将尺孔销插入,用尺卡将尺与联尺架固定;④拧松紧固螺钉,调整滑套长度,使钢带尺受到初张力后,拧紧紧固螺钉,旋转调节螺母,使弹簧测力窗口内白线与窗口上刻线对齐,记下钢带尺在联尺端架基线上长度与数显读数。每条基线应读 3 次,取平均值。

4)GCL—1 型超声波断面测量仪

GCL—1 型超声波断面测量仪是山东矿业学院研制的用来测量井巷工程规格尺寸的一种仪器。它可测量巷道的宽、高、长度等,具有测量准确、读数直观、性能稳定等特点。

(1)结构及工作原理

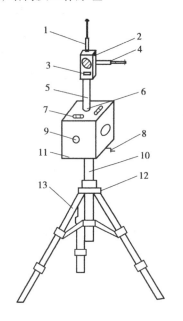

图 2-7 GCL—1 型超声波断面测量仪图
1—定位杆;2—主机;3—开关;4—定位杆;
5—中心轴;6—插孔;7—水平仪;
8—移动手柄;9—插孔;10—支承柱;
11—主机插座;12—升降手柄;13—三角架

GCL—1 型超声波断面测量仪主要由主机、主机插座、三角架 3 部分组成,如图 2-7 所示。主机起超声波发射、接收和计数译码的作用,并能显示数据。在主机固定板上侧及边侧装有定位杆,用于测量仪与巷道断面中、腰线的定位。三角架起支撑作用。三角架上有一升降手柄,上下可微调,在测量巷道断面时,能快速准确地对准中、腰线。主机插座固定主机,并装有角度盘和一对水泡水平仪,可保证仪器水平,以实现对巷道断面不同方位角的测量。

它的工作原理是:由主机发射的超声波遇到待测点后形成的反射波由主机接收,这样,测量出从主机发射超声波到接收反射波的时间就可以测量出主机到待测点之间的距离。

(2)主要技术参数

测量范围:0.61~13 m;测量精度:1%;使用环境温度:4~45 ℃;湿度≤85%;主机体积:110 mm×45 mm×20 mm。

(3)使用方法

①将测量仪组装成一体。②选点对中,首先选定检测位置,支好测量仪,移动调节三角架使测量仪位置与巷道中腰线水平接近,然后扣紧三角架固定扣。用水泡水平仪调整测量仪成水平状态,通过定位杆与移动手柄调整测量仪

基准面于中、腰线的交叉点位置并锁紧。
③测量长度:将测量仪主机对准基准面,打
开开关,蜂鸣器发出提示声,表示电源已接
通,仪器已测量到两点间距离,显示屏显示
数据,迅速记录。④测量巷宽:将仪器调整
到中心线位置,先测一侧宽度,然后将测量
仪旋转180°测量巷道另一侧宽度,二者相
加,即为巷道全宽。⑤测量巷高:先把仪器
升到腰线高度,将测量仪调整到中心位置,
测量出腰线以上的高度。再用角度盘调整
手柄把测量仪旋转180°,测量出腰线以下
高度,二者相加即为巷道全高。

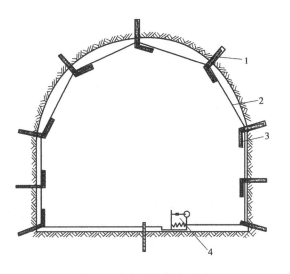

图 2-8　多角形变位移观测

1—基点;2—钢丝;3—转角传感器;4—位移传感器

5)采用传感器测量法

观测巷道断面变形和收缩,还可以采
用传感器测量的方法,如图 2-8 所示。该
法在巷道周边埋设 8 个基点,基点间用张紧的钢丝串联起来,并在每个基点上安设一个测量钢
丝倾斜的角度传感器。根据倾角变化,即可得到各测点的变形位移量,还可以用位移传感器,
测得全断面周边总位移量,即钢丝的位移量。

任务 2　巷道围岩深部位移测量

为了探明巷道围岩深部的稳定状况,进一步研究支架与围岩的相互作用关系,不仅需要测
量支护空间产生相对位移或空间断面的变形,而且还需对围岩深部岩体的破坏和位移变化进
行观测。

要进行岩体深部位移观测,通常可在围岩内钻孔并在孔内布设多个测点,以观测不同深度
的岩体位移。测得沿钻孔深度的变形位移梯度曲线 A,如图 2-9 所示。

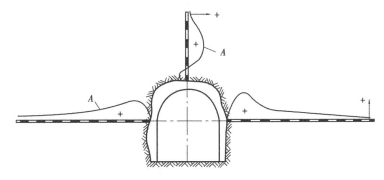

图 2-9　巷道围岩深部变形位移观测

在钻孔内布设测点进行观测时,通常假定以孔底的测点作为基准点,测量各测点与基准点
的相对位移变化。在钻孔内布设的测点及其测量装置系统称为钻孔位移计,布设多个测点的

系统称多点钻孔位移计。

2.1 机械式多点位移计

2.1.1 机械式多点位移计结构

多点钻孔位移计可以布设多个测点,其结构形式如图 2-10 所示。

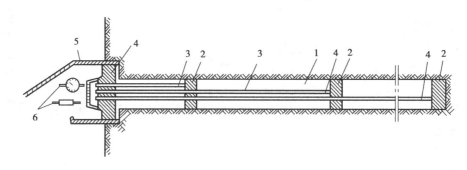

图 2-10 机械式钻孔多点位移计

1—钻孔;2—测点锚固器;3—连接件;4—测量头;5—保护盖;6—测量计

测点锚固器 2 应把测点固定在所测的深度,带动连接件 3 实现与岩体变形同步位移。测点锚固器采用压缩木测点锚固器、水泥砂浆锚固器、机械式锚固器(弹簧卡式、胀壳式、楔形式)等几种结构形式。连接件 3 是连接测点 2 至孔口的部件,用以传递深部岩体变形位移。按结构形式,它分为钢丝连接件、杆式连接件和扁钢尺连接件。由于受到钻孔空间限制,测点安设数量受到限制,一般只能安置 6 ~ 10 个测点。钢丝连接件最好采用镍铬合金钢丝,预防锈蚀。测量头 4 的外部一定要设置保护盖 5,以保护测点连接件 3 等不受损坏。测量计一般采用钢卷尺,可保证精度达 1 mm。也可用百分表、位移传感器等精度较高的测量计。

2.1.2 数据处理

1)计算围岩绝对位移

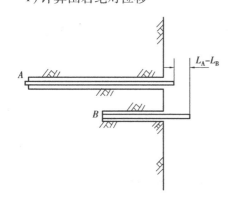

图 2-11 围岩内部绝对位移测量

如图 2-11 所示,设最深部 A 点为不动点,如果测得 A 点、B 点与围岩表面的相对位移 L_A 和 L_B,则它们的差 $L_A - L_B$ 就是 A 点到 B 点间围岩绝对位移值。

2)判断围岩破碎区范围

两种数据处理方法:第一种是以测量点距巷道表面距离为横坐标,各测点围岩绝对位移值为纵坐标,做出围岩内部位移曲线,如图 2-12 所示。根据该曲线的斜率变化可以判断出岩体非弹性变形区和松动区范围。如在图 2-12 中,曲线有两个斜率值,围岩总移近量又较大,故可以判断距巷道表面 1.75 m 的范围应为松动区。第二种以巷道掘出时间为横坐标,围岩绝对位移值为纵坐标,做出距巷道表面不同深度围岩随时间变化的曲线,根据不同深度位移变化亦可以判断围岩松动区范围以及巷道受掘进影响的程度。

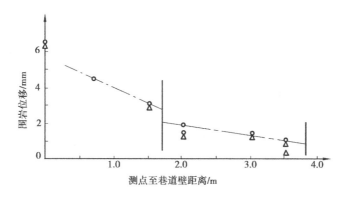

图 2-12　围岩位移曲线

2.2　磁性测点钻孔位移计

为了满足测量的需要,在机械式多点位移机的基础上,中国矿业大学研制出了磁性测点钻孔位移计,其结构如图 2-13 所示。磁性测点 3 设在塑料套管 5 上,由卡式弹簧锚固器 4 固定在钻孔内岩壁上形成测点,测点间用连接件。测量测点变形位移量时,采用磁感应杆 1(带有传感器)沿导向管 2 插入,跟踪磁性测点。在感应杆 1 上带有毫米刻度,由测量指示仪显示跟踪到测点定位,即可直接在感应杆读数。也可采用在感应杆感应不同测点的位置,再到井上用仪器检测各测点在感应杆上的位置。也可在磁感应杆上,通过一个脉冲电流,在磁测点处激发形成应力波。已知应力波传播速度是恒定的,通过测量指示仪得到测点间应力波到达时间差,即可测得位移量。磁测点钻孔位移计无需连接件,测点数量不受限制,且测点锚固力较小、测点安装机制作也较简单。

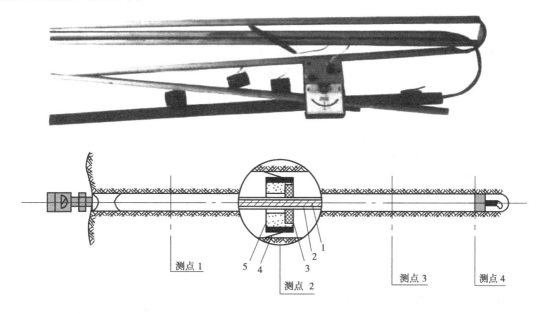

图 2-13　磁性测点钻孔位移计

1—磁感应杆;2—导向管;3—磁测点;4—卡式弹簧锚固器;5—塑料套管;6—测量指示仪

2.3 声波多点位移计

澳大利亚在煤矿巷道中应用的声波多点位移计主要由磁性锚固头、导向管、探头、声波测读仪等组成,具有测量数据准确、精度高的优点,但售价很高。

2.3.1 基本结构及工作原理

①磁性锚固头。其结构如图 2-14 所示,锚固架由工程塑料制作,最大外径尺寸大于钻孔直径约 30 mm。因其具有很好的弹性,将其送入钻孔后,可以较紧地锚固在孔壁上。锚固架的中部留有 $\phi20$ mm 的孔,用于通过导向管。钻孔孔径有 37 ~ 43 mm 和 50 ~ 70 mm 两种,钻孔深度达 7.5 ~ 8.0 m。为了便于携带和安装,一个钻孔中的所有磁性锚固头用一个带有指示安设深度的管状杆串起,如图 2-15 所示。

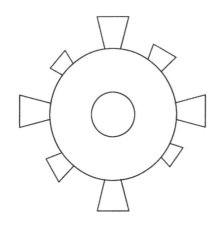

图 2-14　磁性锚固头

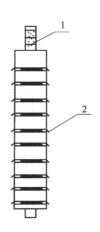

图 2-15　磁性锚固头安装深度杆
1—安设深度标志;2—磁性锚固头

②导向管。导向管为外径 18 mm、壁厚 2.5 mm 的工程硬塑料管。其作用是使探头上的导线顺利插入钻孔并起导向作用,使探头导线在长度方向相对固定。导向管的长度比钻孔深度长 800 ~ 1 000 mm,在导向管的底端折回 300 ~ 500 mm,用胶带固定。为了将导向管固定,用不带磁性圈的锚固头作为孔底锚固装置。

③声波导线探头。探头主要由圆柱形信息发射与接受装置和导线组成,导线长度为 7.2 m。为了方便携带和保护探头,随机配有环形玻璃钢制携带架,环形携带架外径为 1.0 m。

④声波测读仪。结合探头,可读出观测数据。

⑤磁性锚固头安装管。安装管是有一定柔性的 PVC 塑料管,每根长度为 2 000 mm,外径 25 mm,内径 20 mm。在每根管上都有刻度。

声波多点位移计工作原理是利用导线探头的磁场与磁性锚固头的环形磁场相互作用,使声波测读仪中的弹簧线圈产生一个微小的波动,则相应地在弹簧中也产生了波动。测出各锚固点的波动(声波)就可以读出各点的位移值。

2.3.2 安装与使用

①按要求的孔径大小和长度钻孔。

②连接安装杆,将 4 个带有刻度标志的安装杆依次连起来。

③将黑色塑料导向管插入安装杆中(其中在导向管的上部带有两个无磁性的锚固头),使

安装杆的 0 刻度朝向前方。

④用安装杆将上述两个无磁锚固头推入孔底,它带动塑料导向管一起上移,将导向管安好。

⑤抽出安装杆。

⑥将第一个锚固头从安装深度杆上拿下来(安装杆上显示该锚固头的安装深度),并串到导向管上,用安装管推入指定位置。

⑦重复第 5 和第 6 步的操作,将其余锚固头送到预定位置。因最下一个是双锚固头,故应使最下一个锚头固定在距孔口约 20 ~ 50 mm 处。

⑧小心剪断导向管,使其外露长度为 300 mm 左右。

⑨数据测读采用柔性探头和声波测读仪,使用时先小心从架中取出探头,用手握住柔性探头与柔性探测线,小心地将柔性探测线沿着钻孔中的塑料导向管插入到孔中。为了防止探头从孔中掉出,应用胶带将探测线和导向管牢固地粘在一起。

⑩将探头、声波测读仪连接起来,旋转指示按钮,就可以开始读数。读数窗口上的数字显示的是孔内某个磁性锚头与最底部磁性钻头的距离,注意在读数时,应尽量拉直电缆线,以使读数稳定和准确。

任务 3　巷道支护体载荷与变形观测

3.1　支撑式支架外部载荷观测

测定支架支护阻力常用的工具是测力计。在选择测力计时,首先考虑其精度要合理。由于影响支架上载荷值的因素较多,且在空间位置上和时间序列随机变异较大,测试结果通常离散较大。一般认为选用的测力计精度应为 3 ~ 5 kN,就可基本满足要求了。选用测力计时,在满足合理精度的同时,还要求其长期稳定性好、尺寸小、安设和测读方便、价格便宜、符合防爆要求等。常用的测力计有机械式测力计、液压式测力计和振弦式测力计观测几种。

3.1.1　机械式测力计

机械式测力计结构简单、工作可靠、使用方便,易于维护与检修,比较适合于地下工程的矿压测量。

ADJ—45 型和 ADJ—50 型机械式支柱测力计,常用于测量采掘工作面单体支柱和巷道支架承受的载荷及其工作特性等,该仪器的结构如图 2-16 所示。测力计的上盖 12 受力后,使工作膜 5 承受压力并发生弹性变形,这一微小变形通过传动杠杆 13 得到放大。再将图 2-17 所示的压力指示器插入测孔 17,测量传动杠杆自由端的位移即压力指示器的百分表读数。然后,在图 2-18 所示标定曲线上查得测力计上所承受的载荷。

ADJ—50 型机械式测力计的标定曲线,是在材料试验机上对测力计进行标定后获取的。在材料试验机上,首先对测力计进行加载,载荷由零均匀加至最大值(为额定工作载荷的 1.2 倍)。再用压力指示器量该载荷下的自由端位移,然后卸载,同样测量该载荷下的自由端位移,重复 3 次,取其平均值,即可做出测力计的标定曲线。支柱测力计的标定曲线由生产厂家提供,使用过程中因工作环境的变化,其工作特性有可能发生变化,因此有条件时,每次观测前

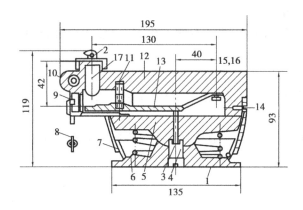

图 2-16　ADJ 型测力计

1—底座;2—保护盖;3—调整螺钉;4—螺母;5—工作膜;6—平衡弹簧;7—外套;

8—保护盖链子;9—螺钉;10—小轴;11—弹簧;12—上盖;13—传动杠杆;

14—固定螺钉;15,16—螺钉与垫圈;17—测孔

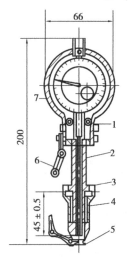

图 2-17　NN—ZY 指示器结构图

1—保护环;2—外壳;3—保护盖;4—接长杆;

5—套圈;6—链子;7—百分表

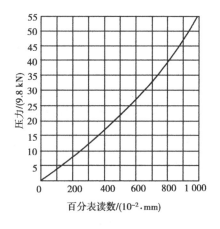

图 2-18　ADJ 型测力计标定曲线

都应重新标定一次。

ADJ 型支柱测力计技术特征见表 2-1。

表 2-1　ADJ 型支柱测力计技术特征表

主要技术指标	ADJ—45 型	ADJ—50 型
设计工作压力/kN	450	500
过载安全系数	1.2	1.2
工作膜直径/nm	135	180
杠杆传动装置传动比	1:3.25	1:3
最大压力时杠杆端部位移/mm	3~4	6~7

续表

主要技术指标	ADJ—45 型	ADJ—50 型
测力计支地面面积/cm²	135	254
精度/kN	10	5
允许相对误差/%	±2	±1
允许偏心角/(°)	7	7
外壳直径/nm	145	188
长度/nm	195	250
高度/nm	113	118
质量/kg	5.2	9.5

3.1.2　液压式测力计

液压式矿压观测仪器根据液体不可压缩原理,将支柱载荷或煤体应力转换成液压腔或液压囊的液压值,其测量元件有弹性管、波纹管、波登管及柱塞螺旋弹簧等。目前,用于矿压测量的液压式仪器有压力表、液压测力计和液压自动记录仪。

1)压力表

压力表结构简单,测量范围宽,使用维修方便。各类压力表中,以弹簧式压力表为主,其中又以单圈弹簧管应用最广。压力表品种和规格齐全,外径尺寸大部分为 $\phi60 \sim \phi250$ mm,精度等级一般为 1% ~ 2.5%。近年来出现了精密压力表、超高压力表、微压计、耐高温压力表及特殊用途的压力表。

2)液压测力计

(1)HC 型液压测力计

活塞式 HC 型测力计有 350 kN,500 kN 系列产品,适用安设在支架腿下测量支架腿垂直压力。此外,也可用机械式 ADJ 测力计。

HC 型液压测力计结构如图 2-19 所示,主要用于测定采掘工作面的支柱工作阻力。液压测力计有两种规格,HC—45 型适用于单体金属支柱和液压支柱;HC—25 型适用于木柱和各种巷道支架。

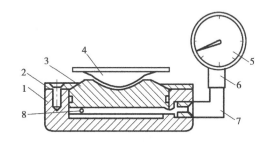

图 2-19　HC 型液压测力计
1—油缸;2—压盖;3—活塞;
4—调心盖;5—压力表;6—阻尼螺钉;
7—管接头;8—排气孔

根据液体不可压缩和各向同性的原理,当测力计的调心盖 4 承压时,活塞 3 向下压迫油体,产生与支柱工作阻力相应的油压。压力经管接头 7 传至压力表,表的读数即为支柱工作阻力或作用在支柱上的载荷。阻尼螺钉 6 的作用是防止突然卸载而损坏压力表,排气孔 8 是为注油时排放油缸及管路中的气体而设置的。该型液压测力计的主要技术特征见表 2-2。

表 2-2　HC 型液压测力计主要技术指标

主要技术指标	HC—25 型	HC—45 型
额定承载能力/kN	250	450
最大承载油压/MPa	31.8	57.3
油缸直径/mm	100	100
外径/mm	146	146
最大偏心角/(°)	6	6
1 kN 荷载的压力表读数	1.27	1.27
质量/kg	9	20

（2）ZHC 型钻孔油枕应力计

油枕式液压测力计主要用来测量支架承受的分布荷载。ZHC 型钻孔油枕应力计结构如图 2-20 所示,为测量煤（岩）体附加应力的仪器,目前主要用于测定采煤工作面超前支承压力、煤柱的稳定性、巷道围岩中支承压力的作用范围等。

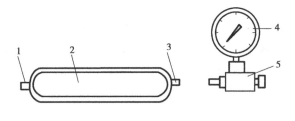

图 2-20　ZHC 型钻孔油枕应力计结构图　　　　　图 2-21　注油阀结构示意图
1—排气阀;2—油枕;3—管路;4—压力表;5—注油阀　　　　1—阀体;2—注油接头;3—锥阀

它的油枕由两片枕壳对焊而成,在每片枕壳上用专用模具压出 $R = 3.5$ mm 的椭圆形沟槽。它选用精度为 1 ~ 1.5 级、量程 0 ~ 25 MPa 的普通压力表,油枕与压力表的连接管路采用紫铜管或无缝钢管,前者用于浅孔,后者用于深孔。其注油阀的结构如图 2-21 所示,用来将应力计与泵站接通。当高压油进入阀体 1 并达到一定压力后,旋转锥阀 3 切断泵与测量系统的油路。油枕受煤、岩体的挤压,则油压发生变化,从压力表即可读出煤、岩体中的应力值。

油枕在钻孔中的安装方式有充填式、预包式和双楔式三种。首先,在安装仪器的地方,用电钻或风钻按设计深度钻孔,再用压风或压力水冲洗。如用充填式油枕时,把搅拌好的砂浆加适量水玻璃或速凝剂（三乙醇胺 5‰,食盐 5‰）用送灰器送入孔内。然后,插入油枕,待砂浆达到凝固强度后即可加初压。使用预包式油枕时,一般要求孔径只能比包体外径小 2 mm。使用双楔式油枕时,钻孔直径为 $\phi 36 ~ \phi 54$ mm。ZHC 型钻孔油枕应力计的主要技术特征见表 2-3。

表 2-3　ZHC 型钻孔油枕应力计主要技术指标

主要技术 特征	油枕长度 /mm	油枕宽度 /mm	油枕厚度 /mm	额定内压 /MPa	枕壳厚度 /mm	压力表量 程/MPa	测量精度 /%	质量/kg
数值	250	43	9.8	20	1.0	0 ~ 25	1 ~ 1.5	0.6

3.1.3　振弦式矿压观测仪器

振弦式矿压观测仪器是根据钢弦在不同张力作用下具有不同的固定频率这一原理研制的。钢弦在张力 T 作用下,其固有频率为

$$f = \frac{1}{2L}\sqrt{\frac{T}{\rho}}$$

式中　f——钢弦固有频率;

　　　L——钢弦的长度;

　　　T——作用在钢弦的张力;

　　　ρ——钢弦的线密度。

振弦式观测仪器由钢弦压力盒和钢弦频率接收仪两部分组成。钢弦压力盒是将外载转换为钢弦频率的传感器,钢弦频率接收仪是收集显示钢弦频率的数字式频率计。

1)钢弦压力盒的工作原理

目前使用的钢弦压力盒有 YLH 系列和 GH 系列。这两个系列的钢弦压力盒都是双线圈自激型,其工作原理基本相同。下面以 GH—50 型钢弦压力盒为例介绍其工作原理,图 2-22 为其结构示意图。

当压力 P 经导向球面盖 1 作用在工作膜 3 时,工作膜产生微小挠曲,使两钢弦柱 4 外张产生微小的角位移而张紧钢弦 6,使弦的固有频率 f 升高,P 越大 f 愈高。此时,测出钢弦的振动频率 f,便可以从钢弦压力盒率定曲线(P—f 曲线)或率定表中查得作用在压力盒上的载荷 P。液压钢弦压力盒与此原理相同,只不过是将液体通过接头引入加压腔来对工作膜加载。例如,使用在自移式液压支架上的压力盒,通过快速接头与液压支架立柱高压腔连通;使用在单体液压支柱上的压力盒,则通过它本身的特殊接头与外注式单体液压支柱三用阀相连。

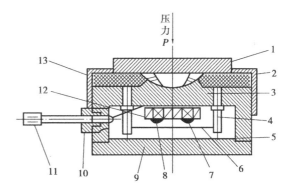

图 2-22　GH—50 型钢弦压力盒结构示意图
1—导向球面;2—橡胶垫;3—工作膜;4—钢弦柱;
5—O 型密封闭圈;6—钢弦;7—激发碰头;
8—感应碰头;9—后盖;10—电缆接头;
11—电缆插头;12—铝座;13—护罩

使用压力盒进行压力观测时,查其率定表或率定曲线得载荷压力,其方法虽简单,但并不快。况且当温度等因素发生变化时,其零频也会发生相应变化,对零频漂移的修正也比较困难(因 P—f 曲线为二次抛物线形)。采用含有零频漂移修正的公式进行计算,便可解决上述问题,修正公式为:

$$P = A(f^2 - f_0^2) - B(f - f_0)$$

式中 f_0——压力盒零频,Hz;

A, B——与压力盒自身特性有关的常数。

其中:

$$A = \frac{P_2(f_1 - f_0) - P_1(f_2 - f_0)}{(f_2 - f_1)(f_2 - f_0)(f_1 - f_0)}$$

$$B = A(f_1 + f_0) - P_1/(f_1 - f_0)$$

式中 f_1, f_2——压力盒率定曲线或率定表中的实测频率,Hz;

P_1, P_2——与 f_1, f_2 相对应的作用在压力盒上的荷载,kN。

在计算选点时,应使零频载荷 P_1, P_2 在接近满量程范围内均匀分布。例如 GH—50 型量程为 490 kN,金属摩擦支柱最大工作阻力为 350~400 kN,故取 $P_2 = 400$ kN, $P_1 = P_2/2 = 200$ kN。

对钢弦式传感器除要求其设计合理、热处理良好外,正确地率定对于保证其精度具有重要意义。试验表明,经过良好热处理、具有较高性能的合金钢,即使在应力远低于弹性极限的情况下,仍会产生塑性变形。为了消除钢弦式传感器在使用中产生的塑性变形,对其反复多次加载到满量程(甚至适量超量程)进行老化是有效的,老化到稳定以后的数据方可使用。对质量合格的压力盒,放置越久、加载次数越多,其性能越稳定,故应以最后的数据为准。

2)钢弦频率接收仪

钢弦频率接收仪也称为频率计,与钢弦压力盒配套使用,称为矿压仪或测压仪,可用于瓦斯和煤尘爆炸的矿井,是目前矿用测压仪中精度和灵敏度最高的一类产品。钢弦频率接收仪实质上是一台简易的数字频率计,现以 GSJ—1 型钢弦频率接收仪与 GH 系列钢弦压力盒配合使用为例,介绍测量支柱载荷的原理。

GSJ—1 型频率计读数窗口为红色发光二极管四位数字显示器,压力盒插头接频率计的五芯插座,中间三芯插座为仪器内镍镉蓄电池充电插座。另外,还有两个按钮,外侧的为关断按钮,里侧的为启动按钮。其工作原理如图 2-23 所示,主要技术特征见表 2-4。

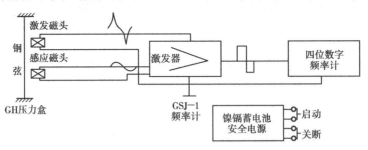

图 2-23 GSJ—1 型频率计工作原理框图

按启动按钮接通电源后,各电路开始工作。压力盒中钢弦的微小振动在感应磁头线圈中产生一正弦感应电动势,其输出电压经激发器放大上万倍,微分后形成双尖脉冲,输入激发磁头线圈改变其吸力。当接线相位正确时,钢弦移近则吸力加强,钢弦弹开时则吸力减弱,如同同步拨弦使弦的振动加强,迅速起振。由于钢弦每秒内振动 700 次以上,于是每秒内钢弦振动被加强 1 400 次以上。同时,输出同频率电信号,由四位数字频率计检测显示。频率计按以下程序工作:先清零 0.1 s,再计算 1.0 s,所记数字即钢弦振动的频率,显示 2 s 后开始下轮工作。

表 2-4　GSJ—1 型钢弦频率接收仪技术特征表

技术特征	参　　数
适用钢弦类型	Φ0.25 长 40 mm 各种钢弦(含不锈钢弦)
频率范围	500 ~ 3 000 Hz
频率误差	+1(1 000 Hz 以下,每 100 m 低 1 ~ 2 Hz,1 000 Hz 以上基本无误差)
激发距离	0 ~ 300 m 双绞线或小于 100 m 的任何四芯线
激发时间	2 s(含辅助激发 1 s)
电源	6 V,400 mA,由 GNY—0.45 六节串联供电,充电一次可连续供电 4 h 以上
仪器质量	1 kg
体积	190 mm × 103 mm × 45 mm
防爆类型	本质安全性

3.1.4　观测仪器的安设

1)拱形巷道测力计布置及安设

拱形巷道每架支架安设测力计的数量视需要而定,一般可在两帮各安设 2 ~ 3 台测力计、在顶板处安设 3 ~ 5 台测力计。在支架架设过程中,将测力计较均匀地安置在支架上,避开棚腿搭接处。例如,安设 11 台时,可在顶部安设 5 台,两帮各安设 3 台,如图 2-24(a)所示。为了防止测力计下滑并使其受力均匀,在测力计与支架之间放好测力计底托后,在测力计上边应用护板盖好。护板厚 8 ~ 10 mm、宽 200 mm、长 1 000 mm,呈弧形,用钢板制成。护板上面用半圆木插严背实。测力计由一帮底部起顺序编号,排列为 1,2,3,…。

2)梯形或矩形巷道支架测力计的布置及安装

测定矩形或梯形巷道支架载荷时,一般将测力计安装在支架顶部两端,如图 2-24(b)所示。为了使两台测力计受力均匀,在测力计之上用一根承压梁接触顶板,承压梁一般采用矿用工字钢。测力计安装在承压梁与顶梁之间。

若巷道两帮的侧压较大,需要测定支架棚腿的受力情况时,测力计的安装如图 2-24(c)所示。为了防止测力计下滑,在棚腿上安一个钢板固定座或制作一个凹槽。应注意,测力计固定座和围岩之间要用金属板隔开,金属板后面必须插严背实。

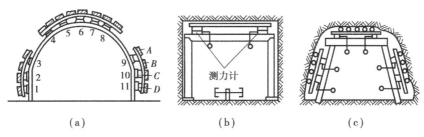

图 2-24　测力计布置及安装

(a)拱形支架测力计的安装;(b)支架测力计安装在顶板;(c)测力计安装在巷道两旁

A—木背板;B—测力护板;C—测力计;D—支承架

3.1.5 观测要求及方法

由于支架承受的外载荷大小与围岩压力和支架的工作特性密切相关,是判断支架工作阻力是否得到合理利用的重要指标。因此,在进行支架外载测定时,所选用的测力计性能和安设方法都不应改变支架本身的工作特性。而安设在支架上的测力计,实际上已成为支架工作的一部分。因此,测力计应具有足够的刚性,其受力变形特性对支架工作特性造成的影响,可忽略不计,即只允许微小的变形增量。

测站和测点布置:为了评价一条巷道支架的承载状况,一般在该巷道中选取有代表性的地段设置3个测站。每个测站测3架支架,每架支架根据断面大小布设5~9个测点,每个测点安设一台测力计。也可根据研究课题要求布设测站和测点,同时应该进行圈岩稳定性的监测。

支架载荷测点与围岩移动测点布置在一起,相距约200~300 mm,以便于互相修正、分析对比、提高观测精度。测点编号常用 A_1,B_1,C_1,…,表示,其中 A,B,C,…,为测点号,1,2,3,…,为测力计号。各测点支架载荷的观测,应与该测点围岩移动的观测工作同步进行。一般每天测读一次,距工作面近时可每天测读两次。注意测读前要校正百分表,确无问题时再测读。

3.1.6 巷道支架变形观测

1)支架承载后变形破坏的统计分析

对一条巷道支架变形破坏状况进行统计,是分析支架使用效果和巷道维护状况的一种简易方法。这种方法宜使用钢卷尺进行简易测量,通过统计梁、腿破坏位置,破坏形式,以及各占总统计架数的比值分布,从整体上分析支架选型的适用性、有效性以及存在的问题等,为改善支护的技术措施提供科学依据。

2)巷道支架变形观测

(1)测点布置

以如图2-25所示的拱形巷道支架为例,基点 A' 布置在巷道中部略偏一帮的底板上,钻孔后,将1.8 m钢钎打入孔内,安设牢固。B' 点设在另一侧棚腿上,用扁铲或锯条刻记测点。其他测点用扁铲或锯条刻记在棚腿迎风面上,其位置与测力计编号相应。

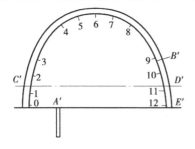

图2-25 拱形巷道支架变形测点布置

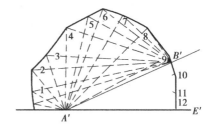

图2-26 支架变形实测图

(2)测量方法

支架变形用钢卷尺或测枪测量,与观测支架载荷同时进行。每隔1~2天测量一次,每次测量 $A'B'$,$C'D'$,$A'0$,$A'1$,…,$A'12$,$B'0$,…,$B'12$ 各段距离,同时用罗盘测量 $A'B'$ 与水平面之间的夹角。

在观测过程中,如果巷道底鼓比较严重,所设 A' 点会有垂直向上的移动(在水平面上移动不大,可忽略不计)。为了观测准确,可在巷道两帮垂直煤壁安设两个测点,形成 C',D' 两个基点,并使其位于同一水平面上。当 C',D' 只在水平方向有相对移动,而在垂直方向移动很小可忽略不计时,则以 C',D' 作为准线。每次观测时,先测量 A' 与 $C'D'$ 线的垂距,借此校核 A' 点是否向上移动。如果发现移动,在作图时按移动值修正 A' 点位置,以保证作图精度。根据所测段长度和角度,以 A' 点为固定点,以 $\angle E'A'B'$ 为基础,在 $A'B'$ 射线上截取 B' 点所在位置。而后以 A',B' 为两个定点,以各线段为半径,定出在同一观测时间各点位置,将所得各点用曲线连接起来,则得支架变形实测图,如图 2-26 所示。

3)支架承载后可缩量的测量

测量支架可缩量就是测量支架构件相互错接或接触长度的改变量,其大小是反映支架承载性能的重要特性之一。对于使用卡缆的可缩性金属支架,同时可用测力矩扳手测量卡缆螺栓上紧扭力矩的大小。由于卡缆的扭力矩大小与支架构件可缩的滑移阻力相关,并可以在实验室测得此相关变化。故通过支架可缩量的测量,可大致掌握支架的实际工作状况。

4)观测数据的整理与分析

(1)观测资料的整理

根据研究需要测定相应的数据。如按测点整理围岩移动量 S 与至煤壁距离 L 的曲线,即 S—L 曲线;按测点整理每个测力计受载与至煤壁 L 的关系曲线,即 L—P 曲线;按测点整理支架下缩量 S_m 与至煤壁距离 L 的关系曲线绘制 S_m—L 曲线。按巷道整理观测资料,按距工作面煤壁距离 L 将同一巷道内各测站的同一观测量进行平均,求得整个巷道的围岩移动量 S,移近速度 V_s,支架载荷 P,支架下缩量 S_m,支架下缩速度 V_m 等,整理这些数据与至煤壁的关系曲线,并绘出 L—S,L—V_s,L—P,L—S_m,L—V_m 的综合关系曲线。

(2)资料分析

①分析工作面煤壁前方巷道受采动影响的范围及巷道矿压显现特征,确定巷道超前支护的范围与措施。

②分析整个观测过程中巷道围岩移动与围岩压力的关系,确定在既定围岩条件和采动影响下,支护结构所应具有的力学特性。

③分析支架受载与支架变形的关系,了解支架的工作状况和对围岩的适应性,为支护改进提供依据。

3.2　支架构件内力的测定

由于支架承受外载会引起其构件内力产生变化,故测定这种内力变化可以知道支架工作状态及承载能力。但此种反推法并不是唯一的方法。测量支架构件内力,主要是通过测量构件应变大小,目前主要应用电阻应变片和光弹应变片的方法。

电阻应变片是由金属电阻丝制成。测量时用强力胶粘贴在构件上,以保证金属电阻丝与构件产生同步应变变化。电阻应变片有丝绕式和金属箔式等形式,其结构如图 2-27 所示,现在常用的是金属箔式。电阻应变片按其长度有 1～200 mm 系列产品可供选用。使用电阻应变片时,其粘贴表面应打磨光滑并用有机溶剂清洗干净,才能保证粘贴质量。电阻应变片焊接连线要可靠,导线应固定好。粘贴和焊接完成后,还要进行防潮涂层处理,否则会影响测量的稳定性,甚至造成测量失败。电阻应变片是由专用 KJY 矿用电阻应变仪进行测量,读数即为应变值。

光弹应变计由光学灵敏材料环氧树脂簿片制成,粘贴在被测构件表面,与承载方向一致。

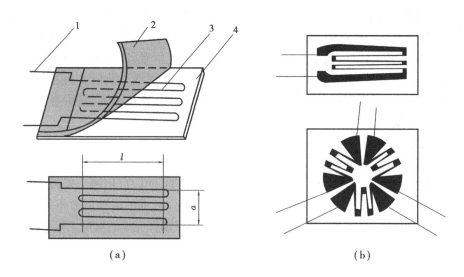

图 2-27   电阻应变片结构示意图

(a)丝绕式;(b)箔式

1—引出导线;2—覆盖层;3—电阻栅丝;4—基底

测量光学干涉条纹的变位值,即可测到构件应变大小。在现场应用时,要注意光学条纹的位移读数应避开两端头 $2.5t \sim 3.5t$(t 为应变片厚度)。测读时直接由人肉眼在光弹应变计上读得光学条纹的位移值 mm,再根据光弹应变计的灵敏系数换算为应变值。灵敏系数一般为 $7 \sim 40$ $\mu\varepsilon/mm$,可在实验室与电阻应变片对照标定得到。

电阻应变片和光弹应变计在确定承载构件的粘贴密度时,一般根据构件承载时应变梯度的大小而定,梯度大者粘贴密度大些,反之小些。通常在一个构件上布贴的数量不得小于 $3 \sim 4$ 片。

光弹应变计与电阻应变片相比,其优点是测读简便、受外界环境影响较小、无需专用仪器测读,其缺点是灵敏度较低、受温度影响大等。

3.3   锚杆(索)支护监测

锚杆支护是一项隐蔽性很强的工程,设计是否合理、施工质量是否合乎要求、巷道围岩是否稳定,人们难于直接察觉,必须通过现场监测和对监测信息的分析认识来判断。因此,采用锚杆(索)支护的巷道必须进行矿压与支护监测。一方面,通过随时观测巷道围岩活动情况,可及时发现异常、采取措施,保证生产;另一方面,通过监测获得围岩稳定状况的信息,可为修改、完善设计提供依据。

经研究分析,与巷道两帮围岩稳定有关的监控指标主要有:巷道表面收敛、围岩深部位移、锚杆受力;与巷道顶板稳定有关的监控内容有:顶板下沉量、锚固区内外的离层值、围岩深部位移、锚杆受力及其分布状况。下面分别给予介绍。

①巷道表面收敛:反映巷道表面位移的大小及巷道断面缩小程度,可以判断围岩的运动是否超过其安全最大允许值,是否影响巷道的正常使用等;

②围岩深部位移:反映距巷道表面不同深度的围岩移近量,可以判定围岩的塑性区范围以及围岩的稳定状况,分析锚杆和围岩之间是否发生错动,可以判断锚杆的应变是否超过极限

应变；

③锚杆的受力：其大小可以判断锚杆的工作状态及其参数是否合理，如锚杆选择、锚杆布置密度是否合适等；

④顶板下沉量：反映巷道表面的收敛以及断面的缩小情况；

⑤顶板锚固区内外离层值：用于判断顶板锚固区内、外围岩的稳定性以及锚杆支护参数的合理性；

⑥顶板锚杆受力的大小及分布：可以判断锚杆是否发生断裂、屈服，从而确定顶板是否稳定、锚杆支护参数是否合理等。

围绕锚杆支护的监测内容，有关科研、院校、厂矿等单位研究成功了许多监测仪器仪表，如测力锚杆、多点位移计、离层指示仪、锚杆拉拔计等。

3.3.1　锚杆受力监测

测力锚杆是测量锚杆全长锚固工作状态下受力的大小及分布状况的专用锚杆，在煤巷中安装测力锚杆的目的有三：①分析锚杆和围岩的相互作用关系，研究全长锚固机理；②实测锚杆受力，确定支护强度，分析围岩的强化程度，为锚杆支护设计提供依据；③根据锚杆受力变化，判断锚杆是否屈服，对顶板稳定做出预测。当锚杆受力突然增大或大范围屈服时，提示人们及时采取措施，避免顶板冒落事故发生。

锚杆受力监测是锚杆支护技术的重要组成部分，美国、澳大利亚等国都十分重视测力锚杆的研究、开发，我国也开展了测力锚杆的研制。各种测力锚杆的原理基本相同，现以中国矿业大学研制的 KDL—1 型测力锚杆为例，介绍测力锚杆的工作原理、安装方法及数据处理方式等。

1）测力锚杆的结构

中国矿业大学研制的 KDL—1 型测力锚杆的结构如图 2-28 所示，主要由杆体、保护接头、静态电阻应变仪、多通道转换开关、安装接头、联接导线等几部分组成。

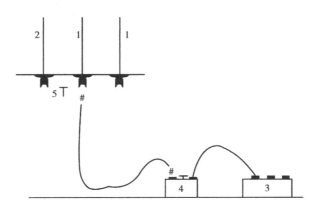

图 2-28　测力锚杆结构图

1—测力锚杆；2—普通锚杆；3—静态电阻应变仪；

4—多通道转换开关；5—安装器（防尘盖）

杆体：测力锚杆同普通锚杆一样，在使用过程中同样需要起到巷道支护的作用，同时还要测定该巷道一般锚杆的受力情况。因此，测力锚杆采用与巷道支护所用相同的锚杆加工而成，在杆体表面对称铣两个深 2 mm、宽 5 mm 的矩形槽，如图 2-29 所示。然后在槽上自锚杆端头

200 mm 开始,每相隔 200 mm 布置一对电阻应变片,如图 2-30 所示。

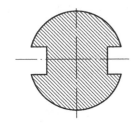

保护接头:由于测力锚杆外端有引线引出,在使用中需要特别保护,以防尘、防潮、防碰撞和人为破坏。

静态电阻应变仪:与 KDL—1 型测力锚杆配套,选用煤科总院研制的本安 YJK4500 静态电阻应变仪。该仪器量程宽、分辨率高、精度高、密封性好,主要技术指标是:应变测量范围为 $0 \sim \pm 19\ 999\ \mu\varepsilon$;分辨率 $1\ \mu\varepsilon$;基本误差不大于测量值的 $\pm 0.2\%$;在 4 h 内零点漂移不大于 $\pm 2\ \mu\varepsilon$;自备镉镍电池供电,充电时间为 10 h,具有自动检测欠压指标功能。

图 2-29　杆体断面图

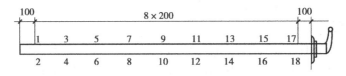

图 2-30　应变片布置图

多通道转换开关:多通道转换开关的功能与平衡箱相似,配有应变仪插口和传感器插口,安装非常方便。其接触电阻稳定,体积小,重量轻,便于井下应用,基本结构如图 2-31 所示。

2)测力锚杆工作原理

锚杆作为一种构件,首先通过对其中某些点的应变进行测量,再经过数据处理和解析运算后确定出被测部位的应力。利用电阻应变片及电阻应变仪,即可测试锚杆在受力过程中的应变值变化。工作应变片和温度补偿应变片分别贴在锚杆和温度补偿件上,并按半桥工作方式接入电桥。接桥线路和贴片方向如图 2-32 所示。

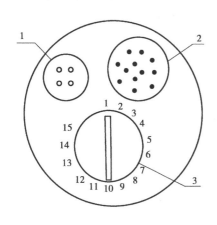

图 2-31　多通道转换开关
1—应变仪插口;2—传感器插口;
3—转换开关

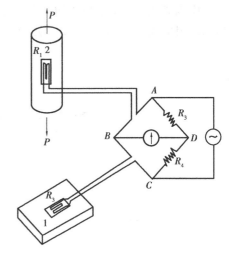

图 2-32　测力锚杆工作原理图
1—温度补偿板;2—锚杆

根据上述原理,电阻应变仪将被测物体的应变量转换成电压信号并放大输出,测得锚杆在受力后的应变值,并根据所测得的应变及出实验室标定得到的锚杆所受拉力—应变曲线,即可计算得到锚杆在使用过程中的受力值。

3）测力锚杆的制作

（1）螺纹钢杆体加工

截取与现场所用相同长度的螺纹钢，并将其调直。沿螺纹钢轴线方向对称铣两个槽，槽的宽度为 5 mm，深度为 2 mm，要求槽下直且无明显台阶。再将螺纹钢的一端加工为 100 mm 的长螺纹，并对其进行热处理。

（2）电阻应变片的选择与粘贴

对于锚杆这种细长杆件，要用大标距应变片才能反映宏观应变。但大标距应变片的宽度较宽，这就要求埋设应变片的槽也宽，这会降低锚杆的强度，因此应变片的尺寸不宜过大。

电阻应变片的粘贴质量关系到应变片的应变效应，决定着测量的成败，工艺过程如下：

①首先对加工后的螺纹钢进行清洗，除去表面的油污。

②标出粘贴应变片的位置，位置按粘贴应变片数量确定。KD—1 型粘贴 9 对，因此，自锚杆端头 200 mm 开始，每相隔 200 mm 作一标记，作为应变片的粘贴点，用较粗的砂纸将表面打磨并洗净。

③挑选出外观平整、完好，量阻值相差不超过 0.2 Ω 的电阻应变片，作为工作片及补偿。

④将应变片粘贴到锚杆上，用塑料片将应变片与锚杆压实，使其粘贴牢固。

（3）引出导线的焊接与固定

为测量贴在锚杆上的应变值，需用长导线与应变片的引出线相连接。为了减少螺纹钢槽里的导线数量，可将同一槽中应变片的一根引出线焊在一根公用导线上，因此测力锚杆每个槽中共有 10 根导线引出，如图 2-33 所示。然后，将近所有引出导线焊接在一个接头上，并使两个槽上的两根共用导线连接在一个接头上，并固定到插销上。最后，将槽中所有引出导线排列整齐，用胶水固定并完全覆盖全部导线。

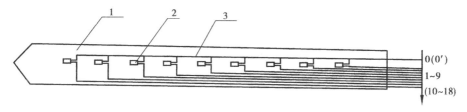

图 2-33　应变片测试导线引出图
1—螺纹钢；2—应变片；3—导线

（4）测力锚杆的标定

测力锚杆在使用之前要进行标定，即测出锚杆所受拉力与产生的应变值之间的对应关系。同一尺寸的螺纹钢的拉力—应变关系相同，因此，只需对相同尺寸的螺纹钢的一段进行标定即可。标定时，取长度为 500 mm 的螺纹钢一段，在螺纹钢上对称铣两条宽为 5 mm、深度为 2 mm 的槽，在每个槽里各粘贴两片电阻应变片，并各自焊上 1 m 左右的引导线。标定在拉力机上进行，图 2-34 为 Φ18 mm 建筑螺纹钢所制测力锚杆的标定曲线。由曲线可以得到拉力与应变之间的对应关系，在现场测得测力锚杆上各应变片的应变值后，通过查表或对照标定曲线，即可得到锚杆所受的拉力。

4）测力锚杆的安装与测试

测力锚杆应尽可能地靠近掘进工作面安装，但不得小于 0.5 m，以防掘进时损坏测力锚

杆。测力锚杆的安装与普通锚杆的安装基本相同,但是需注意以下几点:

①安装测力锚杆前,应先测出测力锚杆的初始读数;

②测力锚杆两个槽组成的平面最终要垂直于巷道轴线,帮锚杆上的槽呈垂直方向,如图 2-35 所示;

③搅拌器上应有与测力锚杆应变片方向一致的标记,以便在搅拌过程中掌握锚杆的方向性;

④测力锚杆上的销钉剪切扭矩要大于锚杆机的额定扭矩,以防在搅拌过程中切断销子,从而不能使锚杆推到底和不能使锚杆应变片槽朝向预定方向;

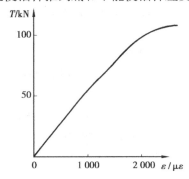

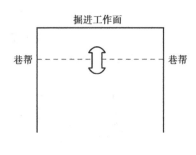

图 2-34　测力锚杆标定曲线　　　　　　图 2-35　测力锚杆安装方向

⑤引出导线上的插头应用塑料胶布封严,以避免在安装过程中损坏;

⑥在所使用的托盘边缘开一个小缺口,使测量导线、插头从巷道顶板与托盘边缘缺口间通过。

安装后,立刻用静态电阻应变仪对测力锚杆观测记录一次。在工作面掘进开始后,每掘进一个循环即观测一次,至少观测 2~3 次,以后每掘 10 m 观测一次,直到数据稳定(通常在 10 ~20 m 后数据即稳定)。在开采阶段,测力锚杆距工作面距离分别为 100 m,50 m,20 m,10 m, 5 m,3 m,2 m,1 m,0 m 时各观测一次。

观测时,将测力锚杆应变片插头与多通道转换开关接好,再接通多通道转换开关与静态电阻应变仪。打开应变仪开关,预热 5 min 后开始测量,将多通道转换开关上的转换开关置于"1"的位置,自读数窗口读取读数。逐一转动转换开关,即可测得一根测力锚杆上的所合应变片的应变值,并逐一记录,记录的数据还应包括测量日期、测点与掘进工作面或回采上作面的距离等。

5)数据处理方法

(1)计算测力锚杆各测点应力

将各点每次所测数据与初始读数相减,差值即为该点此次测量的应变增量。与测力锚杆的标定曲线对应,即可求得该点此次测量的应力值。应力值为正,表示拉应力;应力值为负,表示压应力。

(2)计算平均轴向应力

将每次测量的测力锚杆两测槽内对应应变片的应力值相加取其平均值,即可得出该测段此次测量的平均轴向应力值,由此可以分析锚杆中轴向力的分布规律。

(3)计算测力锚杆的弯矩分布

将每次测量的测力锚杆两测槽内对应应变片的应力值相减,其差值与锚杆半径的乘积即为该测段此次测量的弯矩值,由此可以分析锚杆中横向载荷的分布规律。

3.3.2　巷道围岩变形监测

多点位移计是监测巷道在掘进和受采动影响的整个服务期间内深部围岩变形随时间变化情况的一种仪器。安设多点位移计的目的是:①了解巷道围岩各部分不同深度的位移,以及岩层弱化和破坏的范围(离层情况、塑性区、破碎区的分布等);②判断锚杆与围岩之间是否发生脱离,锚杆应变是否超过极限应变量;③为修改锚杆支护设计提供依据。

3.3.3　顶板离层监测

顶板离层是指巷道浅部围岩与深部围岩间的变形速度出现台阶式跃变,当离层达到一定值时,顶板有可能发生破坏和冒落。所以,顶板离层是巷道围岩失稳的前兆。

顶板离层指示仪是监测顶板锚固范围内及锚固范围外离层值变化大小的一种监测装置。安装离层指示仪的目的有二:①对顶板离层情况提供连续的直观显示,及早发现顶板失稳的征兆,以避免冒顶事故发生;②监测数据可作为修改、完善锚杆支护初始设计数据的依据之一。

顶板离层指示仪实际上是两点巷道围岩位移计。在顶板钻孔中布置两个测点,一个在围岩深部稳定处,一个在锚杆端部围岩中。离层值就是围岩中两测点之间以及锚杆端部围岩与巷道顶板表面间相对位移值,它可直观显示出相对位移值(离层量)的大小。

分析国内外的顶板离层监测仪器,可以分为两类:一类是结构较为简单的纯机械式顶板离层指示仪,另一类是借助电器元件以声光两种方式报警的顶板离层报警仪。

1)机械式顶板离层指示仪

国内外机械式顶板离层指示仪的种类很多,尽管其结构各不相同,但基本原理一致,现在介绍中国矿业大学研制的 ZLZ—1 型顶板离层指示仪。

(1)结构

ZLZ—1 型顶板离层指示仪由孔内固定器、位移传递装置、孔口测读装置 3 部分组成。孔内固定器,位移传递装置两部分与机械式多点位移计完全相同。钻孔直径一般为 28 mm,也可以用 33 mm,43 mm。孔口装置的结构如图 2-36 所示,图中 1,2,3,4 均为不锈钢圆管,它们的长度和直径各不相同。圆管 1 与圆管 4 通过螺栓相连接,固定为一体,它们之间不发生相对位移。圆管 2,3 与圆管 4 之间均有弹簧线连接,弹簧的作用力使管 2,3 总是向右运动,只有在向左的拉力作用下,管 2,3 才能向左与管 4 发生相对位移。在管 3 及管 4 的右端表面标有 3 种不同颜色的荧光标志层,每种标志层的长度均为 25 mm,在管 2 及管 4 的标志层外面标有以毫米为单位的刻度尺。最后,将孔内固定装置、位移传递装置及孔口测读装置组合在一起,就制成了顶板离层指示仪,如图 2-37 所示。

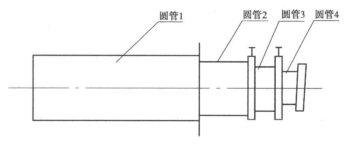

图 2-36　孔口测读装置

图 2-37 顶板离层指示仪

（2）顶板离层指示仪的安装与使用

离层指示仪必须紧靠掘进工作面安设，并布置在巷道宽度的中间。深部锚固点应固定在稳定岩层内 300 mm 以上，浅部锚固点应固定在锚杆端部深度相同的位置，如图 2-38 所示。安设方法如下：

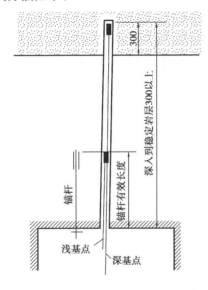

图 2-38 顶板离层指示仪的安设位置

①在巷道顶板垂直打入一个 $\Phi 28 \sim 32$ mm 的钻孔，一直打到坚硬老顶，一般深度为 5～6 m；

②将带有较长不锈钢钢丝的孔内固定装置，用安装管推到所打钻孔的孔底，抽回安装管，再将另一个带有较短不锈钢钢丝的孔内固定装置推到安装位置（安装位置根据观测需要确定），其准确位置为锚杆端部在围岩中的深度；

③将两根不锈钢钢丝穿过孔口测读装置的管 1 内（图 2-36），将管 1 放到钻孔内。如孔口直径大于管 1 直径，则在孔壁垫上木板片，使孔口测读装置能够牢固地固定在孔口；

④将不锈钢钢丝拉紧后分别固定在孔口测读装置的管 2、管 3 上，连接深部孔内固定装置的钢丝与管 2 相连，连接浅部孔内固定装置的钢丝与管 3 相连，如图 2-39 所示。

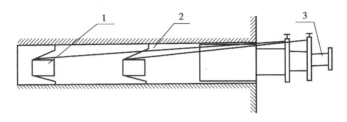

图 2-39 指示仪孔口测读装置连接图
1—孔内固定装置；2—位移传动钢丝；3—孔口测读装置

顶板离层指示仪安装后即可测读顶板离层值，孔口测读装置上所显示的颜色反映出顶板离层的范围及所处的状态。绿色表示安全，黄色表示警告，红色表示危险，显示的数值表示锚固区内外顶板离层量。

图 2-36 中管 4 显示的数值表示锚杆长度范围内(锚固区内)顶板离层量,管 3 显示的数值表示老顶与锚杆末端范围内(锚固区外)顶板离层量。

2)声光报警式顶板离层指示仪

LBY—1 型顶板离层指示仪系煤炭科学研究总院北京开采所研制的测量矿井下巷道顶板离层量与离层量达到一定(危险)值时予以报警的仪器。

(1)仪器的主要特点

LBY—1 型顶板离层指示仪可以测量顶板锚固区内、外的离层值,离层超限可用声、光报警。其主要技术特征如下:2 个基点(深、浅基点各一个),适用钻孔直径为 28 mm,42 mm,深基点最大深度 7 m(根据需要还可以加大),浅基点深度根据需要而定(配 2.5 m 测绳),最大量程 200 mm,精度 1.5%,声光报警,工作电压 3 V(DC),电池型号为 2#锌锰干电池,防爆形式为本安型。

(2)仪器结构及工作原理

LBY—1 型离层指示仪主要有测绳张紧装置、圆刻度盘与传动装置、报警装置和机壳四部分组成,如图 2-40 所示。

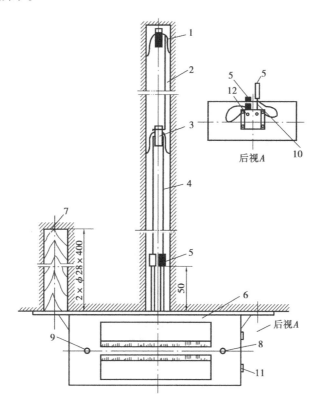

图 2-40 LBY—1 型顶板离层指示仪

1—深部锚头;2—钻孔;3—浅部锚头;4—测绳;5—断绳卡;6—离层指示仪;

7—木固定杆;8—报警指示灯;9—停止报警开关;10—内接线;11—调零轮;12—绳定位螺钉

其工作原理是将钻孔内的基点与顶板表面相对位移的直线运动,用测绳通过仪器的导向结构转换成圆周运动,并使之放大,以便于观察与读取位移数值。另外,通过位置可调的磁铁与磁开关的作用,当顶板变形达到预定的危险值时,磁开关接通电路,仪器便发出声光报警信号。

（3）仪器的安装与使用

LBY—1 型顶板离层指示仪必须紧跟巷道掘进迎头安设,布置在巷道宽度的中部,与锚杆施工同时进行,具体安设过程如图 2-41 所示。

①钻孔,孔深要大于探基点深度 200 mm。

②打两个安装孔,孔深 400 mm,孔的位置由孔位定位板确定。首先用 $\phi28$ mm 木契将定位板与测量孔固定,仪器的显示屏朝向应与进入巷道方向相对,孔内契入的木塞直径为 28 mm。

③用木螺钉将离层指示仪紧贴顶板固定。

④安装锚头前,应准确截取测绳长度,测绳长度必须比（深浅）基点深 50 mm（图 2-41（a））,使基点固定后保证断绳卡在孔内 50 mm。

⑤安装基点,首先用手向外拉断绳卡,把内接线拉出来约 150 mm。在松手之前,另一只手将绳定位螺钉拧紧,阻止内接线回缩,然后按图 2-41（b）将测绳与锚头连接,绳套套入断绳卡。深基点为绿色,浅基点为白色。用安装杆将深基点锚头先送到基点的预定位置,注意必须使断绳卡进入钻孔 50 mm（以便张紧测绳）,接着按同样方法将浅基点锚头送入预定位置,最后把两个绳定位螺钉松开,使两根测绳张紧。

⑥调零,用手拨动调零轮,方向从后向前,将指示轮上的测尺"0"点对准显示窗上的中线,安装结束。

⑦安装完毕后,即可进行观测。

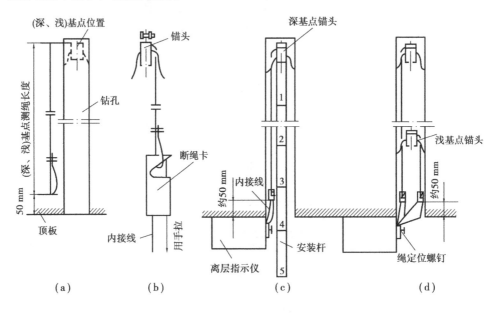

图 2-41　LBY—1 型顶板离层指示仪安装图
（a）截取测绳;（b）连接断绳卡;（c）安装锚头;（d）张紧测绳

3）在线监测式顶板离层指示仪

KJ216 顶板离层报警监测子系统主要用于煤矿巷道顶板及围岩深部松动和离层监测,也可以用于其他相似结构的涵洞、人防工程顶板垮落危险监测。系统采用分布式总线技术和智能一体化传感器技术,每台下位通讯分站可连接 64 个智能传感器,多台通讯分站可组成多个采区的监测网络。通讯分站与上位主站连接将监测数据传送到井上监测服务器。

（1）系统特点

顶板离层系统采用隔爆兼本安型电源供电,每台电源可同时供电 30 个离层监测传感器。离层传感器采用钻孔式安装,每个钻孔(传感器)设置 2 个基点,传感器具有现场显示、声光报警功能。

系统采用监测分析软件 CMPSES,采用 C/S + B/S 结构,支持局域网在线模式和信息共享,支持广域网和互联网的浏览器访问模式。该软件与综采监测、锚杆支护应力监测、超前支撑应力监测集成于一个平台。

（2）传感器结构

该系统所采用的离层监测传感器有两种型号:一种是量程为 0 ~ 150 mm 的传感器(A型),另一种是量程为 0 ~ 300 mm 的传感器(B 型),如图 2-42 所示。A 型传感器采用齿轮齿条结构,传感器采用缩进式指示和信号转换。B 型传感器采用绕线式结构,指示和转换方法采用伸出式,测量的量程比 A 型传感器大。传感器有两个测量基点(A 基点,B 基点),A 基点为深部基点,B 基点为浅部基点,通过 A,B 两个基点位移的变化可确定离层的范围和离层的大小。

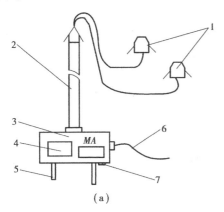

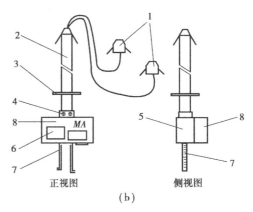

1—锚爪(基点);2—固定管;　　　　　　1—锚爪(基点);2—固定管;3—托盘;

3—传感器体;4—铭牌;5—尺条;　　　　4—钢丝绳紧固螺丝;5—壳体;

6—信号线;7— 指示窗口　　　　　　　6—铭牌;7—刻度尺;8—变送器

图 2-42　离层监测传感器结构图

(a)A 型离层传感器结构示意图;(b)B 型离层监测传感器结构图

（3）技术参数

系统监测点数为 1 ~ 64 只传感器;测量量程:0 ~ 150/300 mm;综合误差 <2.5%;显示输出:LED + LCD 20 ×4(LED 背光);总线接口:RS485;通讯速率:2 400 bps;供电电压:18 V(本安电源提供);使用环境温度:0 ~ 40 ℃;相对湿度:0 ~ 95% RH;防爆形式,本质安全型。

（4）离层监测传感器的安装

离层传感器采用顶板钻孔安装,钻孔的直径 $\phi 27 ~ \phi 29$ mm,两个基点分别安装在不同的深度,基点的安装深度由用户根据现场条件确定。安装方法如图 2-43 所示,安装步骤为:

①在顶板上打钻孔,一般用风动锚杆钻机打孔,打孔钻头选 $\phi 28$ mm 为宜。

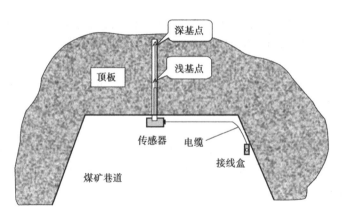

图 2-43　离层传感器安装示意图

②用安装杆将 A,B 两个基点的锚爪推到所需的深度。

③将传感器的固定管推入钻孔,分别拉紧两个基点的钢丝绳并将紧固螺钉固定。

④将信号线与总线接线盒连接。

⑤接通电源后,用编程测试仪将传感器校零。

3.3.4　锚杆锚固力监测

锚杆工作状态与安装质量的检测是锚杆支护中的一项最基本的工作。对全长锚固锚杆测量的目的是弄清锚杆受力状态和锚固质量,看其是否达到了设计锚固力,了解锚杆轴向力随围岩变形的增长情况;对于端头锚固锚杆,测量的目的是了解锚杆实际受力状态,判断其安全程度,以及是否会出现预应力松弛。

检测锚杆锚固力通常使用锚杆拉力计进行,必要时可进行锚杆拉拔试验,确定锚杆的最大锚固力;了解端锚锚杆的真实受力状态通常采用锚杆测力计。

1)MLJ—10 型锚杆拉力计

MLJ—10 型锚杆拉力计具有体积小、重量轻、携带方便、操作简单、安全可靠等优点,已在现场锚杆支护检测中应用。

(1)工作原理

MLJ—10 型锚杆拉力计由手压泵、千斤顶、油压表、快速接头与软管组成。其中手压泵由手压杆、油筒、吸排油阀和卸荷阀等组成;千斤顶采用空心活塞缸,由缸体和活塞组成。整个结构如图 2-44 所示。工作时,用高压油管将手压泵、油压表和千斤顶连接在一起,通过手压泵,将手动机械能转化为液压能,带动千斤顶的活塞移动,并将锚杆向外拉,此时,油压表所显示的载荷就反映了锚杆的锚固力变化。

(2)主要技术参数

手压泵额定压力:57 MPa;千斤顶最大拉力:100 kN;活塞行程:53 m。

(3)锚杆拉力计的使用

①检查锚杆锚固力是否达到要求。

a. 用高压软管两端的快速接头,将千斤顶和手压泵连接起来。

b. 检查手压泵油量。打开手压泵的卸荷阀,使千斤顶中的液压油回到手压泵的油桶中,拧开油筒端部堵头,抽出油标检查。如达不到刻度线应加注 20 号机械油或 20 号液压油。当液压油路系统连接好后,为使油系统正常工作,必须排掉油管、油筒中混入的空气。

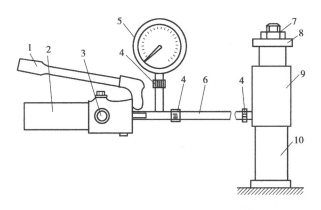

图 2-44　MLJ—10 型锚杆拉力计示意图
1—手压杆；2—油筒；3—卸荷阀；4—快速接头；5—油压表；
6—高压胶管；7—锚杆接头；8—活塞；9—千斤顶油缸；10—支承套

c. 把锚杆拉力计的锚杆接头接到锚杆末端,再套上支承套及千斤顶,使活塞伸出端朝外,上紧螺母。

d. 将手压泵的卸荷阀拧紧,缓慢均匀地上下摇动手压泵压杆,不能用力过猛,当压力表上读数达到要求值时,停止加压,记录下压力表读数。

e. 检测完毕后,松开卸荷阀,使压力表指针回到零位。待千斤顶活塞全部落回,把各部件从锚杆末端卸下。

②进行锚杆拉拔试验,确定锚杆的最大锚固力。

a. 同①。

b. 同①。

c. 同①。

d. 将手压泵的卸荷阀拧紧,缓慢均匀地上下摇动手压泵压杆,使液压千斤顶的活塞移动,并将锚杆向外拉,同时测量锚杆的相对位移。在拉拔计油压表指示达到安装荷载前出现的少量位移,是由于其内部应力调整引起的,此后,测量得到的位移值是由内锚头滑动、锚杆伸长量及实验装置的变形引起的,继续加载就会出现锚杆明显滑动,与此相应的锚杆拉力计的值就是锚杆最大锚固力。

2)ML—10 型锚杆拉力计

(1)结构与工作原理

ML—10 型锚杆拉力计由楔块双作用油缸、换向阀及手摇泵组成,其结构如图 2-45 所示。工作过程:将换向阀手柄推到左边位置,然后将锚杆插入双作用油缸中,工作液从油泵经管路换向阀压送到双作用油缸下腔,推动活塞顶住岩壁使外缸套和内缸套向下运动并带动锚杆。反向时,将换向阀手柄推到右边位置,高压油经管路换向阀进入双作用油缸上腔,使活塞回缩,同时活塞上压盖压下楔块卡头,松下锚杆。此时,锚杆锚固力的大小由压力表显示出来。

(2)技术特征

最大拉力:100 kN;最大压力:60 MPa;千斤顶有效行程:50 mm;质量:6.5 kg。

(3)操作注意事项

①工作液用 20 号专用机械油,并保持洁净;

②储油管内必须有足够的油量;

③在高压情况下,如发现漏液,应立即卸载,并采取措施修理,否则不得继续加压;

④被测锚杆杆体歪斜及被测顶板不平时,应采用垫块;

⑤楔块卡头夹不紧锚杆时,应检查或更换弹簧;

⑥在测完锚杆后,应把换向阀手柄推到中间位置。

3)ML—20 型锚杆拉力计

ML—20 型锚杆拉力计由手摇泵和千斤顶两大部分组成。主要技术特征是:手摇泵额定油压为 70 MPa,千斤顶最大拉力为 200 kN,有效行程为 100 mm,质量 20 kg。

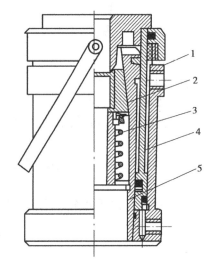

图 2-45　ML—10 型锚杆拉力计

1—外缸套;2—卡头;3—弹簧;4—活塞;

5—内缸套

图 2-46　锚杆液压枕

4)MJY—300/80 型锚杆拉拔计

MJY—300/80 型锚杆拉拔计由动力源、拉拔器、拉杆、指示仪四部分组成,其最大加载能力为 300 kN,由煤科总院北京开采所研制。主要特征是,最大加载能力为 300 kN,行程为 80 mm,误差 5%,防爆形式为本安型,最大行程时自动卸载保护,适应杆体直径有 14 mm、16 mm、18 mm、20 mm、22 mm 和 24 mm。

5)MYJ—10 型锚杆液压枕(锚杆测力计)

中国矿业大学研制的锚杆液压枕是用来检测端部锚固锚杆工作时轴向力大小的仪器,如图 2-46 所示。它具有体积小、重量轻、容易制造等优点,特点是压力值可以由压力表直接读出,量程也可根据需要确定,如 100 kN、200 kN 等。因此,它在检测端锚杆轴向力方面得到广泛应用。

锚杆液压枕由一个中心孔的托盘式密闭充油压力盒套在锚杆垫板(托盘)和外锚固端的螺母中间,可以测得端锚时的轴向力。使用时,首先对锚杆施加预应力,记下压力盒显示的压力值,此后定时测量锚杆压力与时间变化。

3.3.5　喷层应力监测

喷层应力状态反映了混凝土喷层的受力状况,是判断混凝土喷层是否能保持稳定状态的一个重要参数。如果混凝土喷层能适应某种应力状态,则喷层稳定;否则就会失稳。喷层应力监测的方法主要有光弹应力计法、电阻应变片法、百分表应变片法等。

光弹应力计法是将普通光经偏振镜产生偏振光,偏振光通过光敏材料时沿主应力方向会产生双折射现象,再经偏镜干涉合成为黑白明暗或彩色图像。将空心圆柱形玻璃制光弹应力计粘固于喷层,随受力增加的小孔斜 45°对角线点依次出现黄、红、蓝色。应力继续增加,黄、红、蓝色周而复始出现,每出现一轮称为一级条纹,相应应力值;其条纹值事先标定好,在井下观测条纹数,再根据条纹值换算成应力值,其主应力方向则为对称条纹图案的对称轴方向。

3.3.6　煤巷预应力支护监测技术

采用新型预应力支护技术,大大地提高了支护围岩系统的安全可靠性,主要表现在如下几点:①锚杆加工规范,结构性能优越,质量可靠;②完全实现机械安装,人为影响因素大大减小;③通过结构破坏直接显示安装质量,便于检查和管理。

由于煤巷围岩条件变化频繁、地质预测预报技术落后,锚杆支护施工工艺本身仍具有一定的隐蔽性,巷道失稳和垮冒现象时有发生,安全可靠性仍存在问题。因此,所有锚杆支护的煤巷都应该进行日常巷道矿压与支护监测。

预应力锚杆支护监测技术应围绕锚杆受力状态和顶板离层开展,监测的核心是判断顶板锚固区内、外是否发生离层。除直接采用顶板离层仪观测外,一般应结合巷道表面收敛值和围岩深部位移的变化情况综合判定。光导纤维钻孔窥视仪是一个值得推荐的仪器,它可以直接观察 6 m 深钻孔的岩层结构、层理、各类弱面和离层情况,该仪器外观如图 2-47 所示。锚杆的受力状况是监测的重点内容,首先可以直观掌握预拉力的大小、判断施工质量,进一步可根据锚杆的工作状态判断其参数是否合理、锚杆是否发生断裂、屈服,判断锚杆选择、锚杆布置密度是否合适等。目前,多用锚杆液压枕进行观测,但是普遍精度不够,对初始压力不敏感。

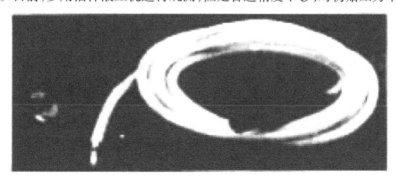

图 2-47　光导纤维钻孔窥视仪

3.3.7　巷道表面位移测量

巷道表面相对位移是指巷道开挖后,一定时间内巷道顶底板和两帮的相对位移量,它是井下巷道常规观测内容之一。其目的是弄清巷道开挖到稳定阶段,巷道表面位移随巷道围岩暴露时间的变化规律,从中找出巷道围岩位移与生产地质条件、锚索、锚杆网支护形式及参数之间的关系,从而为进行合理的锚索、锚杆支护设计提供可靠的基础数据,为准确评估支护效果提供量化指标。

观测仪器、测站布置、观测方法请参考学习情境 2 中任务 1 相关内容。

3.3.8　监测信息反馈及处理

煤巷锚杆支护是一项隐蔽性很强的工程,其设计是否合理、施工质量是否合乎要求和可靠、巷道围岩是否稳定,人们难于直接察觉,必须通过现场监测和对监测信息的分析认识来判断。煤巷锚杆支护现场监测的数据众多,如何从众多的监测内容中选取反馈指标并加以分析、判断、处理,是修改、完善锚杆支护设计的关键。

选取巷道锚杆支护监测信息反馈指标应遵循以下三个原则:①指标应简明和易于测取;②全面反映巷道的稳定状况;③反映锚杆本身的性能。根据此原则,常选用巷道锚杆支护顶板离层值、两帮相对移近量、锚杆受力项指标作为监测信息反馈指标。

巷道围岩的变形一般有三个时期:掘进影响期、掘后影响期和采动影响期。修改设计应根据掘进影响期的反馈信息来进行,以便能尽早采取有效的技术措施和尽快修改设计,而不能等到受采动影响以后。顶板离层值包括锚固区内顶板离层值和锚固区外顶板离层值两个指标。根据巷道所处的不同时期以及用途,可将顶板离层值分为设计值、临界值和危险值。设计的掘进影响期的顶板离层安全值称为设计值,实际观测的数值超过此值就需修改设计,调整支护参数;在巷道整个服务期间顶板离层的安全允许值称为临界值,超过此值就需采取加强支护措施,以保证围岩的稳定和安全生产;在巷道整个服务期间,如果顶板岩层不稳定,提供冒顶危险信号的顶板离层值称为危险值,达到此值必须坚决采取防止冒顶的有效措施。

顶板离层值只能反映顶板的稳定状况,两帮的稳定状况需要另外的指标来控制。经分析认为,围岩移近量是一个比较科学的指标。从科学性考虑,分别采用上帮、下帮移近量更为合理,但在现场难以取得。因此,仅采用两帮相对移近量一个指标。当然,确定此值时仍然要以掘进影响期为准。

巷道围岩的稳定状况与锚杆的受力大小和是否受到损坏关系很大,锚杆支护参数的合理性在一定程度上也表现在锚杆的受力状况上。在巷道掘进影响期内,锚杆受力情况视锚固方式不同而不同。

对于全长锚固锚杆,由于整个杆体受到粘结剂与围岩的约束,围岩稍有变形,锚杆杆体上的受力就要增加很多,从而使锚杆中部杆体产生屈服。在巷道其他条件一定时,锚杆杆体强度高则屈服的范围小,锚杆杆体强度低则屈服的范围大。因此,将测力锚杆杆体测点屈服数与杆体测点总数的比值作为全长锚固锚杆的受力指标。

对于端锚,锚杆的受力控制指标选用设计锚固力,实测指标选用锚杆液压枕(或测力计)测量掘进影响期内锚杆工作时承受轴向力的数值。

任务4　巷道围岩应力观测

巷道围岩发生变形、位移和破坏是岩体内应力作用的结果。岩体内的应力状态十分复杂,包括上覆岩层的自重应力、地质构造残余应力、水压力及瓦斯压力等。巷道开掘后,引起附近围岩内应力重新分布,其分布状况和开采技术条件及岩体物理力学性质密切相关。在进行巷道围岩稳定性分析时,了解岩体内应力的大小、方向、分布状态及其变化规律是十分重要的。近60年来,国内外对岩体应力的测量方法和手段,进行了许多研究。实际上,存在的岩体应力状态是较复杂的三维应力,为了简化测量方法,通常只测一个平面两个方向主应力相方向角,如图2-48所示。

巷道围岩应力很难直接测出,只能间接地进行观测,主要途径是通过测定巷道周边应力作用效果来观测。按测量基本原理不同,可划分为直接测量法和间接测量法。直接测量法:由测量仪器直接测量和记录各种应力量,并由这些应力量和原岩应力的相互关系,通过计算获得原岩应力值。间接测量法:借助某些传感元件或某些介质,测量和记录岩体中某些与应力有关的间接物理量的变化,然后由测得的间接物理量的变化,通过已知的公式计算岩体中的应力值。

下面介绍几种常用的围岩应力测试方法。

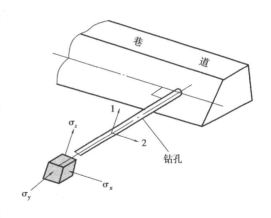

图2-48　简化测平面应力

4.1　地应力测量方法

4.1.1　应力恢复法

应力恢复法先在煤柱上安装一组测钉,然后精确地测量这些测钉的间距,再在测钉之间开一个槽,重新测量这些测钉的间距。然后在槽中安装一个扁平千斤顶并对其加压,使测钉回到原来的位置,这时的压力即为岩体的应力。扁千斤顶又称压力枕,由两块薄钢板沿周边焊接在一起而成,在周边处有一个油压入口和一个出气阀,见图2-49。

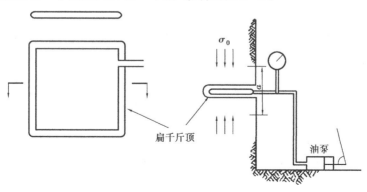

图2-49　扁千斤顶应力测量示意图

测量步骤如下:

①在准备测量应力的岩石表面,如地下巷道、硐室的表面,安装两个测量柱,并用微米表测量两柱之间的距离。

②在与两测量柱对称的中间位置向岩体内开挖一个垂直于测量柱连线的扁槽,其大小,形状和厚度需和千斤顶相一致。一般情况下,槽的厚度为5~10 mm,由盘锯切割而成。由于扁槽的开挖,会造成局部应力并引起测量柱之间距离的变化,测量并记录这一变化。

③将扁千斤顶完全塞入槽内,必要时需注浆将扁千斤顶和岩石胶结在一起然后用电动或手动液压泵向其加压。随着压力的增加,两测量柱之间的距离亦增加。当两测量柱之间的距离恢复到扁槽开挖前的大小时,停止加压,记录下此时扁千斤顶中的压力值。该压力称为"平衡应力"或"补偿应力",等于扁槽开挖前表面岩体中垂直于扁千斤顶方向(也即平行于两测量柱连线方向)的应力。对于普通千斤顶,特别是面积较小的扁千斤顶,由于周边焊接圈的影

响,由液压泵施加到扁千斤顶中的压力常高于扁千斤顶作用于岩体上的压力。为此,在测量之前,需先在实验室中对扁千斤顶进行标定。

从原理上来讲,扁千斤顶法只是一种一维应力测量方法,一个扁槽的测量只能确定测点处垂直于扁千斤顶方向的应力分量。为了确定该测点的六个应力分量,就必须在该点沿不同方向切割六个扁槽,这是不可能实现的。这是因为扁槽的相互重叠,将造成不同方向测量结果的相互干扰,使测量变得毫无意义。

由于扁千斤顶测量只能在巷道、硐室或其他开挖体表面附近的岩体中进行,因而其测量的是一种受开挖扰动的次生应力场,而非原岩应力场。同时,扁千斤顶的测量原理是基于岩石为完全线弹性的假设,对于非线性岩体,其加载和卸载路径的应力应变关系是不同的,由扁千斤顶测得的平衡应力并不等于扁槽开挖前岩体中的应力。此外,由于开挖的影响,各种开挖体表面的岩体将会受到不同程度的损坏,这些都会造成测量结果的误差。

4.1.2 水压致裂法

水压致裂法是国际岩石力学委员会向各国推荐的深部地应力测量方法,该方法无需知道岩石的力学参数就可获得地层中现今地应力的各种参量,具有操作简便、可在任意深度进行连续或重复测试、测量速度快、测值稳定可靠等特点。2008 年,中国地质科学院地质力学研究所研制的 1 000 m 深孔水压致裂地应力测量系统通过了专家验收。该系统能圆满完成铁路隧道、煤田、矿山等多项野外深孔地应力测量任务,成为深部矿产资源开发利用、野外地质调查的重要仪器设备。

1)测量原理

从弹性力学理论可知,当一个位于无限体中的钻孔受到无穷远处二维应力场(σ_1,σ_2)的作用时,离开钻孔端部一定距离的部位处于平面应变状态。在这些部位,钻孔周边的应力为:

$$\sigma_\theta = \sigma_1 + \sigma_2 - 2(\sigma_1 - \sigma_2)\cos 2\theta$$
$$\sigma_r = 0$$

式中 σ_θ,σ_r——钻孔周边的切向应力和径向应力;

θ——周边一点与 σ_1 轴的夹角。

当 $\theta = 0°$ 时,σ_θ 取得极小值,此时:

$$\sigma_\theta = 3\sigma_2 - \sigma_1$$

式中 σ_θ,σ_r——钻孔周边的切向应力和径向应力;

θ——周边一点与 σ_1 轴的夹角。

当 $\theta = 0°$ 时,σ_θ 取得极小值,此时:

$$\sigma_\theta = 3\sigma_2 - \sigma_1, P_s = \sigma_2$$

如果采用图 2-50 所示的水压致裂系统将钻孔某段封隔起来,并向该段钻孔注入高压水。当水压超过 $3\sigma_2 - \sigma_1$ 和岩石抗拉强度 T 之和后,在 $\theta = 0°$ 处,也即所在方位将发生孔壁开裂。设钻孔壁发生初始开裂时的水压为 P_i,则有:

$$P_i = 3\sigma_2 - \sigma_1 + T$$

如果继续向封隔段注入高压水,使裂隙进一步扩展。当裂隙深度达到 3 倍钻孔直径时,此处已接近原岩应力状态,停止加压,保持压力恒定,将该恒定压力记为 P_s。P_s 应和原岩应力 σ_2 相平衡,即:

$$P_s = \sigma_2$$

在钻孔中存在裂隙水的情况下,如封隔段处的裂隙水压力为 P_0,则有:

$$P_i = 3\sigma_2 - \sigma_1 + T - P_0$$

在初始裂隙产生后,将水压卸除,使裂隙闭合,然后再重新向封隔段加压,使裂隙重新打开,记裂隙重开时的压力为 P_r,则有:

$$P_s = \sigma_2$$

$$P_r = 3\sigma_2 - \sigma_1 - P_0$$

由以上两式求 σ_1 和 σ_2 就无须知道岩石的抗拉强度。因此,由水压致裂法测量原岩应力将不涉及岩石的物理力学性质,而完全由测量和记录的压力值来决定。

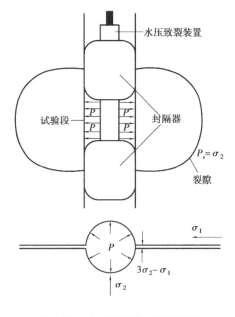

图 2-50　水压致裂应力测量原理

2)测量方法

水压致裂系统示意图,如图 2-51 所示,其测量步骤为:

①打钻孔到准备测量应力的部位,将钻孔中待加压段用封隔器密封起来,钻孔直径与所选用的封隔器的直径相一致。封隔器一般是充压膨胀式的,充压可用液体,也可用气体。

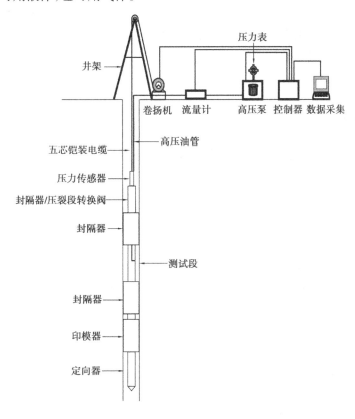

图 2-51　测试系统示意图

②向两个封隔器的隔离段注射高压水,不断加大水压,直至孔壁出现开裂,此时可获得初始开裂压力 p_i;然后继续施加水压以扩张裂隙,当裂隙扩张至 3 倍直径深度时,关闭高水压系统,保持水压恒定,此时的应力称为关闭压力,记为 P_s;最后卸压,使裂隙闭合。在整个加压过程中,同时记录压力—时间曲线图和流量—时间曲线图,确定 P_i,P_s 值,如图 2-52 所示。

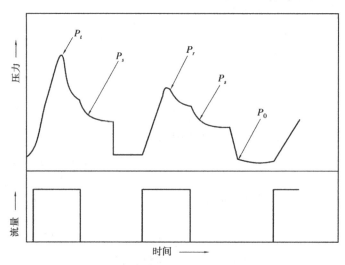

图 2-52　水压致裂法试验压力—时间、流量—时间曲线图

③重新向密封段注射高压水,使裂隙重新打开并记下裂隙重开时的压力 P_r 和随后的恒定关闭压力 P_s。这种卸压—加压的过程重复 2 ~ 3 次,以提高测试数据的准确性。P_r 和 P_s 同样由压力—时间曲线和流量—时间曲线确定。

④将封隔器完全卸压,连同加压管等全部设备从钻孔中取出。

⑤测量水压致裂裂隙和钻孔试验段天然节理、裂隙的位置、方向和大小,测量可以采用井下摄影机、井下电视、井下光学望远镜或印模器。

3)适用及优点

水压致裂测量结果只能确定垂直于钻孔平面内的最大主应力和最小主应力的大小和方向,所以从原理上讲,它是一种二维应力测量方法。

水压致裂法认为初始开裂发生在钻孔壁切向应力最小的部位,亦即平行于最大主应力的方向,这是基于岩石为连续、均质和各向同性的假设,故水压致裂法较为适用于完整的脆性岩石中。

水压致裂法的突出优点是能测量深部应力,已见报道的最大测深为 5 000 m,这是其他方法所不能做到的。因此,这种方法可用来测量深部地壳的构造应力场。同时,对于某些工程(如露天边坡工程),由于没有现成的地下井巷、隧道、硐室等可用来接近应力的测量点,或者在地下工程的前期阶段,需要估计该工程区域的地应力场,也只有使用水压致裂法才是最经济实用的。

4.1.3　声发射法

1)测试原理

材料在受到外荷载作用时,其内部贮存的应变能快速释放产生弹性波,发生声响,这称为声发射。1950 年,德国人凯泽(J. Kaiser)发现多晶金属的应力从其历史最高水平释放后,再重新加载,当应力未达到先前最大应力值时,很少有声发射产生,而当应力达到和超过历史最高水平后,则大量产生声发射。这一现象叫做凯泽效应。从很少产生声发射到大量产生声发射的转折点称为凯泽点,该点对应的应力即为材料先前受到的最大应力。后来,许多人通过试验证明,许多岩石如花岗岩、大理岩、石英岩、砂岩、安山岩、辉长岩、闪长岩、片麻岩、辉绿岩、灰岩、砾岩等也具有显著的凯泽效应。凯泽效应为测量岩石应力提供了新的途径,即如果从原岩中取回定向的岩石试件,通过对加工的不同方向的岩石试件进行加载声发射试验,测定凯泽点,即可找出每个试件以前所受的最大应力,并进而求出取样点的原始(历史)三维应力状态。

2)测试步骤

(1)试件制备

从现场钻孔提取岩石试样,在原环境状态下的方向必须确定将试样加工成圆柱体试件,径高比为1:2~1:3。为了确定测点三维应力状态,必须在该点的岩样中沿六个不同方向制备试件,假如该点局部坐标系为 $oxyz$,则三个方向选为坐标轴方向,另三个方向选为 oxy,oyz,ozx 平面内的轴角平分线方向。为了获得测试数据的统计规律,每个方向的试件为 15~25 块。

为了消除由于试件端部与压力试验机上、下压头之间摩擦所产生的噪声和试件端部应力集中,试件两端浇铸由环氧树脂或其他复合材料制成的端帽。

(2)声发射测试

将试件放在单压缩试验机上加压,并同时监测加压过程中从试件中产生的声发射现象。图 2-53 是一组典型的监测系统框图。在该系统中,两个压电换能器(声发射接受探头)固定在试件上、下部,用以将岩石试件在受压过程中产生的弹性波转换成电信号。该信号经放大、鉴别之后送入定区检测单元。定区检测是检测二个探头之间的特定区域里的声发射信号,区域外的信号被认为是噪声而不被接受。定区检测单元输出的信号送入计数控制单元,计数控制单元将规定的采样时间间隔内的声发射模拟量和数字量(事件数和振铃数)分别送到记录仪或显示器显示、绘图或打印。

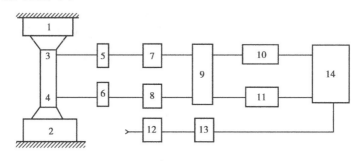

图 2-53　声发射监测系统框图

1,2—上、下压头;3,4—换能器 A,B;5,6—前置放大器 A,B;7,8—输入鉴别单元 A,B;
9—定区检测单元;10—计数控制单元 A;11—计数控制单元 B;12—压机油路压力传感器;
13—压力电信号转换仪器;14—三维函数记录仪

凯泽效应一般发生在加载的初期,故加载系统应选用小吨位的应力控制系统,并保持加载速率恒定。应尽可能避免人工控制加载速率,如用手动加载;应采用声发射事件数或振铃总数曲线判定凯泽点,而不应根据声发射事件速率曲线判定凯泽点。这是因为在加载初期,人工操作很难保证加载速率恒定,在声发射速率曲线上可能出现多个峰值,难于判定真正的凯泽点。

（3）计算地应力

根据声发射监测所获得的应力—声发射事件数（速率）曲线（参见图2-54），即可确定每次试验的凯泽点，进而确定该试件轴线方向先前受到的最大应力值。15～25个试件获得一个方向的统计结果，6个方向的应力值即可确定取样点的历史最大三维应力大小和方向。

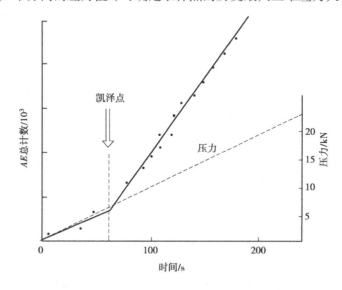

图2-54　应力—声发射事件试验曲线图

根据凯泽效应的定义，用声发射法测得的是取样点的先存最大应力，而非现今地应力。但是也有一些人对此持相反意见，并认为声发射可获得两个凯泽点。一个对应于引起岩石饱和残余应变的应力，它与现今应力场一致，比历史最高应力值低，因此称为视凯泽点，在视凯泽点之后，还可获得另一个真正的凯泽点，它对应于历史最高应力。

由于声发射与弹性波传播有关，所以高强度的脆性岩石有较明显的声发射凯泽效应出现，而多孔隙低强度及塑性岩体的凯泽效应不明显，所以不能用声发射法测定软弱、疏松岩体中的应力。

4.1.4　应力解除法

1）应力解除的基本原理

原岩应力是岩体内天然状态下某一点各个方向上应力分量总体的度量，一般情况下，6个应力分量处于相对平衡状态。原岩应力实测则是通过在岩体内施工扰动钻孔，打破其原有的平衡状态，测量岩体因应力释放而产生的应变，通过其应力—应变效应，间接测定原岩应力。

当一块岩石从受力作用的岩体中取出后，由于其自身的弹性，岩石会发生膨胀变形。测量出应力解除后的此块岩石的三维膨胀变形，并通过现场弹模率定仪确定其弹性模量，则由线性胡克定律即可计算出应力解除的岩体中应力的大小和方向。具体来讲，应力解除法就是在岩石体中先打一个测量钻孔，将应力传感器安装在测孔中并观测读数，然后在测量孔外同心套钻取岩芯，使岩芯与围岩脱离。岩芯上的应力因解除而恢复，根据应力解除前后仪器所测得的差值，即可计算出应力的大小和方向。

应力解除法有多种，可进一划分为3类，即孔底应力解除法、岩体表面应力解除法和钻孔应力解除法。所有这些方法都基于这样一种假设，即当地壳中的一个岩石单元的应力被释放以后，所产生的恢复应变与原来作用在该岩石单元上的应力有关。如果知道岩石的弹性特性（通过实测）并且假定岩石单元发生完全弹性恢复，则原始应力状态可以通过测量得出的应变恢复而计算出来。

2）孔底应力解除法

孔底应力解除法的主要步骤如图 2-55 所示。首先在实测地点打一个孔，其深度要达到预期进行地应力测量的位置。将孔底磨平，然后将一个应变传感器粘贴到孔底并测读初始读数。接着，用套芯钻进对粘结应变传感器的岩芯实施应力解除并测读最终读数。这种方法所用的应变传感器有 CSIRO 应变计、"门塞"钻孔应变计和光弹双轴应变计。

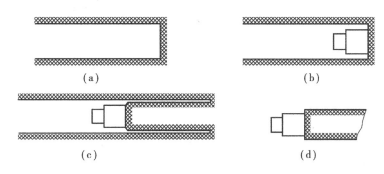

图 2-55　孔底应力解除法实施步骤
（a）钻孔至预期的深度，将孔底磨平；（b）将应变传感器粘结到孔底，测初读数；
（c）用岩芯筒套芯钻进，对粘有应变传感器的岩芯进行应力解除；
（d）取出粘有应变传感器的岩芯，读取最终读数

孔底应力解除法的主要缺点是只能测出二维地应力。如果要进行三维地应力测量，至少要在不同的方向上进行 3 次测量，给矿井下作业带来一定的难度。另一个缺点是当钻孔潮湿或有清理不当时，经常会出现应变计与钻孔底部分或完全脱落现象，直接影响到实测结果的可靠性，甚至导致实测完全失败。

3）岩体表面应力解除法

在井巷硐室的表面可进行大区域岩石的应力解除测量，变形测量可采用卡钳式应变计，如图 2-56 所示。岩体表面应力解除法只能用于均质性相对较好的岩体，如果在井下应用而又试图测量原岩应力的绝对值的话，那么，由于井巷开挖而引起次生应力的影响必须考虑在内。

其测试仪器的布置是将一组 10 支测钉均布在直径 200 mm 的圆周上，用直径 250 mm 的钻头实施应力解除，测钉之间的径向变形用机械式卡钳应变计进行测量。此外，为了进行验证，还可以在应力解除钻孔外侧再布置一组测钉，通常是均布在直径 300 mm 的圆周上。

应用岩体表面应力解除法最少需要 3 组不向方位的测量才能得出全部应力张量。由于这种方法是对较大区域的岩石进行应力解除，因而岩芯中小的非均质性问题在很大程度上被消除了。

4）钻孔应力解除法

钻孔应力解除法的整个测量步骤如图 2-57 所示。

①钻一个大直径的导孔，其深度要接近进行地应力测量的位置。因为用于安装探头的小孔直径为 36～38 mm，因此，导孔的直径一般为 110 mm。导孔深度为巷道或已开硐室跨度的

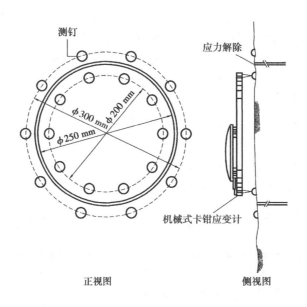

图 2-56　岩体表面应力解除法应力测量

2.1 倍以上,从而保证测点位于未受岩体开挖扰动的应力区。硐室的跨度越大,所需的导孔深度也就越大,为节省人力、物力并保证试验的成功,测量应尽可能选择在跨度较小的开挖空间中进行,要避免将测点安排在岔道口或其他开挖扰动大的地点。为了便于下一步安装探头,导孔要保持一定的同心度,因此在钻进过程中需有导向装置。导孔钻完后将孔底磨平,利用变径钻头打出锥形孔,以利于下一步钻向心小孔。清洗钻孔,以使探头能顺利进入小孔。

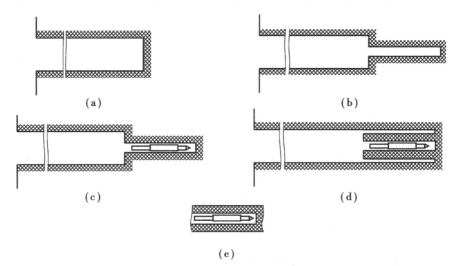

图 2-57　钻孔应力解除法测量步骤

(a)钻一个直径较大的导孔至测量预期的深度;(b)在钻孔的底部钻取一个小孔;

(c)把应变传感器粘结在小孔的中间位置,读取初始读数;

(d)用岩芯套筒对内部粘有应变传感器的一小段岩芯进行应力解除;

(e)取出岩芯,读取最终读数

②用小直径钻头向前继续钻进一定深度,从导孔底打同心小孔,供安装探头用。小孔直径

由所选用的探头直径决定,一般为 36~38 mm,小孔深度一般为孔径的 10 倍左右,从而保证小孔中央处于平面应变状态。小孔打完后需放水冲洗小孔,保证小孔中没有钻屑和其他杂物。

③用一套专用装置将测量探头,如钻孔变形计、孔壁应变计等,安装(固定或粘结)到小孔中央部位,在这段小孔的中部安装一个钻孔变形仪,测取初始读数。

④用最开始打导孔用的薄壁钻头继续延深导孔,对小孔周围岩芯实施应力解除。由应力解除引起的小孔变形或应变由包括测试探头在内的测量系统通过记录仪器记录下来,然后用一个直径和导孔相同的薄壁金刚石岩芯筒对安装仪器的小孔实施应力解除。应力解除过程中测取读数,然后用测得的应变恢复计算原岩应力。

采用这种方式所获取的岩芯是一个应力已被解除的厚壁筒状岩芯。岩芯中装有传感器,岩芯取出后要将其放入双轴弹模率定仪中进行弹性模测量定,再将实测得到的应变数据输入三维应力计算软件计算出三维应力结果。

随着钻孔应力解除法在世界范围内的广泛应用,开发出的应变传感器也随之增多,常用的应变传感器有 CSIRO,ANZI 及 USBM 型。

三轴应力计的优点是只需一个钻孔即可测得全部应力张量。特别对矿山而言,由于有一系列开拓和采准巷道、硐室可以利用,能够非常方便地接近地下所需测定的各点。在矿井应用钻孔应力解除法进行测量,不但能提供最准确可靠的原岩应力数据,而且比较经济实用。

4.2　测点的选择

测点的位置应尽量选择在巷道的中部或工作面上,避开巷道、硐室交叉部位的应力集中区。在构造部位的选择上,除特殊要求外,一般要远离断层。在岩石条件方面,应尽量选择节理、裂隙不发育或胶结较好的厚层岩石。测点要尽量均匀、有代表性,同时又便于施工。

任务 5　巷道围岩松动圈的测定

巷道围岩松动圈是巷道围岩应力超过岩体强度之后而在巷道周边形成的破裂带,其物理状态表现为破裂缝的增加及岩体应力水平的降低。松动圈测试就是检测开巷后新的破坏裂缝及其分布范围,围岩中有新破裂缝与没有破裂缝的界面位置就是松动圈的边界。基于松动圈测试的检测原理,相应的测试方法很多,有钻孔潜望镜法、钻孔摄影法、钻孔电视法、形变—电阻率法、声波测试法、渗流法、深基点位移计测量法、地震声学和超声测井法等。其中较为简便的是超声测井探测法和槽波地震声学法。

5.1　超声波测井探测法

5.1.1　超声波测井探测法工作原理

超声波在岩体中的传播速度与裂隙程度及岩体受力状态有关。岩体整体性好,弹性波速度高;岩体型隙发育,弹性波速度低,表 2-5 是常见岩层破坏前后的岩体弹性波速度值。

松动圈围岩产生了较多新的破裂缝,其声波速度相对于深部未松动破坏岩石要低。超声波测井探测方法是通过岩石钻孔($\phi41 \sim \phi45$ mm)测出声波纵波速度在围岩钻孔中的分布变化,即"波速—孔深"曲线或者"时间—孔深"曲线(如图 2-58 所示),即可判定出围岩松动带厚度。

表 2-5　声波在常见介质中的传播速度　　　　　　　单位:m/s

介质材料	完整岩体声波速度	破裂岩体声波速度
粗 砂 岩	5 000～5 500	4 500～4 800
细粉砂岩	4 500～5 200	3 500～4 200
泥　岩	3 500～4 100	2 600～3 000
煤　层	2 500～2 800	1 700～2 400
石 灰 岩	5 000～5 600	4 500～4 800
空　气	340	—
水	1430	—

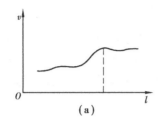
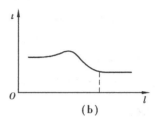

图 2-58　超声波纵波速度分布曲线

(a)波速—孔深曲线;(b)时间—孔深曲线

纵波速度是通过测定钻孔中一定距离(探头长度)的围岩的声波传播时间计算出来的,有双孔对测和单孔测试两种方法。双孔对测需要一对平行钻孔,其中一孔安放发射传感器,另一孔在相应深度安放接受传感器(见图 2-59)。双孔测试所反映的是径向裂隙特征,对钻孔平行度要求较高,操作不便,目前应用渐少。

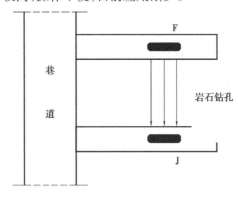
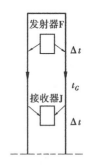

图 2-59　双孔测试示意图

F—发射换能器;J—接收换能器

图 2-60　单孔测试工作

原理示意图

单孔测试反映的是环向裂隙特征,图 2-60 是单孔测试工作原理示意图。发射换能器 F 在钻孔中发射超声波,声波沿钻孔壁滑行传播至接收换能器 J。发射换能器 F 发射超声波的同时触发计时电路计时,当接收换能器 J 收到超声波信息后停止计时,测出声波在 F—J 长度岩体中的传播时间 t:

$$t = \Delta t + t_0 + \Delta t$$

式中　t——仪器显示的从发射到接收间的时间；

　　　t_0——声波在发射—接收换能器长度范围沿孔壁传播时间；

　　　Δt——声波在钻孔壁与换能器空隙间的传播时间。

$$\Delta t = (\phi_D - \phi_d)/v_{水}$$

式中　ϕ_D——钻孔内径；

　　　ϕ_d——换能器直径；

　　　$v_{水}$——钻孔中耦合水声波速度。

声波在岩石钻孔中的传播速度为：

$$v = \frac{l}{t - 2\Delta t}$$

式中　v——钻孔中声波速度；

　　　l——换能器 F 与 J 之间距离。

5.1.2　BA—Ⅱ型围岩松动圈测试仪

根据超声波测井原理,中国矿业大学松动圈支护研究所研制出了煤矿本质安全型 BA—Ⅱ型围岩松动圈测试仪。图 2-61 是仪器工作原理框图,发射换能器 F 在钻孔中发射超声波,沿钻孔孔壁滑行传播至接收换能器 J。发射换能器在发射超声波的同时触发计时电路计时,当接收换能器 J 接收到超声波信号后停止计时,测出声波在 F—J 的传播时间 t;在钻孔中连续移动超声波探头,即可测出整个钻孔长度 L 的"波速—孔深"曲线或者"时间—孔深"曲线。

松动圈测试的是围岩波速的相对值,对其绝对值要求不高。在软岩或者煤层中测试时,因为声波能量衰减较快,接收到的不是首波信号,仪器读数可能偏大 1~3 个周期($T = 33~\mu s$),故以此计算出的围岩波速已不准确,但是对松动圈的判断并无影响。

超声波测井探测法在测试时需要注

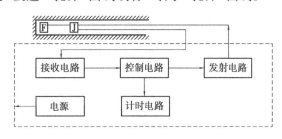

图 2-61　BA—Ⅱ型仪器工作原理示意图

水耦合,当围岩比较破碎时,破裂岩体波速与水的波速差别不大,不能明显判断松动圈范围。因此,超声波测井探测法适用于中硬煤以上的煤岩层,在软煤及破碎岩层中应采用其他方法。

5.1.3　松动圈测试

影响松动圈的因素较多,我们将非应力集中或非应力叠加区域内稳定了的松动圈数值定义为松动圈的基准值,它反映的是岩石强度和原岩应力的基本特征。当巷道经受采动、相邻巷道、断层等因素影响时,松动圈数值要高于基准值,对此应补充测定。

为较好地应用围岩松动圈分类方法,建议根据以下准则进行松动圈测试：

①根据矿井地质柱状图选取有代表性的地层 5~6 种,每一地层中应布设两个测面,每个测面布 8~12 个测孔,以提高测试的可靠性,见图 2-62。

②测站设置应避开交岔点、巷道密集区、躲避硐、断层破碎带附近,以便采集到具有代表性的围岩松动圈基准值。测孔深度应大于松动圈 0.5 m 以上,一般应有 2~3 m 深,确保能测出松动圈边界。

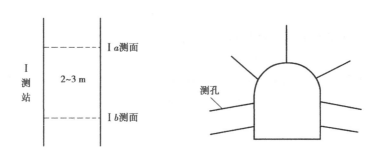

图 2-62　松动圈测站布设示意图

③测试应在松动圈发展稳定之后进行。中小松动圈一般在开巷道 1 个月后,大松动圈围岩在开巷 3 个月后测试较为可靠,采动巷道除外。

④测站设置不必考虑巷道支护和跨度(在 3 ~ 7 m 内)因素,可在压气及供水方便的地段设测站。

⑤受采动影响的巷道,应以多次采动后的最大松动圈厚度进行分类,并应将矩形巷道与梯形巷道分开。

⑥在巷道密集区、断层及煤柱附近、向斜与背斜构造的轴部等应力异常区域,应补充测定。

⑦对于重要工程,如大断面硐室等,应根据具体情况补充测定。在工程施工期间,对关键部位围岩的松动圈进行监测,若发现与预测不符,则应及时修正其支护类别与支护参数。

⑧围岩松动圈厚度自巷道围岩表面起算,实测围岩松动圈数值如包含支护厚度(喷层、砌喧)时则应扣除。

⑨测试时要注意测孔位置超挖与欠挖情况,该因素影响可达 ± (0. 1 ~ 0. 25) m。

⑩对测得的松动圈数值进行分析,排除异常数据之后,以较大的数值作为分类依据填入分类表中。

5.1.4　典型测孔曲线分析

图 2-63 是典型的松动圈测孔曲线形态,松动圈边界容易判断;图 2-64 曲线带有向上或向下的尖点,通常可以解释为硬的夹层或者是软弱面、裂隙带等。松动圈的判定要剔除异常点,一般可从曲线的总体趋势来判断。在两帮的测孔中,如果岩粉清除不净将沉积在孔底,孔底段的测孔曲线将表现出波速降低现象。

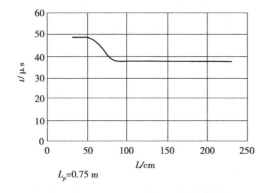

L_p=0.75 m

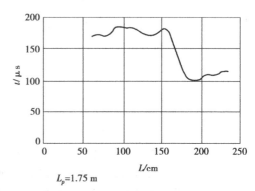

L_p=1.75 m

图 2-63　标准的松动圈测孔曲线

图 2-65 是一条近似水平的曲线,松动圈大小无从判断,产生这种情况的原因可能有三个

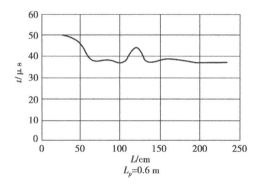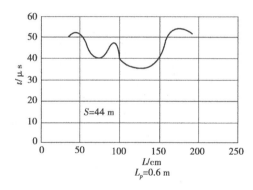

图 2-64 带有异常点的测孔曲线

方面：

①岩体十分破碎,波速与耦合水波速相差不大,反映不出岩体的实际情况；

②钻孔较浅,未测出松动圈的内边界,将钻孔打深一些即可；

③岩石稳定性特别好,声波速度高,说明松动圈小于 0.3 ~ 0.4 m,由于注水封孔器未测出松动圈的边界。

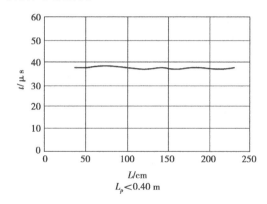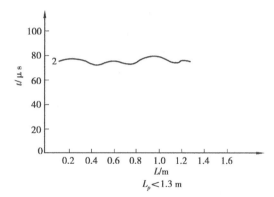

图 2-65 近水平曲线的分析

现场测试表明,约有 70% ~ 80% 的测孔能够准确地判定松动圈的界限范围,但仍有 20% 左右的测孔难以判断。适当增加测孔数量,能排除异常情况,提高松动圈测试的可靠性。一般情况下,每一层位应有不少于 10 个的有效测孔。

5.2 深基点位移计观测方法

松动圈内岩石由于破裂缝的产生与扩展,其碎胀变形较深部未松动围岩要大,通过在钻孔中不同深度安设围岩内位移测点,观测围岩内位移变化趋势,变形速度及变形量突然增大的区域即为松动圈边界,见图 2-66。

深基点位移计观测方法只适用于变形量大的软岩或采动影响巷道,需要连续观测较长时间之后才能把握围岩的变形规律并判断松动圈范围。对于变形量小的围岩,由于普通深基点位移计观测精度有限,难以采用该方法。

深基点位移计一般每孔 5 ~ 7 个基点,受基点数量的限制,该方法测试精度较低,一般为 30 ~ 60 cm。通过相邻钻孔深基点的合理布置,可以将测试精度提高到 20 ~ 30 cm。该方法通

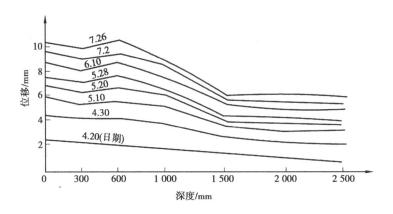

图 2-66　根据深基点位移计测定松动圈

常只作为辅助观测手段,与其他方法配合使用。

以上介绍了两种常用的松动圈测试方法,除此之外还有渗流法、地震声学法等。实践表明,在中硬煤层以上的地层中应用超声波测井法较为方便。

5.3　巷道矿压资料分析实例

该例巷道为某矿回风巷道,采用跟顶掘进锚网索支护,现对其进行矿压观测数据分析。

厚度/m	柱状图	岩　性
3.8~6.7 / 4.5		灰色层状细粒砂岩
6.5~10.5 / 7.1		灰~灰褐中粒砂岩
1.6~3.2 / 2.2		深灰色层状砂质泥岩
5.6~8.8 / 7.0		深灰褐色粗砂岩
0.0~5.3 / 4.4		灰~深灰色细砂岩
3.5~6.6 / 5.0		浅灰色中粒砂岩
1.9~5.3 / 3.1		
2.4~4.5 / 3.2		含铝质粉砂岩
3.2~6.7 / 4.3		A3煤
0.2~0.9 / 0.43		泥质粉砂岩,含铝质
3.3~5.5 / 4.0		A2煤
1.1~2.9 / 1.9		泥质粉砂岩
1.0~4.1 / 3.2		A1煤
		泥质粉砂岩,含铝质
1.3~4.5 / 3.7		中粗粒砂岩与粉砂岩互层
3.2~6.8 / 5.1		灰白色粗砂岩

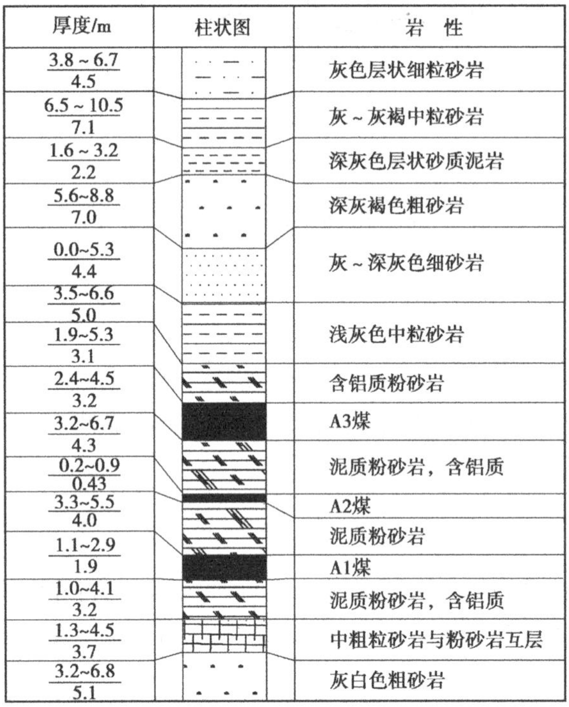

图 2-67　煤层柱状图

5.3.1　地质条件

该巷布置于 A3 煤层中,位于 F12-7 断层以南,施工段北到 −678 mA1~B8 轨道巷,南至井田技术边界线。A3 煤层厚度为 2.4~4.5 m,平均为 3.2 m,为结构复杂的中厚煤层,硬度中等偏软,f 系数为 0.4~0.6。煤层下部发育有 1~2 层夹矸,夹矸厚度在 0.2~0.8 m,平均 0.5 m;煤层倾角 28°~31°,平均 30°;煤层由南向北逐渐变薄,煤层倾角向南变大。煤层直接顶为浅灰色-灰色含铝质粉砂岩,厚 1.9~5.3 m,平均 3.1 m,f 系数为 3~4;老顶为中粗粒砂岩,厚 3.5~6.6 m,平均 5.0 m,f 系数为 12~14;煤层直接底为泥质砂岩,厚 3.2~6.7 m,平均 4.3 m,f 系数为 3~4,地质条件如图 2-67 所示。

5.3.2　观测的主要内容

为了得出煤巷围岩在工作面回采过程中的变形规律和受力特征,在巷道中布置围岩力学观测站,主要观测内容包括巷道深部围岩位移观测、巷道表面位移观测和锚杆(索)受力观测。

5.3.3　观测方法

1)测站布置

在风巷内布置了两个观测站。到回采期间,每个测站均有不同程度的损坏,甚至全部损坏。风巷各观测站布置位置见图 2-68。

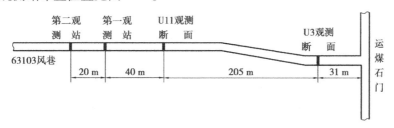

图 2-68　风巷测站布置位置图

2)观测基点布置

巷道表面位移观测内容包括巷道两帮移近量、顶底移近量、顶板下沉量、底鼓量。通过分别测量 AB,CD,CO,DO 的值(图 2-69 所示),可分别得到各自的变化量,即可分别得到巷道两帮总移近量、顶底总移近量、顶板下沉量和底鼓量,使用的观测仪器为钢卷尺和测杆。

采用 KDW—1 型多点位移计分别观测距巷道表面不同深度围岩的运动情况。在试验巷道内布置观测断面,每个观测断面在巷道两帮、顶板各打一个钻孔,其中在顶板、上帮钻孔分别安设 8 个(距顶板或上帮表面依次为 1 m、1.5 m、2 m、2.5 m、3 m、4 m、5 m、7 m)基点,下帮安设 7 个(距下帮表面依次为 1 m、1.5 m、2 m、2.5 m、3 m、4 m、6 m)基点,见图 2-69。

采用锚杆(索)测力计对工作时的锚杆(索)受力状态进行测试。每个观测断面共安设 6~9 个测力计(锚杆测力计顶板和上帮各 2~3 个,下帮 1~2 个,顶板锚索测力计 1 个)。

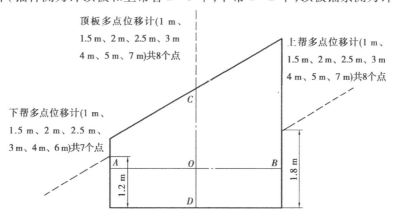

图 2-69　观测断面基点布置示意图

5.3.4　分析方法和结论

1)巷道表面位移分析

对风巷各观测站所观测的表面位移的数据进行分析整理,结果如图 2-70 和图 2-71 所示。

从图上可看出,在回采期间,回风巷道围岩表面位移的变化规律为:

(1)沿走向变化可分为 3 个变化阶段

①无采动影响区:在工作面前方 103.4 m 以外,该段内巷道基本上不受回采工作的影响,

围岩移动速度较小,最大表面位移变化速度不超过 1.5 mm/d,巷道维护状况较稳定。

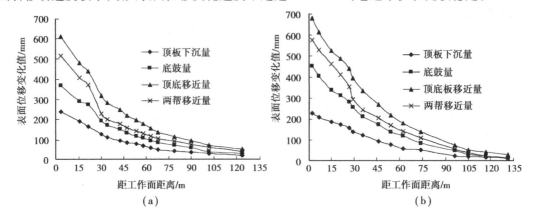

(a)　　　　　　　　　　　(b)

图 2-70　表面位移变化曲线
(a)一测站;(b)二测站

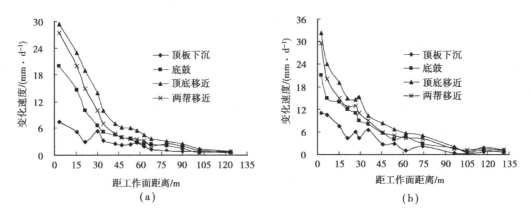

(a)　　　　　　　　　　　(b)

图 2-71　表面位移变化速度曲线
(a)一测站;(b)二测站

②采动影响区:在 32.9 ~ 103.4 m,由于巷道受到工作面超前支承压力作用,巷道变形速度增加,巷道变化速度一般为 1.5 ~ 15 mm/d,最大不超过 15 mm/d。

③采动影响剧烈区:随着工作面的推进,由于受到回采动压的强烈影响,在距工作面煤壁前方 32.9 m 以内,巷道围岩变形剧烈增加,巷道顶底移近速度一般大于 15 mm/d,最大速度可达 32.3 mm/d,最大变形量可达 680 mm。

(2)不同部位围岩变化特征

从表面位移变化曲线可以看出,巷道围岩变化量规律一般是:顶底移近量 > 两帮移近量 > 底鼓量 > 顶板下沉量,围岩变化速率也是底鼓速率 > 顶板下沉速率。可见,该巷道的底鼓现象明显,所以应注意对底板的管理和底鼓的防治。

2)巷道深部围岩位移分析

风巷各观测站的深部围岩位移分析整理结果如图 2-72 ~ 图 2-74 所示。

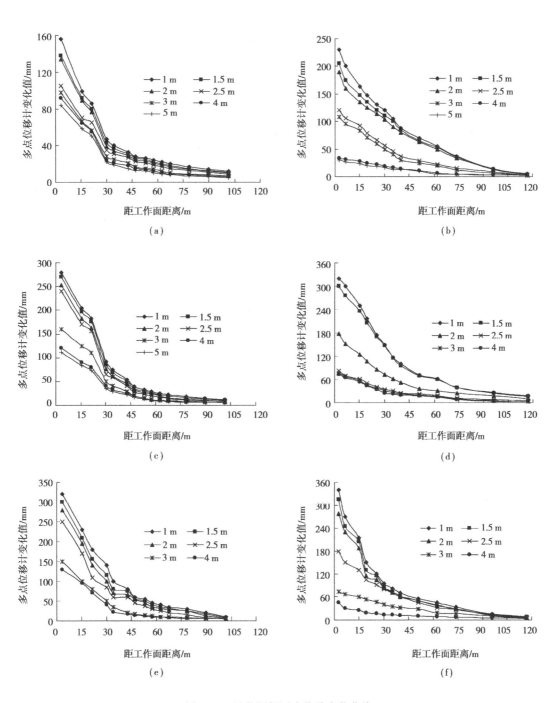

图 2-72 风巷深部围岩位移变化曲线
(a)一测站顶板;(b)二测站顶板;(c)一测站上帮;
(d)二测站上帮;(e)一测站下帮;(f)二测站下帮

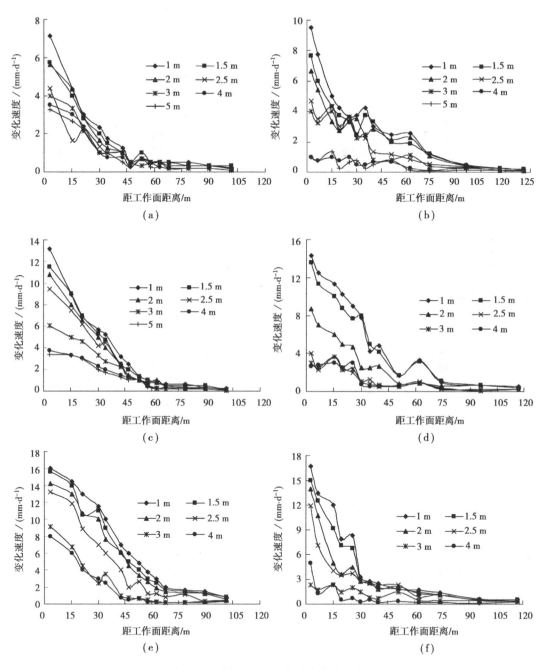

图 2-73　风巷深部围岩位移变化速度曲线
（a）一测站顶板；（b）二测站顶板；（c）一测站上帮；
（d）二测站上帮；（e）一测站下帮；（f）二测站下帮

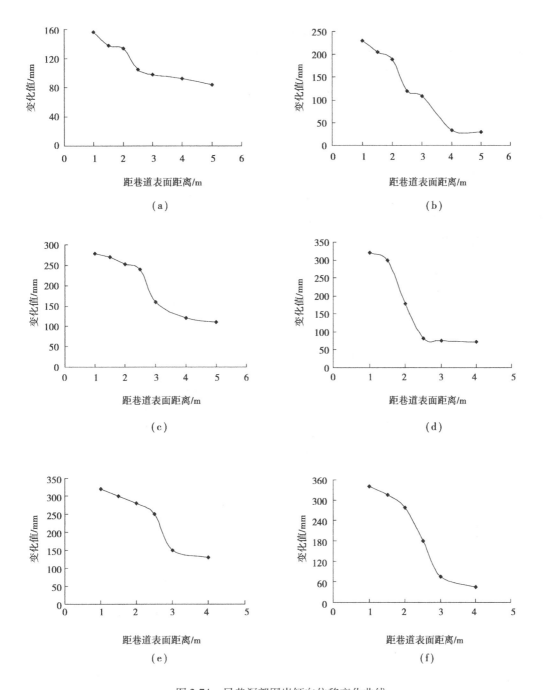

图 2-74　风巷深部围岩倾向位移变化曲线

（a）一测站顶板；（b）二测站顶板；（c）一测站上帮；

（d）二测站上帮；（e）一测站下帮；（f）二测站下帮

从图 2-72 ~ 图 2-74 中可以看出，在回采期间，回风巷道深部围岩的变化规律为：

（1）沿走向

采动期间的深部围岩位移也可分为 3 个阶段：

①无采动影响区：在工作面前方 96.5 m 以外，该段内巷道不受回采影响，围岩移动速度较

小,最大深部围岩位移速度不超过 2 mm/d,巷道维护状况较稳定。

②采动影响区:在 32.0~96.5 m 范围内,由于巷道受到工作面超前支承压力作用,巷道变形速度增加,深部围岩位移速度一般在 2~12 mm/d,最大不超过 12 mm/d。

③采动影响剧烈区:随着工作面的推进,由于受到回采动压的强烈影响,在距工作面煤壁前方 32 m 以内,巷道围岩变形剧烈增加,深部围岩位移速度一般大于 5 mm/d,最大速度可达到 16.73 mm/d。根据速度曲线可知,随着工作面的推进,深部围岩位移剧烈程度越大,在工作面附近,巷道深部围岩移近速度达到最大值。

（2）沿倾向

由于采动影响,巷道由表及里发生不同程度的破坏,将形成一定深度的塑性区,从巷道整体来看,巷道塑性区半径为 2.1~3 m,但巷道的部位不同,塑性区半径也不同。

（3）不同部位围岩的变化特征

巷道部位不同,其变化量和破坏深度也不同,深部围岩变化量一般是下帮 > 上帮 > 顶板,变化速度和塑性区半径也是下帮 > 上帮 > 顶板,支承压力对巷道的超前影响范围也是下帮大于上帮,上帮大于顶板。

3）锚杆（索）受力分析

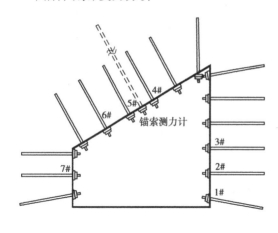

图 2-75　风巷观测面锚杆（索）测力计布置图

在回采期间从 U11 观测断面的 4# 和 5# 锚杆测力计和锚索测力计分析得出图 2-76 所示的变化曲线。综合分析锚杆（索）测力计变化曲线,可得如下变化规律:

（1）锚杆力变化规律

当测站处于工作面前方约 97.7 m 以外时,压力较小。随着工作面的推进,压力逐渐增大,但增幅很小。当工作面推进到离测站约 32 m 处时,锚杆受力明显增加。当工作面推进到离测站 12.7 m 时,压力达到峰值之后又开始降低。

（2）锚索力变化规律

在采动影响下,巷道顶板岩层逐渐下沉,导致锚索力增加。随着工作面的不断推进,这一增加值越来越大。当锚索测力计距工作面约 28 m 时,锚索力开始急剧增大。到工作面前方 9 m 处,锚索力达到最大值,随后急剧降低。

5.3.5　结论

通过对该矿煤巷回采期间的巷道表面和深部围岩位移、锚杆（索）受力等方面的现场观测,获得了大量的现场观测数据,经过整理分析,得到以下一些结论:

①回采期间巷道围岩变形移动的 3 个阶段:工作面前方 103.4 m 以外,无采动影响区;工作面前方 103.4~32.9 m,为采动影响区;工作面前方 32.9 m 以内,为采动影响剧烈区。回采期间机巷围岩变形移动的三个阶段:工作面前方 92.2 m 以外,无采动影响区;工作面前方 92.2~27.1 m,为采动影响区;工作面前方 27.1 m 以内,为采动影响剧烈区。

②在工作面非对称开采的布局下,工作面回采对该巷的超前影响范围较其他巷道大,巷道的围岩变形量和破坏区半径较其他巷道大。

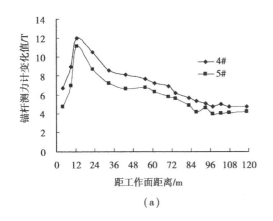

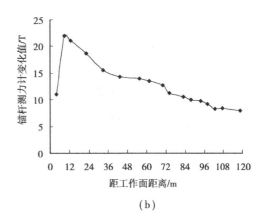

图 2-76　风巷 U11 观测面锚杆(索)测力计变化曲线

(a)锚杆测力计;(b)锚索测力计

③受顶板岩层沿层面错动式变形的影响,回采期间顶板的锚杆受力大于两帮的锚杆受力,应加强超前支承应力影响范围内的围岩超前支护工作。

5.3.6　巷道矿压观测报告编写说明

巷道矿压现场观测报告应包括以下几个方面的内容:

(1)观测区地质及生产技术条件

①观测巷道的地质条件,包括:围岩性质、强度、厚度、倾角、裂隙及构造发育情况,巷道埋藏深度。

②回采巷道所在煤层名称、采高。

③巷道布置系统及开采要素,巷道周围开采情况及其与巷道的层位关系,煤柱的留设情况等。

④巷道支架形式与参数,支护工艺及劳动组织等(附巷道布置图)。

(2)观测目的、内容及方法

包括观测目的、内容,测站及测点布置,观测方法及测定频度,记录整理方法等(附测站、测点布置图)。

(3)观测结果分析

包括观测数据的整理、制表、作图及经验公式的推导,支架受力状态的分析,巷道矿压显现规律的特征等,以及巷道类别,支架对围岩适应性的分析等。

(4)结论及建议

①巷道矿压显现的规律。

②支护形式及参数的适应性分析及改进建议。

③支护体的状态与支护效果(技术经济效益)及有待研究的问题。

学习情境 3

采准巷道压力控制

任务1　采准巷道变形与破坏

1.1　采准巷道变形与破坏的基本形式

采准巷道变形与破坏的基本形式是多种多样的,下面将煤矿采准巷道内常见的一些巷道变形、破坏形式、形成原因及发生条件归纳于表 3-1 中。

表 3-1　采准巷道破坏形式及其主要原因

巷道破坏 地点	破坏形式	示意图	形成原因	发生条件
顶板	顶板规则冒落		在岩石自重条件下,顶板中岩石单元体互相挤压出现极限平衡的楔紧拱,拱内岩石松脱形成抛物形冒落拱	多发生在属于散体结构的松软岩体中
	顶板不规则冒落		顶板中有明显的层理弱面,且主要压力来自顶板	多发生在水平或缓斜埋藏的层状结构岩体中及巷道跨度较大的情况下
	顶板危岩局部冒落		顶板被斜交的节理弱面切成形状和大小不同的岩块,当岩块自重在弱面上引起的下滑力超过侧向挤压所形成的摩擦力时,岩块就发生冒落	多发生在块状结构的岩体中
	顶板弯曲下沉		在上覆岩层重量作用下,顶板岩层发生弯曲下沉,岩梁下部受拉而出现裂缝或断裂	多发生在水平或缓斜层状结构岩体中,以及巷道跨度较小的情况下

续表

巷道破坏		示意图	形成原因	发生条件
地点	破坏形式			
底板	底板塑性膨胀		底板为强度较低的粘土质岩石,在底压作用下产生塑性变形	多发生在整体结构的软岩中,在水的作用下更为严重
	底板鼓裂		底板为中等强度的砂质粘土页岩或砂质页岩,由于塑性变形导致岩层破裂	多发生在层状结构的中硬黏土质岩层中
两帮	巷道鼓帮		巷道两侧或一侧受压而形成的双侧或单侧鼓帮,随来压条件及岩层组成情况不同,鼓帮可能出现在两帮中部或靠近底部	整体结构或层状结构的岩层或煤层中都可能发生
	巷道开裂或破坏		由于巷道顶角处剪应力超过岩石强度而造成巷帮出现剪切劈裂	多发生在整体结构的厚岩层中
	巷帮小块危岩滑落或片帮		巷帮存在被斜交节理切割而形成的散离岩块,当岩块自重在弱面上引起的下滑力大于摩擦阻力时,岩块将发生滑落	多发生在断层带、构造破碎带、岩层中夹有软弱夹层的地段或块状结构的岩体中
顶底板及两帮	巷道大型冒顶及片帮		顶板冒落以后,由于两帮不坚固又出现片帮时,支座转移至深部,使冒落拱扩大,最后形成又高又宽的冒落空洞	多发生在散体结构的较软弱岩体中
	巷道鼓帮和鼓底		底板和两帮的松软泥质岩石产生强塑性变形,在水的作用下尤为严重	多发生在塑性软岩中
	巷道断面全面收缩和闭合		巷道围岩为松软的黏土质岩层,掘巷后黏土岩可能遇水膨胀,造成围岩很快塑性变形	多发生在各种类型的松软黏土质岩层中

1.2　采准巷道变形与破坏的影响因素

影响采准巷道变形与破坏的因素分为自然因素和开采技术因素两大类。

1.2.1 自然因素

1）围岩的物理力学性质因素

围岩的物理力学性质因素包括描述围岩变形能力的弹性模量、分层厚度、弱面与裂隙分布情况以及围岩的承载力等。

2）地质构造因素

地质构造带通常是由各种大小不等、岩性不同的岩块等组成的未胶结成岩的松散集合体。有的已经片理化，破碎带内的物质之间的粘结力、摩擦力均较小，承载能力很差，悬露时容易发生冒落，而且冒顶的规模可能较大并连续多次发生。

3）时间因素

不同的岩石都有一定的时间效应，尤其是采准巷道的围岩，在时间和其他因素的作用下，岩石的强度会因变形、风化和水的作用等而降低。实践证明，岩石在很小的应力作用下，只要作用的时间充分长，也会发生很大的塑性变形。

4）水的因素

采准巷道围岩中含水量较大时，将会加快巷道的变形和破坏。对于节理较发育的坚硬岩层，容易造成个别岩块滑动和冒落。对于泥质岩石，则常常会促使岩层软化、膨胀，从而可能造成巷道围岩产生较大的塑性变形。

1.2.2 开采技术因素

1）开采深度

采深加大时，由于上覆岩层重量大，形成的支承应力峰值高、范围大。同时，采准巷道围岩也易受剪切破坏。在底板松软时，巷道容易发生底鼓现象。此外，地下岩石的温度也随开采深度而增加，温度升高会促使岩石从脆性向塑性转化，也容易使巷道产生塑性变形。

2）巷道断面与支护形式

不同巷道的断面形状与大小以及采取的不同支护形式，都会直接影响巷道围岩应力状态及稳定状态。

3）巷道相对开采层与回采工作的位置

巷道所处位置不同，其围岩稳定状况会有较大差异。实践证明，正确的巷道位置应当是处在支承压力小、围岩运动变化较稳定的地段。

4）开采的顺序

采区内开采顺序可分为前进式与后退式两类。采煤工作面前进式开采时，虽然能使采区早投产，但存在明显的缺点：在采煤工作面生产的同时，必须超前一定距离掘进区段运输平巷和回风平巷，采掘之间相互干扰严重，区段平巷维护困难。因此一般采用"区内后退"的开采顺序，以利于采准巷道的管理。

任务 2   采准巷道矿压控制原理

2.1   采准巷道矿压控制基本方法和途径

巷道矿压控制的实质是控制巷道周围所可能形成的应力场，而后针对这种应力场在巷道中引起的一系列矿山压力现象加以控制,使其在服务期限内保证巷道本身的稳定。

为进行巷道矿压控制,首先应将巷道布置在应力降低区或比较稳定的岩层中。其次,在巷道设计时可选用有利于保持巷道稳定的断面形状。在掘进时,可为预期的巷道缩小量预留备用断面,或在巷旁留护巷煤柱或砌筑人工保护带。同时,为巷道选择相适应的支护手段,防止巷道冒顶、片帮等,保证巷道正常使用。现将采准巷道矿压控制基本方法、途径及其优缺点归纳如表3-2所示。

表 3-2　控制巷道矿压的基本方法和途径

矿压控制方法	基本途径	优缺点
抵抗高压 (抗压)	巷道开掘在高压区,用加强支护的手段(包括对围岩进行支撑和加固)对付高压力	巷道布置地点及掘巷时间可不受限制,但为此要采用支撑能力较高的支架,因而其成本较高,开采费用增加
躲避高压 (躲压)	选择巷道位置时,避开高压作用的地点,把巷道布置在低压区,或者掘巷时错过高压作用的时间,把巷道开掘在压力已稳定区	这种情况下,用成本较低的普通支架就可维护住巷道,但有时要多开一些辅助巷道(联络眼等),其掘进时间受到限制,不利于采掘接替
转移高压 (卸压)	巷道仍开掘在高压区,但用人为的卸压措施使高压转移至离巷道较远的地点	可以不影响开采设计规定的巷道布置地点及掘进时间,但要增加与卸压工作有关的额外费用
忍让高压 (让压)	巷道仍开掘在高压区,但不用高支撑力的支架硬顶,而是允许围岩产生较大变形,使围岩中的高压得到释放(也称为应力释放)	可充分利用围岩的自稳能力,减轻支架受载,如应用得当可达到巷道在使用过程中无需维修,对生产极为有利。但此种方法需要用结构较复杂的可缩性支架,巷道掘进断面要考虑缩小备用量,从而增加了掘进费和初期支护费用

传统的巷道矿压控制方法多以抗压为主,此法常不能获得满意的护巷效果。后来逐渐发展了让压、躲压和卸压等新的巷道矿压控制理论,随之使巷道矿压控制的措施和手段更加灵活化和多样化。目前,这些原理和相应的措施已得到了广泛的应用,但由于每种矿压控制原理都有利有弊,故有时也将两种原理配合使用,如采用"躲压 + 卸压"或"卸压 + 让压"联合措施等,以取得更为理想的护巷效果。

2.2　巷道"支架—围岩"相互作用和共同承载原理

采准巷道的支架与顶、底板围岩构成了顶板—支架—底板的力学系统,对巷道进行支护的基本目的在于缓和及减少围岩的移动,同时防止散离和破坏的围岩冒落。因此,"支架—围岩"相互作用主要包括以下几个方面:

2.2.1　围岩是一种天然承载结构,应合理利用围岩的自承力

在开掘巷道以后形成的"支架—围岩"力学平衡系统中,围岩通常承受着大部分的岩层压

力,而支架却只承担其中一小部分。而且,在支架和围岩分担压力的过程中,巷道支架所承担的载荷是多变的,其分担岩层压力的比重视围岩本身承担的载荷多少而定。在某些情况下,例如当巷道围岩为很坚硬的岩石,变形尚处于弹性阶段,围岩将承担全部载荷,而支架完全不承受载荷。

2.2.2 合理利用围岩自承力的途径是使"支架—围岩"在相互约束的状态下共同承载

既然巷道围岩是一种承载结构,而且其承载能力是天然的,那就应当尽量利用它所能提供的承载能力,这是符合经济原则的一种先进的巷道支护原理。

为了充分利用围岩的自承力,同时又要保证不导致围岩松动破坏,行之有效的办法就是使巷道支架向围岩提供一定的阻力,使得围岩在承受一定支架阻力的条件下有限制地向巷道空间内变形。与此同时,支架本身也将受到围岩抗力的作用而产生一定的变形。在此过程中,"支架—围岩"双方的受力和产生的变形大小都和任一方的特性有关,并随任一方特性的变化而变化。

综上所述,巷道支架可以起到调节与控制围岩变形的作用,但它应在围岩发生松动和破坏以前安设,以便使支架在围岩尚保持有自承力的情况下与围岩共同起承载作用,而不是等围岩已发生松散、破坏,几乎完全丧失自承力的情况下再用支架去承担已冒落岩块的重量。也就是说,应当使"支架—围岩"在相互约束和相互依赖的条件下实现共同承载。按照这个原理去进行巷道支护工作,从总体上说可以获得更为简便、经济和安全的支护效果。

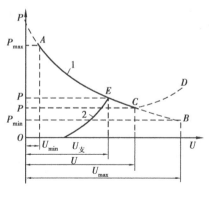

图 3-1　巷道"支架—围岩"
相互作用关系图

为了说明"支架—围岩"相互作用和共同承载原理,可利用图 3-1 所示的关系。

①如果只允许巷道围岩产生较小的位移,则势必要求开巷后立即安设刚性的支架。这时,由于位移量很小,支架在曲线 1 的 A 点工作,故支架承受的载荷最大(P_{max}),显然这种工作方式是不经济的,因而也是不合理的。

②如果开巷后未及时支护,或安设的是缓慢增阻型的可缩量大的支架。这时,围岩将在基本上不受阻碍的状态下使移动量发展到很大,支架在曲线 1 的 B 点工作,故支架承受的载荷可以很小(P_{min})。从理论上说,这是经济的工作方式,因而这种情况下可采用支撑力小而价廉的支架。然而,实际上这种工作方式很难实现。因为大多数巷道在移动量增大至一定程度时,围岩就开始松动、离散以致脱落,并对支架产生松动压力。也就是说,在工程实践中,当 U 值增大至一定值后,曲线 1 不会继续降低下来,而是向上增长,如图3-1中曲线 CD 段所示。显然这种工作状态是不安全的,因而也是不能采用的。

③大多数支架是具有一定可缩量和有限承载力的结构,而且是在开巷以后经过某一段时间才安设,因而实践中总是不得不允许围岩产生一定程度的位移和变形。所以,通常支架总是在位移曲线 1 的 AC 段内工作。从安全和经济统一的观点看,总是希望在保证安全的前提下能获得最好的经济效果。同时,为了保证有一定的安全储备,也不宜使支架在围岩即将散离和破坏的极限状态(图中 C 点)工作,因而合理的巷道"支架—围岩"相互作用关系应取支架工作特性曲线 2 和围岩位移特性曲线 1 的交点,保持在离 C 点不远的左侧,如图中 E 点。这时,支

架受载虽然稍大于 C 点,但能获得既经济又安全的效果,因而也是支架与围岩相互作用和共同承载的合理工作点。

2.3   符合"支架—围岩"共同承载原理的支护方式

2.3.1   采用二次支护

由上述支架与围岩相互作用的原理可知,为了充分利用围岩的自承力,在开掘巷道以后应使安设支架的时间尽量推迟一些,这样才能达到通过变形释放能量的效果和有利于减轻支架受载。然而由于安全方面的原因,支护时间又不宜过晚。为了解决这个矛盾,希望找到一个既允许围岩产生一定变形又不致造成围岩破坏的两全其美的解决办法,这就是所谓的"二次支护"方式,其实质是在开巷以后,先后两次对巷道进行支护。

二次支护的作用是进一步促使围岩的稳定和增加安全储备。从原理上说,它应在围岩已产生一定变形和能量得到一定释放以后进行,因此一般总要在一次支护经过相当时间后才进行。这里所说的相当时间可以是几个月,但也不宜过迟。由于至今还没有能确定围岩进入危险变形和松动破坏的准则,对于适宜的二次支护时间,目前还只能根据生产经验或借助于现场检测手段确定。

2.3.2   采用柔性支护

这类支护不仅能对围岩向巷道内变形和移动产生一定阻力,而且本身又具有某种程度的可缩能力,故巷道即使安设了这种支护,仍允许围岩有一定的变形,以便使能量继续得到一定程度的释放。目前广泛应用的可缩性金属支架即属于柔性支护。

2.3.3   采用架后充填支护方式

目前,在我国部分矿区的软岩巷道中采用架后充填支护,即先在巷道支架外部边界与掘进巷道的毛断面之间留出空间,形成空帮(200~300 mm)和空顶(300~400 mm),而后用充填料加以充满。这样,它不仅有一定可缩性而且可使支架受力均衡。

任务 3   采准巷道维护

3.1   将巷道布置在低压区

根据开采后支承压力分布规律,为保证有效的掘进和维护采准巷道,下列无煤柱护巷技术可使采准巷道有效避开支承压力的峰值。

3.1.1   沿空留巷

沿空留巷是在上区段工作面采过后,将运输平巷保留下来并加以维护,供下区段工作面开采时作为回风平巷,如图 3-2 所示。这种方式又称为"巷道二次利用"、"一巷两用"、"单巷开采系统"等等。

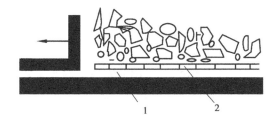

图 3-2   沿空留巷

1—沿采空区留下的巷道;2—巷旁支护(人工隔离物)

1)沿空留巷的优点

①与沿空掘巷相比,此法可以少掘一条巷道,从而可以大幅度降低巷道掘进率,减少掘进工程量和掘进费用;

②可以避免沿空掘巷滞后掘进的缺点,从而可以保证回采工作在时间上和空间上按各区段顺序连续进行开采,有利于矿井集中生产,改善矿井采掘接替关系;

③可以彻底取消区段煤柱,保证从开采面积上达到最高的采区回收率;

④可以避免因地质变化而造成的停采待掘等生产事故,提高工作面产量。此外,也有利于排水、排放瓦斯,避免发生突水及瓦斯涌出事故,对于有煤和瓦斯突出危险的矿井,还可以从根本上消除煤巷掘进发生突出的危险。

巷道在经受本工作面采动影响后,即长期处于采空区边缘的低压区,只要保护巷道的措施适当,与留煤柱护巷相比沿空留巷仍可达到改善巷道维护的目的。

2)沿空留巷的适用条件

①沿空留巷在薄煤层及厚度在2 m以下的中厚煤层中应用效果最好,但目前我国已在厚度为2.4～3.0 m的煤层中有应用沿空留巷的经验;

②沿空留巷在缓倾斜和急倾斜煤层中都可以应用,但多数用于倾角小于14°的煤层。当倾角较大时,应对防止支架滑倒及窜矸等现象采取相应的技术措施。

对于易冒落和中等冒落性的顶板也可应用沿空留巷,但要根据具体情况采用不同的保护巷道方法。对坚硬难冒落顶板,在未采取有效的安全措施以前不宜盲目推广。

3)需要注意的问题

①为了提高沿空留巷的技术经济效果,应使留下的巷道尽快加以复用。一般来说,巷道保留的时间最好不超过一年;

②对沿空留巷应采取有效的巷道保护措施,如根据煤层厚度、倾角、围岩性质等,合理选择巷内支架和巷旁支护的类型和支护参数,对巷道进行联合支护,适当加大掘进断面使巷道留有一定的收缩备用断面等。

除上述沿采空区保留区段平巷外,对于某些倾斜巷道,如回采工作面开切眼、倾斜长壁开采时的回采斜巷等,同样可采用沿空留巷。

3.1.2 沿空掘巷

沿空掘巷就是等上区段工作面采完后,间隔一定时间,在煤层内沿采空区与煤体交界处重新掘进煤层平巷,作为下区段工作面的回风平巷。随具体情况不同,沿空掘巷可分为以下三种方式:

1)完全沿空掘巷

这是沿空掘巷的典型方式。它是在上区段工作面的运输平巷废弃后,经过一段时间,在煤层边缘的煤体内紧贴已废弃的运输平巷重新掘进煤层平巷,作为下区段工作面的回风平巷,见图3-3。

这种方式的优点是:

①煤体边缘为低压区,因而在该处掘巷时巷道受压不大,有利于巷道维护;

②紧贴上区段采空区掘进,完全取消了上、下区段之间的护巷煤柱,有利于提高资源回收率;

③煤层边缘地带经过压松和卸压,使瓦斯得到了自然释放,可大大减少甚至完全消除冲击矿压及煤与瓦斯突出的危险,有利于掘进和生产的安全;

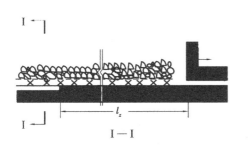
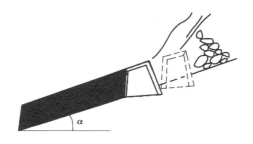

图 3-3　完全沿空掘巷

l_z—滞后掘进距离

④沿着煤层掘进,易于实现掘进工作机械化。

完全沿空掘巷的适用条件:

①顶板容易冒落,易于胶结再生;

②采空区内无积水或积水很少;

③煤层倾角不大。

沿空采区一侧掘进煤层平巷与完全在煤体内掘进巷道相比,巷道施工比较困难。为了用好完全沿空掘巷,应采取以下一些技术措施:

①正确掌握沿空巷道相对于上区段回采工作的合理滞后掘进时间,即沿空巷道必须在上区段回采造成的围岩移动和冒落过程结束以后再开始掘进。一般来说,其滞后时间不会少于2~3个月,通常为4~6个月,少数情况可达一年以上。

②在上区段回采过程中,应为下区段完全沿空掘进预先创造有利条件。例如,上区段运输平巷放顶必须彻底;废弃运输平巷前,最好在煤体一侧预挂挡矸帘或预注泥浆,以防止采空区矸石窜入沿空的巷道,并促使冒落矸石胶结再生,隔离采空区及减少漏风。

③根据围岩性质与巷道断面大小等因素确定合理的支架类型和支护参数(如支架的支承力、可缩量、支护密度等)以及采取适当的护帮、护顶措施。

④必要时还可以采用巷道卸压和疏干等措施。

2)留小煤柱的沿空掘巷

这是沿空掘巷的过渡类型,其特点是巷道不紧贴上区段的采空区掘进,而是在巷道与采空区之间留有 1~3 m 小煤柱,如图 3-4 所示,其他要求与完全沿空掘巷相同。

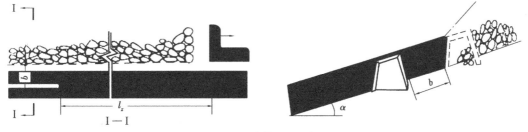

图 3-4　留小煤柱沿空掘巷

l_z—滞后掘进距离

3)保留老巷部分断面的沿空掘巷

这种方式是在保留上区段工作面运输顺槽部分断面(半断面)的条件下完全沿空掘巷,也

119

可以说是沿空留巷和沿空掘巷的混合形式,如图 3-5 所示。应用这种方式的主要目的是为了改善沿空掘巷时的掘进通风条件。

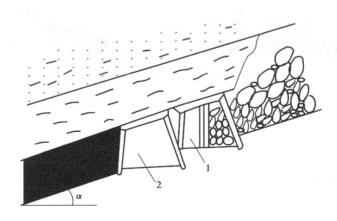

图 3-5 保留老巷部分断面的沿空掘巷
1—上区段运输平巷;2—新掘的回风巷

3.1.3 跨巷回采

跨巷回采是指采煤工作面从底板岩石巷道上方连续采掘,而不在被跨越的巷道上方留设保护煤柱。这是根据采空区下方通常是低压区的原理而采取的改善巷道维护的一种无煤柱措施。实践证明,底板巷道位于采空区下方的维护状况要比位于煤柱下方好得多。目前这种跨巷回采方法在我国煤矿中已广泛应用,并取得了良好效果。

跨巷回采一般应用于服务期较长的巷道,如大巷、采区上(下)山、采区石门等。与未受跨采的巷道相比,经过跨采的巷道其围岩移动量小,而且经过短时间(一般为二三十天)后即可处于稳定状态。

根据巷道类型和跨越回采方式,跨巷回采可分为以下两种情况:

1)跨越平巷回采

跨越平巷回采就是采煤工作面从煤层底板的岩石平巷(或下部煤层的平巷)上方连续采掘,而不在被跨采的平巷上方留保护煤柱,使经过跨采以后的平巷处于采空区下方的低压区中。此种回采方式,如图 3-6 所示。

由图可知,当上部采煤工作面跨越底板平巷回采时,被跨采的平巷在跨采工作面前方一段距离(通常为 30~40 m)内,将因工作面前方超前支承压力的影响使受压增大。但当跨采工作面通过以后,平巷就可长期处于低压区内。据观测,对于页岩和砂质页岩等中等稳定的围岩,一般情况下的平巷被跨采前的围岩移近速度为 0.1~1 mm/d,受跨采影响时最大移近速度为 2~5 mm/d,而跨采以后则可降低到 0.1~0.4 mm/d 因而平巷经跨采以后,其维护条件良好。

跨越平巷回采不仅具有减轻平巷受压,使巷道处于完好状态,减少巷道维修费用的优点,而且可以大大减少上部煤层中护巷煤柱的损失。所以,这种方法实质上属于无煤柱护巷的范畴,也可称之为"跨采无煤柱护巷"。

2)跨越上山回采

跨越上山回采的原理与跨越平巷回采相似,即回采工作面从布置在底板岩石中(或下部

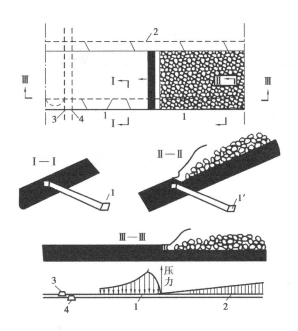

图 3-6　跨越平巷回采方式及平巷内压力变化

1,1′—跨采前及跨采后的集中平巷;2—总回风道;

3—轨道上山;4—运输机上山

煤层中)的采区上山上方连续采掘而不留上山的煤柱,使经过跨采以后的上山处于采空区下方的低压区内,从而使上山受压得到减轻,如图 3-7 所示。

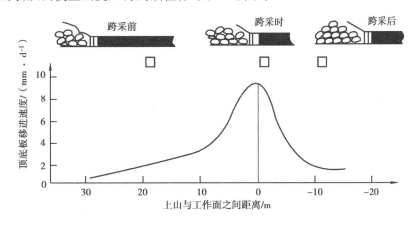

图 3-7　跨越上山回采时上山内顶板移近速度图

跨越上山回采时,上山巷道受采动影响与跨平巷回采之不同点是:由于上山巷道的轴线方向与回采工作面线大致平行,因此在跨越上山回采时,一旦上山受到上部煤层采动影响,则相当于工作面全长(或稍大)的一段上山将同时处于受压状态,但其影响时间较短,大约相当于回采工作面推过支承压力影响区所需要的时间。

在回采工作面跨上山前和跨越后的某一段时间内,上山仍将受到采动影响,但是由于跨采顺序和停采线位置不同,其影响程度有不同。通常跨上山回采可能有以下几种方案:

①如图 3-8(a)所示,当先采的 1 号工作面停采线离上山的水平距离较小时,有可能使上

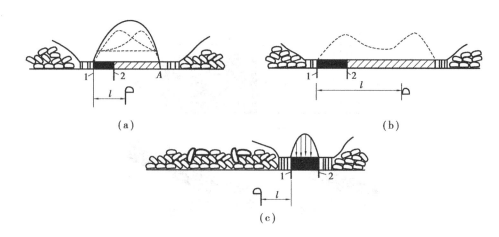

图 3-8　跨越上山回采的几种方案

山处于 1 号工作面超前支承压力强烈影响区之内。这时,如果 2 号工作面推进到图中 A 点处,则上山就可能受到双侧采动造成的严重影响而不得不重新支护,显然,这是很不利的方案。

②如果先采的 1 号工作面停采线离上山较远,使上山位于 1 号工作面超前支承压力的影响范围之外,则在 2 号工作面跨采过程中,上山仅受到一侧采动的影响,见图 3-8(b)。

③如果使 1 号工作面先跨越上山后再停采,以后再使 2 号工作面在上山附近停采,这样可使上山及早处于采空区下方而得到卸压,而跨采时上山也只受一侧采动影响,见图 3-8(c)。因此,从减轻上山受压的观点来看,这个方案更为有利。

为了使采区上山在上部煤层的工作面跨越回采时维护良好,应注意以下问题:

①跨越上山回采时,应通过时间上和空间上的合理安排,尽量避免上山受到两侧采动所引起的叠合支承压力的影响。例如,除了从空间上合理布置停采线与上山的相对位置关系外,还应使上山两翼的工作面相隔一定时间先后进行开采,以便使先采完的工作面采空区顶板岩石冒落比较彻底,待压力稳定之后,再使另一个工作面到达停采线,避免使两个工作面同时到达停采线。

②跨越上山的工作面应不留区段煤柱,或及时加以回收,否则上山处于区段煤柱下方的地段,顶底板移尽量将显著增大,使上山难于维护,其影响如图 3-9 所示。

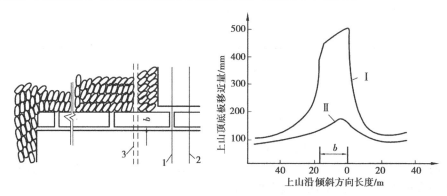

图 3-9　跨越上山回采时区段煤柱对上山的影响
1,2—1 号和 2 号工作面停采线;3—采区上山

③为了保证上山能经受住跨越回采所引起的采动影响,应尽可能将上山布置在比较稳定的底板岩石内,并使上山与煤层底板保持合理的距离。一般认为,其垂距应大于 10 m。

④为了避免上山受到剧烈采动影响而发生破坏,应了解上部煤层回采时超前支承压力的影响距离,以便提前对上山的加强支护;同时应加快回采工作面推进速度,避免工作面在上山巷道上方长时间停留,缩短支承压力对上山的影响时间。

⑤跨采工作面的停采线与采区上山间的合理水平距离应根据岩石性质等条件确定。

跨越石门回采的情况与跨越上山回采相似。

3.1.4　在采空区内形成巷道

应用这类方法的目的也是为了把巷道布置在低压区。由于采空区是已经卸压或是逐渐向原始应力过渡的地区,直接在采空区内形成巷道,可使巷道既不受采煤工作面超前支承压力的影响,也不受残余支承压力的影响。

在采空区内形成巷道的方法有许多种,比较常见的是在靠煤体边缘的采空区内掘进巷道(恢复采空区边缘的老巷)及直接在回采工作面后方采空区形成巷道。

3.1.5　利用卸压巷硐进行巷道卸压

利用卸压巷硐进行巷道卸压的方法是:在被保护的巷道附近(通常是在其上部、一侧或两侧),开掘专门用于卸压的巷道或硐室,以转移附近煤层开采的采动影响,促使采动影响引起的应力得到重新分布,最终使被保护巷道处于开掘卸压巷硐形成的应力降低区。

1)在巷道一侧布置卸压巷硐

当巷道一侧受到采动影响时,靠近采空区一侧的煤柱及巷道因受集中应力的影响而产生的强烈变形和破坏。如在护巷煤柱中与巷道间隔一段距离掘一条卸压巷道,形成的窄煤柱称为让压煤柱,巷道周围的应力分布将发生如图 3-10 所示的变化。高集中应力作用于远离巷道周边的让压煤柱上,巷道实际上已处于应力降低区。同时,承载煤柱在高应力作用下产生的大量变形也被卸压巷道的空间所吸收,可使被保护巷道的变形量减少 70% ~ 90%。

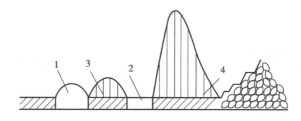

图 3-10　巷道一侧卸压巷硐的卸压原理
1—被保护巷道;2—卸压巷道;3—让压煤柱;4—承载煤柱

2)采用宽面掘进卸压

在某些情况下,通常是开采薄煤层时,还可以采用宽面掘进方法来达到使巷道处于低压区的目的。如图 3-11 所示,在掘进巷道时,从两侧多采出一部分煤层,然后将挑顶(或起底)所得的矸石砌在巷道两侧,多采出煤层的宽度应该与挑顶所得矸石量相适应,使得挑顶矸石砌于巷道两侧后,在矸石墙与两侧煤体之间还留有小眼。这样就可以在巷道上方形成一个较大的卸载拱。当由于两侧煤体上支撑力的作用使两个小眼遭到严重变形时(顶板冒落、底板鼓起等),位于卸载拱中央的巷道本身,却可以获得充分卸载而处于稳定状态。

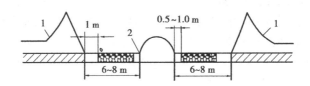

图 3-11　宽巷(面)掘进卸压
1—宽巷(面)掘进卸压后支承压力分布;2—侧巷

3.1.6　掘前预采

掘前预采是指:底板巷道在尚未开掘之前,在预定掘巷位置上方的煤层中先布置工作面开采。待开采引起的岩层移动稳定以后,在采空区下部底板中开掘巷道,如图 3-12 所示。掘前预采与跨越回采相比,改变了巷道的应力基础环境,巷道从掘进开始在整个服务期间一直处于预采工作面所形成的应力降低区内,完全避免了开采影响。

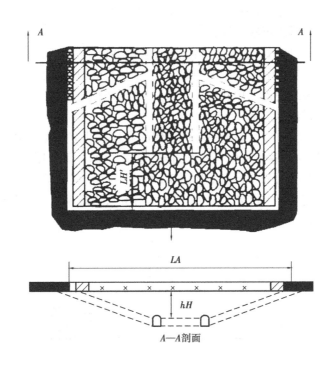

图 3-12　掘前预采巷道布置示意图

3.2　将巷道布置在性质良好的岩层中

3.2.1　为巷道选择性质稳定的岩层

煤矿开采的实践经验证明,巷道围岩的性质越好,其顶底板和两帮的移近量就越小,巷道也就越稳定。通常在致密、坚硬岩石(如砂岩、石灰岩、砂砾岩等)中开掘巷道,不论采用何种支护形式或有无积水,其稳定性都较好,往往可以使用较长时间而无需翻修。而开掘在层理、节理发育,多裂隙或较破碎的岩层中的巷道,容易发生顶板片落、顶板和两帮个别危岩松脱或滑落等巷道失稳现象。如果围岩为泥岩、泥质页岩、铝土页岩等松软岩层,巷道在掘进时压力可能就很大,而且随着变形继续发展,矿压显现也继续加剧。

3.2.2　将巷道布置在均质的煤和岩体中

布置巷道除了正确选择岩层的层位之外,还应尽量避免位于非均质的煤和岩体中。否则,由于巷道周边煤或岩石的强度不一致导致支架受力不均,往往可能造成巷道支架在某一部位首先产生变形和破坏,而不能充分利用支架的整体强度。在矿井中经常可以遇到巷道围岩中存在软岩层,由于软岩层的强烈变形而出现局部对支架的集中载荷,导致支架变形;或者遇到煤层中夹有软弱的粘土质岩层,由于这种岩层遇水后塑性变形远比煤层大,也可能使支架受到膨胀应力的作用而造成两帮木棚腿弯曲和折断。

3.2.3　避免将巷道开掘在地质破坏区

在煤矿实践中曾经遇到这种情况,底板岩巷距被开采煤层已经很远(如垂距达 60～70 m),但巷道仍很难维护,甚至发生严重冒顶和破坏。据分析,其原因正是由于巷道处于岩性不良的地质破坏区。这时,即使巷道离开采煤层较远,或者尚未受到回采影响,巷道也很难维护。

某些地质构造使巷道维护困难的原因有二:一是地质构造区内可能存在较大的构造应力,开掘巷道过程中引起的构造应力释放将造成巷道变形和破坏;二是地质构造区附近岩体的完整性可能已受到破坏,甚至岩体已散离为松散的、大小不等的岩块。在这些地带内开掘巷道以后,松散岩块之间的裂隙会迅速扩大,使巷道受到由于松散岩体造成的较大压力,很容易出现局部冒顶等事故。

任务 4　采准巷道支护

4.1　巷道支护特点及要求

巷道支护有临时性、可变性的特点。其要求是:确保安全,维护最小允许断面。

4.2　巷道支护类型

4.2.1　巷道金属支架支护

1)拱形可缩性金属支架

这是煤矿各种金属支架中目前应用最广的一种形式。根据巷道断面尺寸、主要来压方向及围岩移动量,它可采用三节式、四节式和五节式等不同的结构形式。拱形可缩性金属支架通常是用多种型钢制造,其断面形状有 U 形、工字形和钟形等几种。其中 U 形钢拱形支架有较好的抗弯、抗扭性能,容易制成弧形搭接式可缩性连接构件,使用效果较好,是目前各国应用最为普遍的一种支架。拱形可缩性支架的承载能力随支架所用的钢材类型、型钢重量、支架规格(或巷道断面)、支架可缩性构件的数目和其滑动阻力大小以及支架与围岩接触状况等许多因素变化,其值一般为 30～40 t。

拱形可缩性金属支架的缺点是:在煤层开采厚度较小的情况下掘进巷道,往往需要进行挑顶,这不利于保持巷道顶板的稳定性;且在巷道与工作面连接处安装拱形支架的工作比较复杂、劳动量大。此外,在非机械化掘进的条件下,拱形巷道断面施工比较困难。

采区巷道拱形可缩性金属支架的不同结构形式如图 3-13 所示。

U 形钢可缩性支架(300～400 kN)的连接件有螺栓连接件、楔式连接件等,其主要结构如

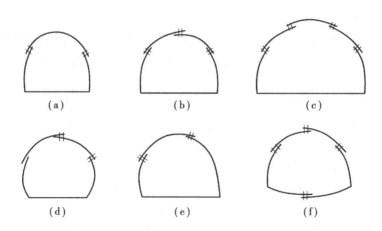

图 3-13 拱形可缩性金属支架的基本结构类型

(a)三节式;(b)四节式;(c)五节式;(d)曲腿式;(e)非对称式;(f)封闭式

图 3-14 所示。

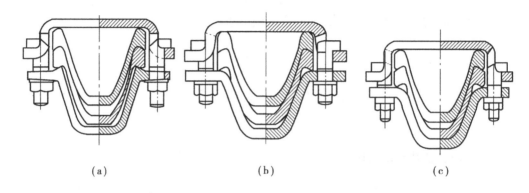

图 3-14 双槽形夹板式连接件

(a)耳定位方式;(b)腰定位方式;(c)腰底定位方式

2)梯形金属支架

梯形金属支架具有掘进施工简便、掘进断面较小、利于保持顶板完整性、巷道与工作面连接处支护作业简单等优点。其缺点是支架的承载能较小,尤其在大断面巷道中,不如拱形支架更容易保持巷道稳定性。因此,一般认为只适宜在开采深度不大、断面小、压力不十分大的巷道中。梯形金属支架分为刚性和可缩性两种。

可缩性梯形金属棚子如图 3-15 所示。

4.2.2 锚杆支护

1)锚杆

(1)机械式锚杆

机械式锚固锚杆一般是端头锚固式,安装锚杆时需要施加预紧力,属于主动式锚杆。常见的锚头类型包括胀壳式、倒楔式和楔缝式。在机械式锚固锚杆中,木锚杆、竹锚杆及其他人工合成材料锚杆在煤矿中得到一定的应用。

(2)摩擦式锚杆

摩擦式锚杆是通过钢管与孔壁之间的摩擦作用达到锚固的目的,多为全长锚固式,主要包

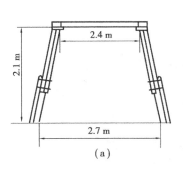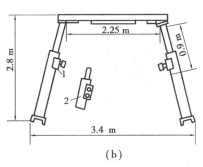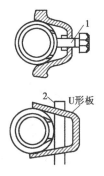

图 3-15　可缩性梯形金属棚子

（a）卡箍式;（b）套筒式（1 为螺旋式柱锁,2 为双楔式柱锁）

括缝管锚杆和水力膨胀锚杆。

（3）粘结式锚杆

粘结式锚杆主要分为树脂锚杆、快硬水泥卷锚杆和水泥砂浆锚杆,其中树脂锚杆是目前国内使用最广泛的锚杆支护形式。

（4）可伸长锚杆

在松软、破碎、膨胀性围岩和采动影响压力情况下,锚杆应具有一定的伸长量,以便使围岩有一个卸压过程。这类锚杆形式很多,其伸长量有的依靠杆体材料本身的塑性变形而形成,有的依靠杆体中波形弯曲段被拉直而提供,有的锚杆受拉后其杆体借助于专门设计的机械结构产生滑动而提供。这些锚杆的伸长率变化为 8% ~ 31%,而绝对可伸量为 100 ~ 500 mm。

2）锚杆支护

锚杆支护通常用于加固巷道的顶板和两帮,当底板岩层松软时也可用于加固底板。

锚杆支护的特点是在被锚固顶板产生非弹性变形（顶板弯曲、下沉）的过程中,锚杆才能逐渐被拉紧而对顶板产生锚固作用。但随具体条件的不同,这种非弹性变形量的限度也是不同的。

国内外的实践证实了锚杆支护的技术经济效果较好,无论是从实现支护工作机械化、减轻工人劳动强度、提高掘进速度和掘进效率方面,还是从有效利用巷道断面、减少掘进量、减少支护材料运输量以及节约支护材料方面,它都是很有前途的一种支护形式。我国煤矿采区巷道中,对顶板岩石多用金属锚杆,对煤帮多用普通木锚杆或压缩木锚杆,如图 3-16 所示。

锚杆的布置形式,对比较稳定的岩层可排列成矩形或三花形,对稳定性较差的岩石可布置成五花形。根据煤、岩稳定性及巷道跨度和煤层采高,锚杆排距为 0.7 ~ 1.0 m,锚杆间距为 0.7 ~ 1.5 m。金属锚杆的长度为 1.4 ~ 2.3 m,通常取 1.6 m,木锚杆的长度为 1.2 ~ 1.8 m,通常取 1.5 ~ 1.6 m。这些参数常常要求根据煤、岩性质和结构等实际情况来确定。为了扩大锚杆的支承作用面,防止松动煤、岩的冒落和片帮,安设锚杆常采用篦片、金属网、托板等进行护顶和护帮。对金属锚杆多采用厚 6 ~ 10 mm 的钢托板,其规格为 150 mm × 150 mm 或200 mm × 200 mm,对木锚杆则用 400 mm × 400 mm × 50 mm 的木托板。对于煤质松软而服务年限较长的采区巷道,还可采用喷浆措施,喷层厚度为 10 ~ 20 mm。锚杆支护的基本优点是工艺较简单、安装速度快、效率高、便于机械化、劳动强度低、可节约支护材料和降低支护成本,而且巷道断面利用率高,可减少掘进量,故总的技术经济效益好,是我国回采巷道支护十分重要的形式。

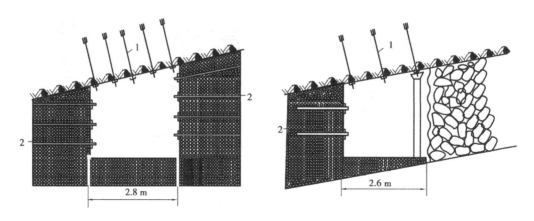

图 3-16　采区煤巷用的锚杆支护
1—顶板金属锚杆;2—煤帮中木锚杆

4.2.3　采准巷道的联合支护

1)采准巷道联合支护原理

采准巷道联合支护是基于以下几点提出的:

①各种支护类型具有不同的支护特性,采用几种支护类型能取长补短,从而取得很好的支护效果。

②支架的承载力并非越大越好,增大支架承载力将使支护成本增高,然而却不能按相应比例增大对围岩移动的抑制作用。因此,应使支架承载力保持在一个技术上有效、经济上有利的范围内,即求得在一定条件下合理的承载力。

③由于采区巷道各个区段可能承受不同的采动影响,因而呈现出不同的矿压显现。显然,不同矿压显现带内顶板动态有显著差别,故不应在巷道全长同时采用同样大小的支护强度,即不同矿压显现带内支架的合理支护强度应是不同的。由此,在同一巷道内对不同矿压显现带应采取非等强度支护。

④对于需要加大支护强度的某些区段,其支护强度可以由同一类型支护通过改变技术参数来实现(如采取高阻力低密度支护或者相反)。在进行巷道联合支护时,可以提出保证巷道有足够强度的多种技术方案,以便从中选出技术经济效果最佳的联合支护方式。

⑤由于巷道总移近量是在各矿压显现阶段内积累而成,故对于整个服务期间总移近量很大的巷道,由一种类型支架可提供的可缩量不会满足顶、底板总移近量变化,而应在不同矿压显现带内由不同类型的支架先后、分别地加以满足。此外,要考虑不同类型支架之间刚度的合理配合。在实际应用中,采区平巷分段接力联合支护方式可根据具体情况提出几种联合支护方案,进行相互比较和详细的工程设计,对各阶段内同类型支护的工作阻力可结合实际量加以合理配合,使各类支架都充分发挥各自的作用,取得最好的联合支护效果。

2)采准巷道联合支护方式

有些情况下(例如围岩松软或巷道跨度大时),仅采用一种形式的支架难以满足整个使用期巷道维护的要求。如果将几种不同类型的支架配合使用,采用内部加固和外部支撑相结合的支护方式等,往往可从总体上取得更好的效果。因此,近年来,对维护采准巷道也出现了非单一支护的趋势,特别是在深部开采的困难条件下,非单一支护被看作是很有发展前途的一种形式。

非单一支护形式基本上可归纳为联合支护、复合支护和综合支护三大类,见表3-3。联合支护在一般的采准巷道中应用较多,复合支护和综合支护则多在深部开采条件下使用,用于支护大断面和服务年限较长的采准巷道。

表 3-3　巷道的非单一支护方式

支护方式	定　　义	组合方式
联合支护	指巷道同一地段内采用两种以上不同结构的支架进行支护	1. 锚杆 + 棚子 2. 锚杆 + 混凝土喷层 3. 棚子 + 巷内临时加强支护 4. 锚杆 + 棚子 + 巷旁支护
复合支护	指巷道同一地段内重复使用结构相同而规格或型号不同的支架进行支护	1. 短锚杆组 + 长锚杆组 2. 普通混凝土喷层 + 贫混凝土喷层 3. 轻型金属拱 + 重型金属拱
综合支护	指巷道同一地段内除采用不同结构的支架外还采用不同原理的围岩加固措施	1. 棚子 + 喷层支护 + 围岩注浆 2. 锚杆 + 薄壳支护 + 壁后注浆

（1）"锚杆—棚子"联合支护

"锚杆—棚子"联合支护是目前常用的联合支护方式之一。应用"锚杆—棚子"联合支护时,通常都是随着巷道掘进先安设锚杆。如果顶板稳定性较差,在安设锚杆以后,也可同时在两排锚杆支间安设棚子;如果顶板比较稳定,也可经过相当一段时间再安设棚子,或者直到工作面前方 10 ~ 20 m 开始受超前支承压力影响处才架设普通棚子,如图 3-17 所示。

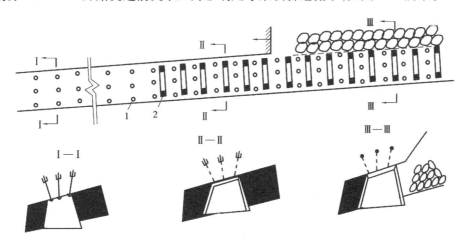

图 3-17　"锚杆—棚子"联合支护方式
1—锚杆支护;2—棚子

（2）巷内支架与巷旁支架联合支护

根据对支架与围岩相互作用的研究可知,增加支架支承力对减少巷道松动位移有明显影响,但这种影响有一定限度。当支架的支承力加大到一定程度以后,如果继续加大支承力,对减少围岩松动位移就不再有明显作用。因此,在一定条件下,存在着一个合理的支架支承能力,或称合理极限支承能力,其值在不同矿压影响带内是不同的。据研究,在回采影响带以外,支架的合理极限支承能力为 $10 \sim 15 \ t/m^2$,在工作面前方采动影响带内为 $20 \sim 30 \ t/m^2$,而在工作面后方采动影响带其值应最大,为 $50 \sim 100 \ t/m^2$。

巷内支架与巷旁支架联合支护方式示例如图 3-18 所示。

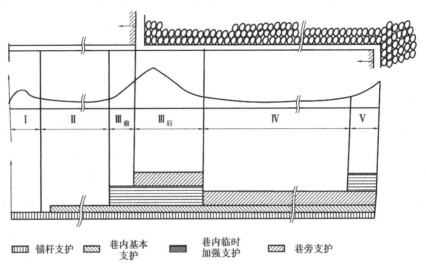

图 3-18　采区巷道联合支护基本模式示意图

学习情境 4
采煤工作面矿山压力观测与分析

进行采场来压和顶板情况变化的预测,可及时了解工作面推进过程中直接顶和基本顶岩层的运动状况及其发展趋势,这一基础工作是做好采场矿压控制的重要前提。因此,采场来压的预测预报及控制至关重要。

任务 1　技术准备

1.1　矿压监测的目的和任务

为加强顶板控制,根据煤矿安全生产的需要,矿压监测的主要目的和任务有以下方面:

①掌握采场上覆岩层运动规律,确定需控岩层范围,建立采场支架与顶板的关系,进行基本顶来压的监测预报。根据采场顶板来压的特点,提出合理的顶报管理措施,如支护方式、支护强度、特种支护、回来工艺等,为工作面安全、高产、高效、低耗创造良好的技术条件。

②划分采场直接顶的类别和基本顶的级别,为支架选型和确定合理技术参数提供依据。

③对正在使用的新型支护的适应性进行验证。即从矿山压力控制的角度,对在既定条件下使用的支架,从形式、特性、参数和使用效果等方面进行适应性评价,研究并确定合理的支架结构、架型、工作阻力、支柱可缩量等。

④研究分析采场底板破坏规律。对工作面底板进行分类,并提出松软底板控制技术措施,达到提高支护质量的目的。

⑤研究掌握采动影响和支承压力分布规律,包括改进相邻采区或近距离煤层的开采顺序,确定煤柱的合理位置和尺寸,确定回来巷道的断面形状、规格及支架参数,确定煤壁前方巷道加强维护范围、沿空留巷和沿空送巷的支护形式及技术措施,确定采场端头支护形式及技术措施等。

⑥掌握巷道围岩活动规律,实现围岩控制科学化,包括选择巷道开掘的合理位置和时间,确定围岩松动范围,研究巷道围岩变形规律,进行围岩稳定性分类,确定合理的巷道支护形式、支架参数,对巷道、硐室的稳定性进行监测预报等。

⑦对采用的采掘新工艺、新技术进行资料积累,从矿山压力角度对应用效果提出评定性

意见。

⑧对采掘工作面支护进行质量监测,包括监测生产过程中的支架工作状况、围岩活动状况、安全隐患情况等,监测和评价支架的井下实际支撑能力。

⑨研究冲击地压等矿井动力现象的综合防治技术,包括冲击地压的监测、危险区域的确定、煤层注水和松动爆破措施检验。

1.2 现场矿山压力监测步骤

1.2.1 准备工作

监测准备工作一般包括:收集监测工作面内的地质、生产技术资料;根据监测目的和任务确定监测内容;选定监测方案和测区布置系统;编制矿山压力监测计划;培训监测人员;准备矿压监侧仪器、工具及监测所必需的数据记录和整理表格等。矿压监测计划的主要内容,如图4-1所示。

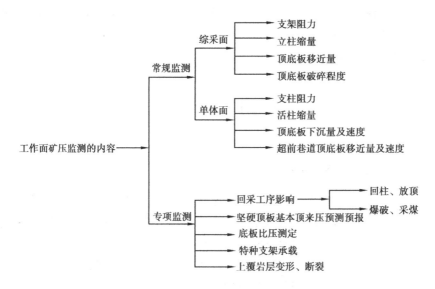

图 4-1　工作面矿压监测的主要内容

(1)工作面地质条件及技术条件

地质条件一般包括:围岩结构、特性及分层厚度,地质构造,煤层赋存状况及对开采的影响程度等。生产技术资料包括:工作面或巷道技术参数,开采方式、支护形式及参数,相邻工作面开采情况,生产作业方式等,并附上工作面布置图和工作面煤层综合柱状图。另外,对邻近工作面的矿压显现特征也需简单介绍。

(2)工作面矿压观测目的

此部分应写明通过矿压观测主要解决哪些问题,需逐条列出。对于附带需要了解的项目也可单列。

(3)工作面矿压观测的内容

此部分应根据矿压观测的目的制定出具体的观测内容,分条列出。

(4)工作面矿压观测的方法

此部分是矿压观测计划的关键,内容多,所以方法要具体,内容要全面细致,大致如下:

①工作面测区、测线的布置报告中应写明测区数目及在工作面的位置,以及每个测区观测线条数、测点数目等,并附测区、测线布置图。

②测点的设置方法及安装工艺。应详细写明测点的安设方法及注意事项,写明采用的观测仪器以及仪器的安装、使用方法等。

③工作面观测应注意的问题及要求。应把观测需注意的问题、测读数据的要求详细写出,井下观测所需的表格也应按具体情况设计出来。

④监测效果预计、监测工作制度等。

(5)观测数据的整理方法和要求

这部分应具体列出怎样把井下获得的资料进行整理,成为真实而有用的资料数据。应设计出整理的图表,写清所用的公式及手段。

(6)观测安排

对一些周期长的观测,应划分阶段并制订出每阶段要做的工作、完成任务的时间及阶段报告的要求,以及最终完成工作面矿压观测报告的时间及成果的鉴定等。

1.2.2　日常监测预报

现场监测工作要确保数据的可靠性、准确性、连续性和及时性,监测工作人员必须做到以下几点:

①了解矿压监测的目的、意义和任务,掌握基本的矿压监测方法,具有较强的责任心,认真测读每一个测量数据。

②正确使用矿压仪器仪表。仪器仪表安装、测读必须符合要求,保持监测资料的连续性和准确性。

③明确所监测数据的用途,测取最有代表性的观测数据。

④观测数据必须在井下及时记录,对于特殊情况或必须说明的问题,应在备注栏内记录清楚,对典型矿压现象应附有现场实际素描草图。

⑤连续观测时,要严格执行井下交接班制度,记录及时交资料室进行整理。

⑥在井下监测中,如果发现监测仪器不正常或顶板异常,应及时向负责人汇报,以便及早处理。

正常的矿压监测阶段,要及时整理现场观测资料,以便发现和检查观测中所存在或出现的问题,发现资料缺少时应及时补测。同时,可以及时掌握监测过程中的矿压显现和岩层运动规律,预报矿压显现情况。必要时,可以发出矿压监测简报,指导生产。特别是进行基本顶来压监测预报时,应及时分析顶板活动状态及支承压力分布情况,在来压前发出简报,及时提醒生产部门。

1.2.3　矿压监测的技术总结

现场矿压监测完成一个阶段后,要对监测资料进行系统的整理、分析。日常资料整理时,一般应及时绘制各种矿山压力监测曲线图。在平时资料整理的基础上,按数理统计方法分析规律,对监测内容按不同地质条件和生产技术条件进行对比,从中找出各矿压参数之间以及矿压参数与地质及生产技术因素之间的内在联系。从局部到整体,从现象到本质,阐述所监测采场矿压规律,对所监测采场从工艺、支护、矿压规律等方面给予评价和建议,并依此提出围岩控制的合理技术方案,汇总编写成矿压监测报告。

任务 2　采场矿压监测常用仪器

2.1　围岩位移监测仪器

围岩相对移近量监测仪器有测杆、测枪、顶板下沉速度报警仪及顶板动态仪等。测杆、测枪的工作原理和使用方法见前面学习情境 2 中的相关内容,下面重点介绍在煤矿现场应用广泛的顶板动态仪。

2.1.1　KY—82 型顶板动态仪

KY—82 型顶板动态仪是一种普及型机械式的位移计,灵敏度高、量程大。它主要用于测量采场顶底板移近量及移近速度,是监测巷道和硐室稳定性、研究顶板活动规律、支承压力分布规律以及进行采场来压预测预报的常用仪器。

1)KY—82 型顶板动态仪的原理与结构

KY—82 型顶板动态仪的结构如图 4-2 所示,主要部件是齿条 7、指针 9、与指针轴啮合的齿轮(图中未示出)、微读数刻线盘 8、粗读数游标(齿条下端的游标)13 和粗读数刻度套管 10。使用时,动态仪安装在顶底板之间,依靠压力弹簧 5 固定,粗读数或大数由游标 13 指示,从刻度套管 10 上读出,每小格 2 mm;微读数或小数由指针 9 指示,从刻线盘 8 上读出,刻线盘上每小格为 0.01 mm,共 200 小格,对应 2 mm。例如,图 4-2 画面上初读数为 2 + 1.30 = 3.30 mm。经过一段时间 t(如 2 h)后,由于顶底板相对移近,作用力通过压杆 3 压缩弹簧 5 并推动齿条 7,齿条再推动齿轮带动指针 9 沿顺时针方向转动,于是读数增大,将后次读数减去前次读数即得出这段时间内的顶底板移近量 S,于是得出此段时间的平均移近速度 $v = S/t$,单位为 mm/h。

2)主要技术特征

KY—82 型顶板动态仪分辨率为 0.01 mm,最大量程为 200 mm,与接长杆配合使用,测量高度可达 1 ~ 3 m。接长杆是顶板动态仪的组成附件之一,当测量高度较大时,可将接长杆与动态仪用连接螺母 14 连成一体。

由于 KY—82 型顶板动态仪需要观测人员在现场测读,工作量较大,使用时既不安全,又难以克服较大的误差。研究单位又相继开发了 RD1501 数显式动态仪、DD—1A 型电脑动态仪及 DCC—2 型顶板动态遥测仪。这些仪器读数误差可得到有效清除,并可自动储存和分析测读数据。

2.1.2　D—Ⅲ型顶板动态仪

D—Ⅲ型顶板动态仪结构如图 4-3 所示,是在 KY—82 型顶板动态仪基础上改造而成的。它将 KY—82 型动态仪的百分表刻度盘换成了光电转换器,在均布 100 个小孔的黑色圆盘 8 后面装有一只发光二极管,当活杆(也称伸缩杆)3 移动时,齿条杆带动圆盘旋转,圆盘上小孔转动到发光二极管处时,小孔将透出一束光线,每透光一次即表示着顶底板相对移动 0.02 mm。在圆盘的另一侧装有光电晶体管,由其构成脉冲输出电路。当小孔透出的光直射光电晶体管时,光电晶体管将导通;小孔转过发光二极管时,光电晶体管因无光束照射将截止。每转过一孔,光电晶体管发出一脉冲信号,再采用一种接收仪记录光电晶体管导通—截止的次数,即可获得此段时间内的顶底板相对移近量。

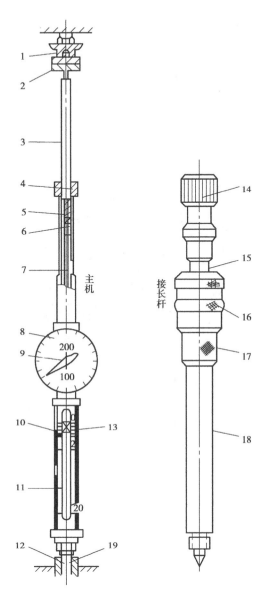

图 4-2　KY—82 型顶板动态仪结构示意图

1—顶盖;2—万向接头;3—压杆;4—密封盖;5—压力弹簧;

6—万向接头;7—齿条;8—微读数刻度盘;9—指针;10—刻度套管;

11—有机玻璃罩管;12—底锥;13—粗读数游标;14—连接螺母;

15—内管;16—卡夹套;17—卡夹;18—外管;19—带孔铁钎

2.1.3　DCC—2 型顶板动态仪

图 4-4 为 DCC—2 型顶板动态仪原理框图,其井下分机最多可接 18 只光电位移传感器。这些传感器通过电缆相互串联,最靠近分机的传感器为 1 号,其余依次为 2,3,…,18 号。这些位移传感器的机械部分与 KY—82 相同,仅指针换成一只边缘带条形孔的转盘,盘边两侧分别安置红外发光二极管和光电晶体管,共两组。供电后,当转盘的孔转到发光二极管和光电晶体管之间时,光电晶体管受光照而导通;该转盘孔转过后,光电晶体管无光照而截止。工作中,顶

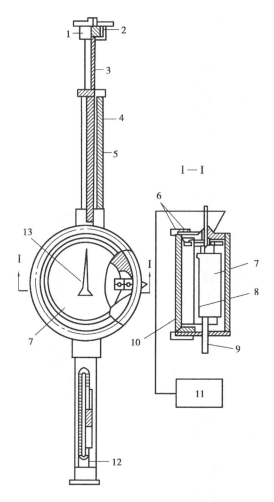

图 4-3　D—Ⅲ型顶板动态仪结构图

1—活动顶帽;2—球形连接;3—伸缩杆;4—套筒;5—复位弹簧;
6—光电转换器;7—百分表;8—带孔小圆盘;9—齿条杆;10—有机玻璃罩;
11—集成电路数字式接收仪器;12—带刻度套筒;13—指针

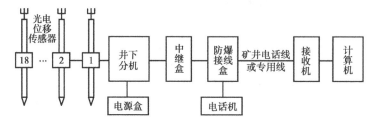

图 4-4　DDC—2 型顶板动态仪原理框图

底板每移近 0.02 mm,转盘则转过一孔,相应地光电晶体管被光照一次,其状态为截止—导通—截止。可选导通—截止(或截止—导通)作为脉冲信息,每个脉冲对应顶底板移近量 0.02 mm,脉冲的个数由计数电路记录。

为了能够区分顶板下沉与顶板"反弹",仪器安置了两组光电器件、一个辨向电路和两套计数电路(均为集成电路,装于传感器中)。当顶板下沉时,光电盘正转(顺时针方向转动)辨向电路将其引导到下沉计数器记录;顶板回弹时,光电盘反转,脉冲被引至回弹计数器。分机中有定时巡回检测电路和载波发射机,使用前若调定巡测周期为 5 min,则送电后每隔 5 min 对各传感器巡测一遍,依次将 1,2,…,18 号传感器记录的数据通过载波发射机发送出去。对于每组传感器,先发送其记录的下沉量,后发送回弹量,发送完毕即将计数器清零。分机发出的载波信息经中继盒放大,防爆接线盒隔离,然后通过矿井电话线或专用线传送到地面接收、记录。为了使地面计算机能够跟踪检测,使号位不致错乱,井下分机在开始发送数据之前先发出一个起始信号,地面计算机接到起始信号后,即令跟踪计数电路和发送接口电路进入准备状态,同时使计算机复零。接收完 1 号的下沉量后,发送接口电路就将其输入计算机;待收到井下分机发来的换位信号后,再接收和发送 2 号下沉量,以此类推。当下沉量发送完毕后,再按相同顺序发送回弹量。在逐步检测时,接收机窗口有荧光数码显示装置跟踪显示,由此可知系统工作是否正常。巡测一遍后,计算机打印结果,首先打印 1 号至 18 号的下沉量,而后打印 1 号至 18 号的回弹量并冠以负号以示区别,最后打印年、月、日、时、分、秒。其主要技术参数如表 4-1 所示。

表 4-1 DDC—2 型顶板动态仪主要技术特征表

检测个数/个	6 ~ 18	
分辨率/mm	0.02	
量程/mm	200	
精度/%	2.5	
动态响应/$(mm \cdot min^{-1})$	≥4	
遥测距离/km	8 ~ 10(矿用电话线、专线更远)	
发送数据周期/min	1 ~ 10	
计算机	任何具有 RS—232 接口的微机	
电源	分机电源盒	10 V 120 mA,充电一次工作 20 h
	中继盒	36 V 50 Hz
	其他	220 V 50 HZ
防爆类型	传感器、分机、电源盒为本质安全型;中继盒、接线盒为防爆型	

2.1.4 围岩内部多点位移计

为了深入研究支架与围岩的相互作用,正确评价围岩和支架的稳定或局部破坏情况,合理选择维护措施,不仅要了解表面位移和变形规律,而且还必须在较大范围内了解围岩内部的活动情况,测定围岩深部各个位置上的径向位移和应变及其随时间的变化过程,即开展岩体内部位移和应变监测。为此,必须在围岩内部钻观测孔,在孔内布置若干测点,利用测试仪器和机具在孔外测定不同深度测点的位移情况。由于必须依靠钻孔才能测量岩体内部位移,所以,岩体内部位移亦称钻孔位移,而测量钻孔位移的仪表及测点构造和测点布置等则统称为钻孔位移计,常用于监测巷道深部围岩移动状况、采场上覆岩层和底板活动规律等。围岩内部多点位移计工作原理和使用方法详见学习情境 2 中的内容。

2.1.5 顶板监测报警仪

顶板监测报警仪(图4-5)是一种测量顶底板相对移速度的仪器。HZD—Ⅱ型报警由传感器1~8台、主机(包括巡回检测、计算、存储)、报警箱、打印机组成。巡测周期为8 min,各传感器的下沉量门限和下沉速度门限可分别预置。达到报警门限时可发出光、声警报。半导体存储器中的数据可在地面由专用打印机进行打印。

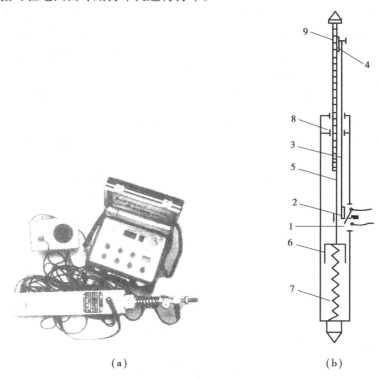

(a)   (b)

图 4-5 顶板监测报警仪

(a)DSJ型外形;(b)HZD型传感器原理图

1—触发开关;2—触发环;3—触发调整拉杆;4—触发调整锁定环;

5—主动滑杆;6—主套管;7—弹簧;8—读数导向卡口;9—读数标尺

此报警仪高度为0.9~3.5 m,可报警的预调最大下沉量为200~350 mm,Ⅱ型的预调下沉速度为0~50 mm/s,分辨率为0.1 mm,相对精度为1.5%~2%。

类似产品还有KDO型顶板动态仪。该仪器的传感器采用直流差动变压器,将顶板位移量转换成直流电压信号,检测表再将信号转成位移量以数字显示。

2.1.6 活动测尺

KFC型活动测尺采用铝材压制成槽形断面的杆体,其多节抽出式杆体利用偏心页状压紧卡箍相互联结。使用时将测尺上、下端对准顶底板基点,若长度不足可由上而下逐节抽出,在卡箍顶面处表示出的测杆侧面标尺读数即为测尺的总长。它可作掘进断面测量、开采面测量,也可测量活柱下缩量、顶板下沉量围岩变形量及其他长、宽、深等尺寸。其精度为1 mm,重1 kg,如图4-6所示。

2.1.7 SKY 数显顶板动态仪

①用途:精密数字显示顶板下沉量,可计算出下沉速度、位移量和围岩变形量。

②技术参数:最小高度 1 000 mm,最大高度 2 500 mm,一次位移量 100 mm,精度为 ±1 mm。

③结构:防爆类型(ibl Ex)。

2.1.8 DJJ 多功能井巷工程质量检测尺

①用途:具有垂直检测尺、塞尺、内外直角尺、对角检测尺等多种功能,可直接检测垂直、水平、阴阳角、对角线、平整度、弯曲和起鼓等工程的各种参数。

②技术参数:材质为高强度合金铝,为几何机械。

③类型:便携式。

2.1.9 DYS 顶底板移近测量仪

①用途:测量顶底板之间的位移量和位移速度。

②技术参数:测量高度 2.5 m,位移量 200 mm,分辨率为 0.1 mm。

图 4-6 KFC 型活动测尺

2.1.10 DWB 多功能围岩动态(变形速度)监测仪

①用途:可精密地测量矿井井筒、井巷、采掘工作面顶底板、碹棚等变形量和变形速度,可预先快速报警,具有检测时间、数据打印记录等多种功能。

②技术参数:最大直线位移量为 260 mm,测量高度为 0.9 ~ 3 m,定时选择范围是 1 min ~ 8 h,最多可有 4 个测点;测温范围为 −20 ~ +40 ℃。

③结构:防爆类型(ibx Ex)。

2.1.11 QJ—80 收敛仪

①用途:用于井巷壁帮、顶底板的收敛测量,围岩变形测量。

②技术参数:最长尺寸为 10 m,精度为 1%。

2.2 单体支柱的阻力监测仪器

单体支柱的阻力是支护质量监测的主要指标,尤其对于单体液压支柱。通过液压表测量支柱内部液压比较方便,但也易产生下列情况:①由于测量时柱体内部泄液而使被测支柱实际支撑力降低;②因液压的冲击,测压表极易损坏;③如监测的支柱数多,比较费时。

2.2.1 注液枪

实践证明,提高单体液压支柱的实际初撑力,对改善顶板状态极为重要。现有三种具有特种性能的注液枪。

1)示值式注液枪

为便于操作人员在升柱时控制支柱的初撑力,要求注液枪上能表示实际达到的初撑力。示值机构有两种。一为带柱塞的指示器,当指示器上的指示杆外伸至第一或第二条红线时,表示注液压力已达 10 MPa 或 15 MPa。对于缸径为 80 mm 的支柱,要求初撑力为 75 kN;对于缸径为 100 mm 的支柱,要求初撑力为 100 kN。另一种为带压力表的指示器,见图 4-7。

2)保压式注液枪

在支柱注液时,达到规定液压值后才能取下注液枪,它能确保支柱具有足够的初撑力,但当液压不足时取不下注液枪也会影响作业速度。

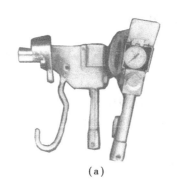 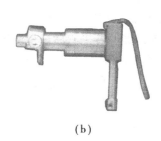

(a)   (b)

图 4-7 注液枪
(a)带压力表式;(b)增压式

3)增压式注液枪

该注液枪内装有增压缸及相应的阀体,外形见图 4-7(b)。它可在不更改泵及管路的液压条件下,使支柱初撑力增高 1 倍以上。

2.2.2 测压计

1)顶针式测压计

它是利用顶针顶开支柱三用阀的进液单向球阀,使支柱内乳化液压力传递到压力表头以显示液压的大小。这类仪器体积小、重量轻,携带方便,价格便宜,其根本的缺点是测压会引起支柱有一定的降阻。虽然采取了减少泄液量的种种措施,但每次测压的降压值仍可达 0.11 MPa。

2)电测型测压仪

它一般也是用顶针将支柱内液压引出,利用电传感器或弦式传感器将信号放大,故精度较高,数据显示清晰。但由于电信号的转换过程易受环境影响,其插接件、线路也需有相应的维护,价格也较高。此外,这类仪器一般在测压时支柱也有一定的降阻。

3)增压型测压计

这类测压计带有储液筒及加压泵,如图 4-8 所示。测压时操作手柄将储液筒中乳化液吸入加压泵内再加压,当其压力高于支柱内液压时,两者的高压乳化液导通,压力表上的示值即为支柱压力,从而可根本消除支柱在测压时的泄液降阻现象。测压计内的加压泵有柱塞泵或螺杆泵两种。由于柱塞泵泵体小,需可靠地完成吸液、加压、排气及卸压等动作,故其结构较复杂、加工精度要求高,而螺杆泵较简易可靠。

2.3 综采工作面支架阻力监测

综采工作面支架阻力的监测包括前后立柱阻力、平衡千斤顶以及前梁千斤顶阻力监测。监测方法有便携式测压仪,安装在支柱或阀座上的指示器或压力表,圆图或长图自记仪以及智能化井下监测数据采集仪和用计算机处理数据等。

2.3.1 固定式压力指示装置

简易的柱塞式压力指示器或压力表如图 4-9 所示,它可直接安装在控制阀组或立柱、千斤顶上。

当压力油液由管嘴进入指示杆内腔后,油液就把指示杆向外推出并压缩弹簧,压力越大,

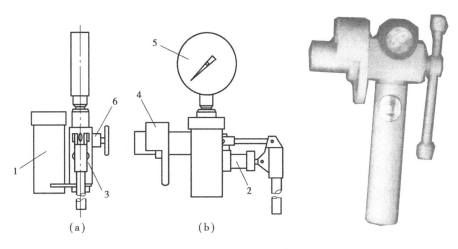

图 4-8　增压型测压计

（a）柱塞泵加压泵式；（b）螺杆加压泵式

1—储液筒；2—加压泵；3—泄液排气阀，4—连接套；5—压力表；6—注液阀

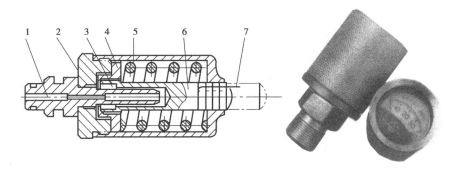

图 4-9　柱塞式压力指示器外形图

1—管嘴；2—壳；3—密封圈；4—弹簧座；5—弹簧；6—指示杆；7—小槽

弹簧压缩越紧。指示杆前端刻有小槽，杆体伸出量表示压力大小。如要测量精确的压力，必须用压力表。但压力表应设有阻尼装备，能经受高压乳化液的冲击，且其位置及表面应能防止损坏。此外，这种压力表还有双针式，可记录最大压力值。

2.3.2　圆图自记仪及其数据处理系统

圆图自记仪主要用于测量和记录液压支架及各种设备的液体压力，可在记录纸上绘出支架的运转特性曲线。画图自记仪数据计算机处理系统主要将记录仪记录的数据信息通过计算机，绘出直观的受力分析图。

圆图自记仪由测量和记录两部分组成，主要部件有表门、表壳、弹簧管、自记钟、传动机构和记录机构等，如图 4-10 所

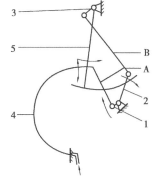

图 4-10　圆图自记仪工作原理图

1,2,3—杠杆；4—弹簧管；

5—记录笔；A,B—拉杆

示。它的工作原理是：当被测介质的压力进入测量机构的钢弹簧管以后，由于张力的作用，钢

弹簧管自由端产生一个微小位移,给传动机构拉杆 A 一个拉力,通过杠杆 1,2,3 拉杆 B,将弹性位移量进行放大并传递给记录笔 5,使其沿记录纸半径方向摆动,从而指示出压力值,并通过记录笔在记录纸上。记录纸在钟表机构驱动下,每 24 h 转一周,从而在圆周方向表示时间。

YTL—610 型圆图自记仪的技术指标:测量范围为 0 ~ 60 MPa,连续记录时间 > 1 d,外形尺寸为 φ272 mm × 125 mm,重 6 kg。

圆图自记仪数据计算处理系统主要由数字化仪、IBM-PC 系列兼容机等组成。它利用计算机图形处理设备,先将综采圆图自记仪记录的压力—时间曲线圆图纸平放在数字化仪上,再通过扫描笔将圆图纸上的压力—时间曲线上的特征点扫描进入计算机处理系统。处理系统然后对扫描的信息进行数学、力学统计分析,最终输出为直角坐标系统下的支柱受力状态图。

2.3.3 KJ216 综采支架工作阻力计算机监测系统

随着科学技术尤其是微电子和计算机技术的飞速发展,近几年来的工作面监控系统有了很大发展,其特点主要呈现实时化和自动化监测,使工作面支架与围岩系统监测的有效性和可靠性大大提高。目前监控系统主要有 3 种类型:①通过地面计算机进行远距离在线监测与数据传输采集;②支架采用电液控制,利用计算机配合压力传感器控制电液阀组,实现定压双向移架或成组程序自动移架,避免对顶板和支架产生冲击负荷,提高移架速度;③红外无线传输采集存储的数据被带到地面通过计算机进行数据处理。

1)工作面在线监控系统

KJ216 型煤矿顶板压力监测系统是用于煤矿顶板压力动态的计算机在线测量系统。系统将计算机检测技术、数据通信技术和传感器技术融为一体,实现了复杂环境条件下对煤矿顶板的自动监测和分析,其结构如图 4-11 所示。系统分井上、井下两大部分。井上部分为系统主站,包括接收机、计算机、打印机等。接收机内置数据收单元,其输出信号与 PC 机的 RS—232接口连接,完成数据存储和与 PC 机的数据通信。井下部分包括工作面压力分站、通信分站、本安电源、通信电缆等。工作面内可连接 1 ~ 64 个压力监测分站,压力监测分站有专用电缆串联至通信分站。通信分站的输出数据信号,通过电话通信线路发送至井上。

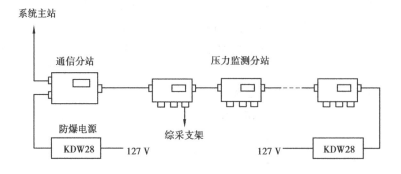

图 4-11　KJ216 综采支架压力计算机监测系统

主要技术指标:通信协议为 2400N81,系统分机容量为 1 ~ 64 台(0 ~ 192 个测点);巡测精度为 2.5%;传感器量程为 0 ~ 60 MPa;防爆形式为本质安全型"Exib1"。

2)工作面非在线监控系统

工作面非在线监控系统通常是根据矿井和开采工作面的具体实际,采用工作面支架与围岩信息自动采集样存储、人工提取、地面计算机分析与处理的监测过程。监测仪器由数字压力计分机、便携式数据采集器和计算机数据处理系统(软件)三部分组成,如图 4-12 所示。使用时,通过便携式数据采集器进行数据采集,采集器随身携带至井上,通过适配器将数据自动传送到计算机内进行数据处理。

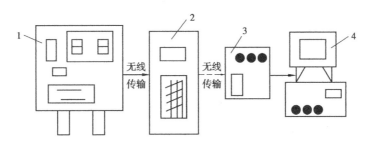

图 4-12　测试分析系统框图
1—压力分机;2—采集器;3—通信适配器;4—计算机

2.3.4　液压支架外载观测仪器

液压支架受力及外载观测主要是测量顶梁和掩护梁承受载荷的大小、方向和作用点。如图 4-13 所示,除测定立柱阻力 P_1、平衡千斤顶阻力 P_2 外,还需测得连接销受力 P_3 及方向,才能求取外载 P 及其方向。而且若以掩护梁为脱离体,由连杆受力 P_6,P_5 及连接销受力 P_3 也能求得掩护梁受载 W 及其方向。

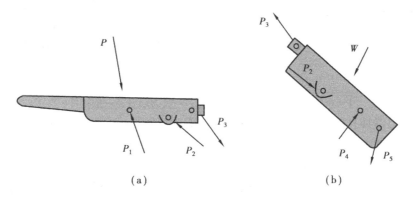

图 4-13　顶梁和掩护梁力系分布
(a)顶梁;(b)掩护梁

P_3,P_4 及 P_5 通常要依靠安设在轴上的测力销进行测定。测力销(图 4-14)是将连接销特制成一种力的传感器。

1)电阻应变式测力销

电阻应变式销轴上贴有三组电阻应变片,电阻应变片将测力销受力后产生的应变转化为电量变化,用电阻应变仪测得这些值,经过换算、查图或计算机内程序运算就可求取轴上受载值及其方向。

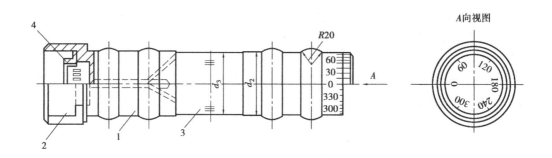

图 4-14　测力销构造图
1—销体;2—销冠;3—变换器;4—插接件

测力销的制作须经过贴应变片、焊接导线、绝缘和防潮处理、标定特性曲线、井下安装调试、现场观测及整理数据等程序。

2)钢弦式测力销

钢弦式测力销(图 4-15)的原理与电阻应变片相似,它仅将电阻应变片改为钢弦,由频率计测定其应变值,其销子上三个方向的钢弦互成 120°。为了减小开槽对销轴强度的影响,将三个钢弦分别置于销轴的不同截面内。此外,销轴需选强度较高的材料(如 40Cr),制作时应给钢弦以适当的初拉力。

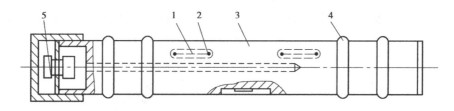

图 4-15　钢弦式测力销
1—钢弦;2—连弦螺丝;3—销体;4—受力凸台;5—插接件

钢弦式传感器具有精度高,对湿度、温度变化的适应性强,频率信号可远距离传输的优点,故钢弦式测力销性能较稳定、可靠,但体积较大。

2.3.5　煤岩钻孔应力监测系统

钻孔应力监测是测量因采动影响煤层或岩层内部应力场的变化,是研究采场动压作用规律的重要手段之一,可用于采场冲击低压初期预测和趋势分析。KJ216 煤岩钻孔应力监测系统(图 4-16)主要用于监测煤矿井下煤层或岩层应力作用,例如工作面前方煤层超前支撑应力,预留煤柱的支撑应力等。

1)系统结构

该系统采用分布式总线技术和一体化传感器技术,每台下位通信分站可连接 64 个应力传感器,多台通信分站可组成多个采区的监测网络。通信分站与上位主站连接,将监测数据传送到井上监测服务器。该系统采用隔爆兼本安型电源供电,每台电源可同时供电 25 个离层监测传感器。

系统监测分析软件 CMPSES 采用 C/S + B/S 结构,支持局域网在线模式和信息共享,支持

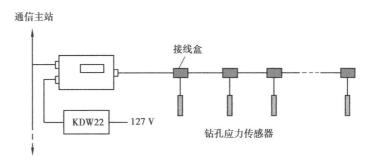

图 4-16　KJ216 煤岩钻孔应力监测系统结构与组成示意图

广域网和互联网的浏览器访问模式。该软件与综采监测、顶板离层监测、锚杆支护应力监测集成于一个平台。

2）钻孔应力传感器结构

钻孔应力传感器结构如图 4-17 所示,它采用应变测量技术,测量的是受煤体或岩体的垂直载荷应力。受应力作用,钻孔周围的煤体或岩体会产生破坏变形,传感器将应力传递到应变体上产生横向变形。应变计将变形量转换成电压信号,经过变送器电路转换成数字信号输出。传感器采用全密封结构,防护等级为 IP65。

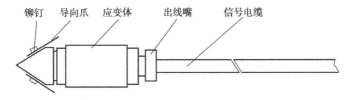

图 4-17　传感器结构示意图

3）钻孔应力传感器的安装

煤岩钻孔应力传感器采用 $\phi42$ mm ~ $\phi46$ mm 水平钻孔探入式固定安装。安装方法如下:

①通过钻机打出钻孔,用风或水压清洗钻孔,将传感器的受力面朝上并用推杆将传感器缓慢推入。注意:在推入传感器时不可将推杆旋转,应保持一个方向。安装方法如图 4-18 所示。

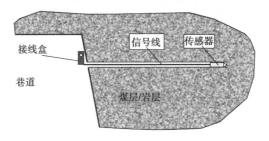

图 4-18　钻孔应力传感器安装示意图

②将传感器的输出信号电缆按信号顺序接入到三通接线盒。

③传感器安装后应将电缆固定好,避免用力拉扯信号电缆。

2.4 底板比压仪

在实际生产中,由于支架底座作用在底板,故把支架底座作用在单位面积底板上所造成的压力称为底板载荷集度,即为底板比压。可以通过对回采工作面底板比压的测定来进行底板的分类、支架的选型,为研究支架底座压力的合理分布提供科学的依据,也为软弱地板采用单体液压支柱或支架的管理提供参考数据。根据底板比压仪的结构和工作原理,它可以分为静压式和冲击式两大类。

2.4.1 静压式底板比压仪

静压式底板比压仪是根据单体液压支柱的工作原理设计的。图4-19为内注式(BPN型)比压仪结构简图,图4-20为外注式(BPM型)比压仪结构简图。

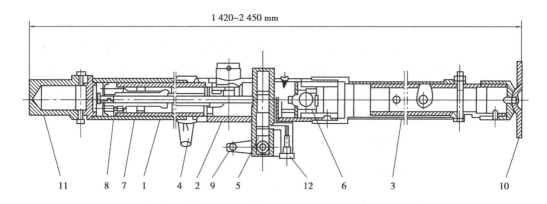

图4-19　BPN型内注式比压仪结构简图

1—油缸;2—活柱;3—接长柱;4—手把体;5—卸载阀;6—通气阀;
7—泵体;8—活塞;9—卸载手把;10—顶盖;11—地板压模;12—压力表座

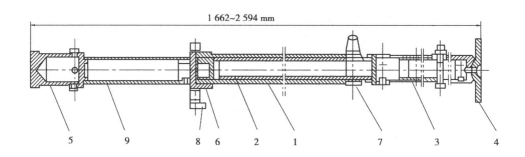

图4-20　BPM型外注式比压仪结构简图

1—油缸;2—活柱;3—接长柱;4—顶盖;5—压模;6—活塞;7—手把体;8—压力表座;9—连接柱体

内注式比压仪依靠装设在油缸内的泵体,通过往复操作手柄增加泵压,使活柱伸出并对顶底板产生一定的主动推压力。外注式比压仪是靠外带的手摇泵加压,使活柱受压伸出并产生一定的推压力。

　　由于比压仪顶盖比底座压模的承压面积大，如内注式比压仪顶盖面积为底座压模面积的2.7~20.6倍，外注式比压仪则为3.3~25倍，故仪器产生的推压力对底板产生的比压大于顶板。因此，当仪器施压时，仪器主要是向下延伸并使底座压模压入底板。压模压入底板的深度 h 随着底座压模产生的比压变化。

2.4.2　冲击式底板比压仪

　　冲击式底板比压仪是根据史密斯重锤原理而制作的，图4-21为JD—1型冲击式底板比压仪结构简图。岩层的抗压入强度 q 是其弹性模量 E 和撞针压入深度 h 的函数，而这种压入深度 h 与重锤下落撞击撞针的冲击能近似呈线性关系。

　　JD—1型冲击式底板比压仪利用操作杆卡头使内套筒里的重锤撞击撞针，其具有固定的冲程（落差为385 mm），重锤的质量为4.14 kg，则重锤一次下落冲击能为16 J。此冲击能随冲击次数增加而累积增长，因而撞针压入底板的深度也就随重锤冲击撞针的次数近似呈线性增长。从冲击次数与撞针压入底板深度的曲线上，可求出底板穿透度 β 这一重要参数，再利用底板穿透度和底板抗压入强度间的关系，求出底板的抗压入强度。

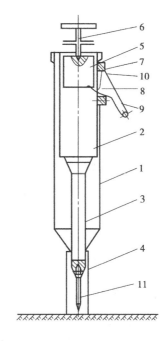

图4-21　冲击式底板比压仪结构图
1—外套筒；2—内套筒；3—传力杆；4—底座；
5—重锤；6—拉绳与手把；7—联接支架；
8—操纵杆卡头；9—操纵杆；10—梢轴；11—撞针

任务3　单体液压支柱采场矿压监测

　　单体液压支柱具有初撑力强、增阻和恒阻性能稳定的优越性，并且支设灵活，工作面安装、拆除方便，尤其适用于煤层赋存条件复杂的工作面。鉴于我国的煤层条件（特别是西南地区复杂的地质条件）和经济实力，单体支柱工作面顶板控制、矿压和支护质量监测是我国现今顶板控制的重要内容。因此，加强单体支柱工作面矿压监测工作，是顶板控制设计、防止顶板事故、确保安全生产的关键。

　　单体液压支柱工作面矿压监测的主要内容包括："三量"监测、需控岩层范围和运动参数的监测、支护质量监测、底板比压测定等。与采煤工作面支护质量有关的参数主要有两类：一类是位移，即顶底板移近量、支柱活柱下缩量、支柱钻底量等；另一类是压力，即支柱初撑力和工作阻力。实践证明，初撑力与工作阻力、顶底板移近量与活柱下缩量的比值能较好地反映采煤工面支柱的支护质量。若支柱架设质量好，初撑力和工作阻力大，顶底板移近量与活柱下缩量的比值必定在确定的合理范围内；若比值超出合理范围，说明支护质量差。因此，可根据上述指标对采面支护质量进行监测，为采面实现科学管理、安全生产提供科学依据。

3.1 测区布置

3.1.1 监测目的

单体液压支柱工作面常规矿压监测项目主要有顶底板移近量、支柱活柱下缩量和支架载荷(统称"三量")监测。采场"三量"监测的目的是力求掌握采场基本顶显现特点,主要是来压周期、步距及强度,了解支架实际工作状态,掌握围岩运动规律,分析采煤空间支架围岩相互作用关系。

3.1.2 测站的布置

采煤工作面"三量"观测的测区、测线的布置应统一安排,一般应根据观测项目及目的而设置,从而降低观测费用,便于集中管理,尽量做到以最少的测区、测线完成预定的观测任务。

单体液压支柱工作面"三量"监测的测站布置如图4-22所示,具体工作面可根据情况适当简化,一般可沿工作面内设上中下3个测站。由于中部不受两端护巷煤柱的影响,其矿压显现最具有代表性,是重点观测区。故中部测站要设置2~5条测线,观测项目要全。上下测站一般设3条测线并距巷道煤柱的距离应大于15 m,观测项目可酌情而定。

3.1.3 仪器的安装

1)测量顶底板移近量和移近速度基点的安装

观测顶底板移近量和移近速度使用的仪器有测杆、KY—82顶板动态仪、D—Ⅱ型自记仪等。测量顶底板移近量和移近速度时,必须在顶底板中安设牢固的基点,这是观测成败的关键。基点安设的方法是:先用电钻在顶底板打眼,眼深200~300 mm。在孔眼内楔入事先准备好的长150~200 mm的木桩,外露端钉入一个铁钉,钉帽即作为观测基点,顶底板上每一对基点的连线应与顶底板垂直,如图4-23(a)所示。基点最好在煤壁处开始设置。如果顶底板破碎时,应先挑掉浮矸,再打眼设点,并适当加大眼深和木桩长度。若采高较大时,可用铁锤将

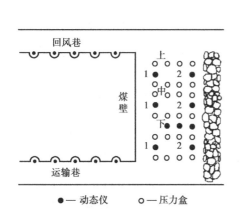

图 4-22 单体液压支柱工作面
"三量"监测测站布置图

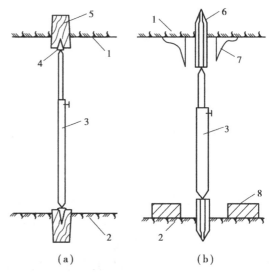

图 4-23 顶底板移近量观测基点安设示意图
1—顶板;2—底板;3—测杆;4—铁钉;
5—木楔;6—钢钎;7—侧护板;8—底座

400～600 mm 长的六棱钎打入顶板作为基点,如图 4-23(b)所示。当顶板坚硬稳定时,顶板基点也可用油漆或水玻璃等标明,但底板基点仍按上述方法安设。

由于单体支柱工作面顶板暴露面积较大,没有移架和反复支撑等问题,基点容易保护,观测也较方便,因此,可同时安设和观测较多的点,以使观测的数据更能真实地反映实际情况。

观测期间,当顶底板移近量基点被破坏、丢失或被支架遮盖时,必须及时补设。基点安设完毕后,应将观测仪器及时安装在顶底板基点上。仪器安装、使用及回撤时应注意以下事项:

①根据采高,先将选配好的测杆或动态仪底部尖端对准底板基点,然后手握活杆压缩弹簧,竖直并缓慢松开活杆,将仪器安装在顶底板基点之间。

②若采高大于 2 m 时,应用铁丝将仪器绑固在两支柱之间,以防碰倒摔坏。

③拆卸仪器时,应手握活杆下压,取下测杆或动态仪后缓慢松开活杆。切勿突然松手,以防弹力将指针、齿轮和齿条损坏。

④仪器本身虽具有一定的防锈能力,但井下淋水往往具有一定的腐蚀性,故使用一定时间后,应视情况将其拿到地面用机油清洗,并涂适量的黄油进行保养,以确保各部件运转灵活并延长使用寿命。

2)支柱荷载测试仪器的安装

测量支柱荷载的仪器有压力盒、普通压力表以及数显压力表,应按测站的布置要求安设。

3.2　观测方法与记录

3.2.1　顶底板移近量的观测与记录

仪器安设好后,首先读取初读数,以后要按时观测,一般每隔 1～2 h 观测一次。从测杆或顶板动态仪安设时起,观测到测点靠近采空区报废为止,每次观测的读数都要记录在表 4-2 中。工作面测点的间距与支柱的排距相对应,观测顶底板移近量时,要同时观测和记录活柱下缩量、柱帽压缩量(或顶梁钻入顶板量)、支柱插入底板量和支柱载荷,测量结果一并记入表中。

表 4-2　单体支柱工作面矿压"三量"观测记录表

工作面				月　　日　　班				观测人		
测编时间	点号	顶底板移近量读数/mm	距煤壁/m	距采空区/m	柱帽压缩量/mm	压入底板量/mm	活柱下缩量/mm	支柱载荷/kN	测力计号	备　注(生产工序等)

在平时和周期来压期间,对末前排测点支柱的钻底量分别抽查一次,并把抽查数据填入备注栏中,如顶、底板条件有变化或其他问题时,可再次测量。对于工作面两端头的端头支护,一般只抽查其中一排支柱的初撑力,并使其平均达到初撑力规定的要求。读数时要注意前后两次读数是否正常。若出现异常,要查明原因,重新测读,或用邻近测点的读数校正。井下交班时,要将本班最后一次的读数留给下一班,以便观测时核对。

应在各条测线的第一控顶排和末前排处测量初撑力和工作阻力、采高及活柱高度。此外,还要做到以下两点：

①如第一控顶排某测点支柱的初撑力不够，则应对此测线上、下 5 m 范围的每根支柱均进行检测和补液，使之达到规定要求；

②对末前排支柱进行各种支柱阻力检查时，一般对每测线上、下方新增的各种支柱各抽查 1 ~ 2 根。

3.2.2 顶底板移近速度的观测与记录

使用 KY—82 顶板动态仪或带测速指示器的测杆观测顶底板移近速度时，要用秒表或手表计时。无工序影响时，观测的时间间隔为 3 ~ 10 min。

观测顶底板移近量与工序的关系时，一般由 2 ~ 3 个人共同完成。计时和记录数 1 ~ 2 个人，记录割煤、移架或回柱放顶至测点距离 1 人。观测工序对顶底板移近速度的影响时，应从这些工序距测点较远处（即影响不明显的地方）开始，一直观测到影响消失时为止。观测范围一般取割煤或移架（回柱放顶）距测点左右各 30 m。观测读数的时间间隔应随工序的逼近而缩短，一般可取 3 ~ 1 min，直至 30 s。观测数据记入表 4-3 中，将落煤、回柱放顶的进度（每隔 1 ~ 2 架或 1 ~ 2 节刮板输送机或 1 ~ 2 m）和时间记入表 4-4 中。

表 4-3 采煤工作面底板移近速度观测记录表

工作面		测区		测线		年 月 日		观测人	
观测时间（时、分、秒）	测点编号	测点至煤壁距离/m	顶板移近量读数/mm	顶板移近量/mm	移近速度/(mm·h^{-1})	测点至工序进行处的距离/m	备注（正在进行的工序如割煤、放顶）		

表 4-4 采煤工作面工序进程记录表

观测日期（月日）	观测时间（时分秒）	落煤位置		放顶位置		备注（如工序过程情况）
		架号或输送机节号	距测点/m	架号或输送机节号	距测点/m	

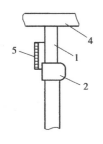

图 4-24 活柱下缩量观测标点法示意图
1—活柱；2—柱锁；
3—固定柱；4—顶梁；5—直尺

3.2.3 活柱下缩量的观测

活柱下缩量的观测一般与顶底板移近量的观测同时进行。单体支柱工作面均采用标点法观测活柱下缩量。支柱支设完毕后，立即用扁铲、钢锯条或其他方法在活柱上刻出一明显的" + "号，用钢直尺或钢卷尺取初读数据，如图 4-24 所示。观测读数记入表 4-2 相应栏目内。在遇有安全阀开启时，要及时测读 1 次，并在记录表中注明。当发现液压系统故障（如漏液等现象）造成活柱不正常下缩时，也应及时记录发生的时间及现象。

3.2.4　观测数据的整理与分析

将表 4-2 记录的数据(从测点设置时起至靠近采空区撤除为止)按测线、测点整理,经过简单计算后填入表 4-5 中。做进一步的整理后,填入表 4-6 中。

表 4-5　单体支柱回采工作面"三量"观测数据整理表

回采工作面_____测点号_____测力计号_____零读数

观测时间				顶底板移近量		活柱下缩		支柱载荷		测点位置			备注(工序等)
月	日	时	分	读数	移近量/mm	读数	下缩量/mm	读数	读数差	载荷/t	至煤壁/m	至采空区/m	

表 4-6　单体支柱工作面"三量"按循环整理表

项　目	顶底板移近量/mm	活柱下缩量/mm	压入底板量/mm	支柱载荷量/(t·根$^{-1}$)
至煤壁距离/m				
$I_1 II_2 III$				
I II III				
⋮				
平均值				
最大值				
最小值				

由于单体支柱工作面观测排与控顶排对应设置,有时也将观测排称为控顶排,其编号可从煤壁处算起,也可从采空侧算起。一般将离煤壁最近的观测排(或控顶排)称为第一观测排(或控顶排),其他观测排号依此类推。每一观测排与煤壁的距离基本上是不变的,它与工作面采用的顶梁长度和支架的布置形式有关,如第 2 观测排可能距煤壁 0.6 m,也可能是 1.2 m。但应注意,一条观测线上同一测点所处的观测排号是随工作面的向前推进而随时变化的,测点刚设置时为第 1 观测排的测点随着工作面向前推进就变为第 2 观测排,原来处于第 2 观测排的测点将变为第 3 观测排,以此类推。

根据上述整理的表格,作如下整理和分析:

①统计计算控顶区内的累积顶底板移近量 S_D、循环移近量 S_C 和单位顶板移近量 S_{DO}。

S_{DO} 为工作面每推进 1 m,每米采高的顶底板移近量。S_{DO} 由下式计算:

$$S_{DO} = \frac{S_D}{L_K M}$$

式中 S_{DO}——控顶距内累积顶底板移近量,mm;

　　　　L_K——控顶距,m;

　　　　M——采高,m。

根据计算整理结果,可绘出控顶区内累积顶底板移近量曲线(图 4-25)和距煤壁不同距离处的循环移近量分布曲线(图 4-26),用来分析顶板的挠曲离层情况。

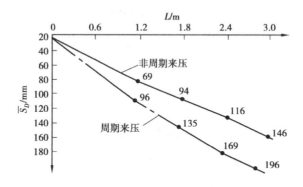

图 4-25　控顶区内累积顶底板移近量曲线

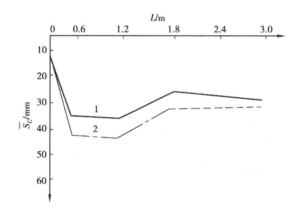

图 4-26　距煤壁不同距离处的循环移近量分布曲线

1—非周期来压期;2—周期来压期

由图 4-25 和图 4-26 可以看出,控顶区内顶底板移近量与到煤壁的距离并不成线性关系,也无立柱空间存在较大的挠曲现象,这是下位岩层离层的结果。不同的顶板和支护条件,其挠度也不同。因此,确定既定条件工作面的顶板挠度和容许的极限挠度,对顶板控制是十分有用的。

由于累积移近量 S_D 受控顶距离和采高的影响很大,为此换算成单位顶板移近量 S_{DO},可作为不同条件工作面的对比指标。

②根据表 4-6,以至煤壁距离为横坐标,绘制控顶区内"三量"分布图,如图 4-27 所示。

③循环整理计算各测点支护载荷、顶底板移近量和活柱下缩的平均值,以观测循环、距开切眼距离及时间为横坐标,绘制观测总图。根据总图上各参量的变化分析判断顶板来压步距、来压前后支护载荷及来压强度(动载系数)。

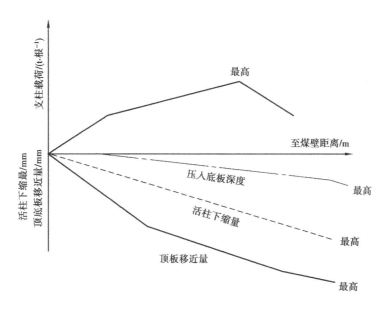

图 4-27　控顶区内"三量"分布图

3.3　单体液压支柱工作面支护质量与顶板动态监测

3.3.1　监控的意义

在工作面推进过程中,由于受地质构造破坏和开采情况等因素影响,煤层顶底板岩性、顶板来压规律、顶底板刚度等是不断变化的,支护质量和支护结构性能也不是一成不变的。因此,在控制设计时,应考虑到这些随机变量的波动。

支架与围岩是相互作用影响的,良好的支架与围岩关系是确保工作面安全高效生产的基础。生产实践表明,顶板冒落以及由此引起的对生产的影响,主要是由支护方面的原因造成的。因此,实施支架支护质量监测是进行工作面顶板控制的有效手段,可靠的回采工作面支护质量监测对控制设计的实现能起到保证和监督作用。

3.3.2　监控内容及指标

1)监测的内容及指标

单体支柱工作面的日常监测对象包括:支护参数、顶板状态参数以及顶板动态(基本顶来压、断层)等。

(1)支护参数

属于工作面基本支护参数有:支柱初撑力、支柱末阻力(一般用末前排支柱工作阻力代替)与支柱下缩量、支柱钻底量等。

支柱初撑力是单体液压支柱工作面支护质量监测的最主要指标,一般情况下不应小于支柱额定初撑力的80%。

支柱末阻力一般以非来压期间不低于合理支护设计中规定的初撑力、来压期间不高于合理支护设计个预计的工作阻力为准。

支柱末阻力与支柱下缩量的比值称为支柱刚度,它是监测支柱本身质量的一个指标,也能作为判断支柱是否失效的指标。如果支柱降阻而支柱又下缩,这时支柱刚度为负值,说明该支

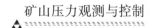

柱失效。

柱钻底量是反映支护系统刚度的指标。一般情况下,如果支柱钻底量超过 100 mm,就要采取穿铁鞋等措施。

放顶排特种支柱的参数,主要是监测其初撑力,一般也应不小于额定初撑力的 80%。

(2)顶板状态参数

顶板状态参数包括顶底移近量、顶板台阶下沉量以及端面冒高等。为保持顶板处于良好状态,顶底移近量在采场控顶距范围内每米采高不宜超过 100 mm,一般情况下不应出现顶板台阶下沉,端面冒高应不超过 200 mm。如果顶板状态参数超过上述数据,应提高支柱初撑力或增大支柱密度或提高支护系统刚度,为此需修改控顶设计,并相应地修改支柱的监测指标值。

(3)顶板动态

顶板动态主要指基本顶来压和顶板的断裂情况。基本顶来压规律虽可参考相邻工作面的实测数据,但整理本工作面监测一个月(或推进 100 m)的资料更为重要。

支护质量与顶板动态监测实践表明,可以用末前排支柱平均工作阻力的变化情况预报顶板来压,其来压判断指标值可用下式求得:

$$P_{ly} = \overline{P} + K\sigma$$

式中 P_{ly}——来压判断指标值;

  $\overline{P}$——末前排支柱平均工作阻力,kN;

  K——方差系数,取 0.8~1.0;

  σ——均方差,kN。

必须监测顶板断层情况并及时填入采矿工程平面图。当遇到平行工作面的断层时,应采取专门的过断层控顶措施。监测中若发现支柱初撑力不够,应进行补液,使支柱达到规定的初撑力。若某测线支柱初撑力不够,此测线上下各 5 m 左右范围内的支柱均应检测其初撑力并补液。

2)监测方法

工作面监测主要是通过设置监测线、数据测量与记录、数据分析、监报与反馈整改等程序完成的。对于特殊时期(如装面、撤面、初次故顶)和特殊地点(如工作面两端、地质破坏带和老巷),也需要专门的监测。监测工作进行一个月后,要对监测资料进行整理分析来压等动态规律,分析支护合理性和底板承载特性。

3.3.3 观测线设置

沿工作面每 10 m 左右设一条测线,每条测线代表其上下各 5 m 范围内的支护状况。测量各测线上各排支柱处的采高及支柱的活柱高度,若以首排测得的值为基础,则随工作面推进就可测出处于各控顶排的顶底板相对移近量及活柱缩量。

3.3.4 不合格支柱的评判方法

具体工作面 K_s 值的合理范围取决于该面顶底板岩性及支柱性能、操作质量等,不可能有一个适用于各种回采工作面的统一界限。针对这一特点,可以来用莱特准则将某一样本值与总体平均值的差的绝对值(均方差)作比较,当差值超过时,即判为不合格。n 为整数,其取值取决于样本的容量 N。一般,当 $N \leqslant 50$ 时,取 $n = 2$;当 $N > 50$ 时,取 $n = 3$。此准则相当于一个界值可调的阀,能根据 K_s 的样本点的变化情况,将其中的异点滤出。

3.3.5 以"临界顶沉"作为预报局部冒顶危险的指标

长壁工作面顶板控制的中心任务是限制顶板的下沉和破碎度。通常,下沉量越大则越破碎,局部冒顶的可能性越大。当基本顶来压或悬顶过大时,易引起顶板下沉量急增。一般,可取来压时顶板下沉量的平均值(基本顶来压不明显时可取顶板下沉量中的较大值)作为临界顶沉。如某测点处的顶沉超过此临界值时,就可预报局部冒顶,应采取加强支护的措施。

根据对断层的素描,或综合考虑顶沉与支护质量情况以及靠近煤壁的端面冒顶情况,有可能预报平行工作面的基本顶断裂,为预报压垮型冒顶创造条件。对中等稳定以上的直接顶,综合考虑采空区悬顶及顶板裂缝状况,有可能预报旋转推垮型冒顶。对复合顶板的工作面,综合考虑局部冒顶或尖灭构造以及顶板中的裂缝,有可能预报推垮型冒顶。

3.4 回采工作面底板比压的测定

实践表明,只注意顶板控制而忽视底板控制往往会给生产管理带来很大困难。目前,我国一些煤矿单体支柱工作面经常发生冒顶事故,还有综采工作面两柱掩护式支架在松软顶底板下使用发生的移架、控顶困难,其重要原因之一就是底板容许载荷密度过小,使底板遭到支护的破坏,支架(或支柱)压入底板所致。另外,这种支架(或支柱)压入底板的趋势越严重,即压入量越大,不但使顶板下沉量越大,顶板破碎度越大,而且降低了支架(或支柱)的有效支承力,导致生产管理的恶性循环。因此,测定煤层底板岩层的抗压强度,底板容许载荷密度等底板岩层力学参数对回采工作面底板控制设计、生产管理和支架的优化设计有重要意义。测定底板载荷密度的主要仪器有静压比压仪(内注式和外注式比压仪)和冲击式比压仪。仪器的结构原理见本学习情境采场矿压监测常用仪器中相关内容。

3.4.1 静压式底板比压仪的观测方法与数据处理

1)测站布置

底板比压的测定是一项统计观测。在工作面中测定时,一般沿工作面布置方向每隔 20 ~ 30 m 设一测区。在每一测区里,按规定至煤壁的某一距离上选 1 ~ 3 个测点(每点相距 2 m)进行观测。测点处的顶、底板要平整,仪器要与真顶、真底接触,且暴露时间越短越好。

仪器要与底板垂直,且安设前必须做到:清理浮煤、浮矸,平整柱窝,露出要观测的底板;清理顶板,勿使顶盖与铺材料、破碎顶板等软碎物接触;要将仪器安放在清理好的柱窝里,一人手持仪器,另一个人操作手摇泵的加压手柄,使活柱伸出,直至接触顶板,且具有一定的自承能力。

2)观测方法及注意事项

仪器安设好以后,即可测读数据。首先记录压力表与压入深度的初读数,然后按一定压力增量(例如,每次递增 0.5 MPa 油压)记录压力表读数和压入深度值。

底板的抗压入强度为底板表分层弹性变形阶段的极限比压值。为求得这一数值,测试时操作手柄加压可持续到表分层完全破坏,直至进入第二分层变形阶段前为止。为求得更深分层的底板比压与压入深度的关系曲线,也可按自定要求继续加压进行测试工作。

操作手摇泵加压时,压力表读数不要超过仪器最大额定工作压力经换算后的极限值(BPN 型为 25 MPa,BPM 型为 40 MPa),否则仪器将变形过大而损坏。

另外,每次测定前应根据底板软硬程度选好相应规格的底座压模。底板松软时,如果选用的压模直径偏小,则测定中会迅速达到底板表分层破坏的极限值,使整理出的底板比压与压入深度的关系曲线不理想;底板坚硬时,如果选用的压模直径偏大,则在测定中往往会达不到表分层破坏极限值时,仪器的压力表读数就已临近规定的极限值,这两种情况都应更换压模重新测定。静压式底板比压仪底座压模直径有 40 mm,60 mm,80 mm,100 mm,110 mm 五种规格。底板较硬时,可选用规格小的压模,反之,则选用规格大的压模。

测得表分层完全破坏的理想数据后,即可卸压。内注式比压仪通过转动仪器本身的卸载手把实现卸压,而外注式比压仪是通过转动手摇泵的卸压旋钮实现卸压。卸压后油缸内高压油回到低压腔内,活柱下降,该测点的测定工作结束。

3)数据整理

当井下测试完成后,即可进行数据整理。首先,根据原始记录整理出对应各次泵压的压入量值,可表示为:

$$h_i = H_i - H_0$$

式中 h_i——第 i 次泵压时压模压入深度,mm;

H_i——第 i 次泵压时压入深度读数,mm;

H_0——压模压入量初读数,mm。

再整理各次泵压的压模底板比压值 q_{mi} 为:

$$q_{mi} = \left(\frac{D_1}{d_m}\right)^2 q_i$$

式中 D_i——比压仪油缸直径,mm;

D_m——底座压模直径,mm;

q_i——第 i 次泵压时压力表读数,MPa。

然后,根据相应的 q_{mi} 与 h_i 值作出该测点的底板比压与压入深度的关系曲线,如图 4-28 所示。从图中可以很快找出底板表分层临破坏前的拐点。此拐点上的比压值即为该测点的底板抗压入强度值 $q_m(q_m = 4.93$ MPa)。也可用此拐点的值求出底板的刚度 K_m:

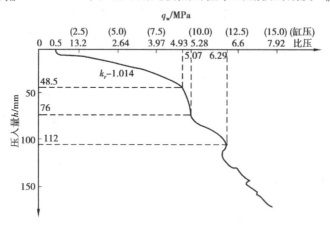

图 4-28 某矿 1121 工作面底板比压与压入深度关系曲线

$$K_m = \frac{q_m}{h_m}$$

式中 q_m——拐点处的底板比压值,MPa;

H_m——拐点处底板压模的压入量,mm;

K_m——底板岩层的刚度,MPa/mm。

统计各测点的整理数据 q_m 和 K_m，则可得此次测定各测区和全工作面底板的平均抗压入强度和刚度。

3.4.2　冲击式比压仪的观测方法与数据整理

应用冲击式底板比压仪进行测定，具有方法简单、携带方便、限制条件少等优点。

1）测站布置与仪器安装

安设仪器前，按静压式底板比压仪的要求选好测区，每个测区的面积为 $1 \sim 2 \; m^2$，均布 $3 \sim 5$ 个测点。清除各测点的浮矸或浮煤后，将仪器垂直安设在清理出的真底上，即可进行观测工作。

2）观测方法

首先，读取仪器重锤落击撞针前的初始深度值 H_0，然后按每两次落击撞针测读一次压入深度值 H_i，二者的差值 $(H_i - H_0)$ 即为仪器在该次落击后撞针插入底板的深度 h_i。一般落击 $40 \sim 50$ 次，记录相应的落击次数 n 和落击后压入深度 H_i 后，就完成了该点的观测。

3）整理数据

整理数据时，首先将测区内各点相应的 h_i 值平均得 h_{ip} 值。然后，按 h_{ip} 值与相应的 n 在坐标纸上画出类似抛物线形的 n—h 关系曲线，如图 4-29 所示。最后，计算该测区的底板穿透度 β 为：

$$\beta = \frac{n_s}{h_s} = \frac{n_E - n_B}{h_E - h_B}$$

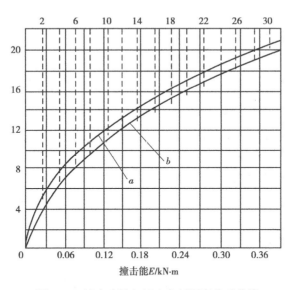

图 4-29　撞击次数与压入底板深度关系曲线

式中　n_E，n_B——n—h 曲线中近似直线部分的终端点和起始点的落击次数；

h_E，h_B——对应于 n_E 和 n_B 的压入底板的深度，mm。

图 4-29 中 a 曲线为工作面 A 测区 n—h 关系曲线。由图可见，从第 6 次落击开始，曲线近似于直线。按上述规定取 $n_E = 30$，$n_B = 6$，相应地得到 $h_E = 21 \; mm$，$h_B = 9.7 \; mm$。该区底板穿透度 β 为：

$$\beta = \frac{n_s}{h_s} = \frac{n_E - n_B}{h_E - h_B} = \frac{30 - 6}{21 - 9.7} = 2.12(\text{mm}^{-1})$$

同理,从图 4-29 中 b 曲线可以求得该工作面 B 测区的底板穿透度 β 值($n_B = 6, n_E = 30$):

$$\beta = \frac{n_s}{h_s} = \frac{n_E - n_B}{h_E - h_B} = \frac{30 - 6}{20 - 8.3} = 2.05(\text{mm}^{-1})$$

要从冲击式底板比压仪所得的穿透度 β 推算底板的抗压强度 q_m',必须先求出它们之间的比例关系。为此,对新观测的煤层底板,需在同一测区内进行静压式和冲击式比压仪的测定。然后将其测得的 q_{mi} 和 β 值进行对比,即可得到该测区底板岩层两种测定的比例因子 a_i:

$$a_i = \frac{q_{mi}}{\beta_i}$$

式中　q_{mi}——在 i 测区用静压式比压仪测得的底板抗压入强度,MPa;

　　　β_i——在 i 测区用冲击式比压仪测得的底板穿透度,mm^{-1}。

对该比例因子进行统计,求得平均值 a_p。对同种底板测定底板比压时,用简便的冲击式仪器观测即可,利用观测得到的 β 值乘以 a_p 即得底板的抗压入强度 q_m',即

$$q_m' = a_p\beta$$

实际应用中,规定底板抗压入强度 q_m 或 q_m' 的 0.75 倍为其容许比压 q_z,即:

$$q_z = 0.75q_m \text{ 或 } q_z = 0.75q_m'$$

有时,还可通过实验室测定底板岩层的单轴抗压强度和三轴抗压强度来获取底板的比压,但由于实验室和现场条件相差太大,故所取得的数据误差较大。一般情况下,未与实测结果对照,实验室结果不能直接引用。

任务4　综采工作面矿山压力监测

我国自 1974 年使用综合机械比采煤以来,至今已有近 30 多年的历史。实践证明,综采具有产量高、安全好、效益好、劳动强度低等优点,是煤炭生产的发展方向。但是,在综采发展过程中也存在一些亟待解决的问题。据统计,我国综采工作面中因顶板及支架管理不善引起的事故占全部事故的 1/3 左右。从全国来看,每年大约有 1/6 的综采作面因液压支架与围岩关系不相适应及支架切撑力不足而处于低产状态,常常因冒顶、片帮、设备损坏而被迫停产。因此,采取有效的支护质量监测可大幅度降低综采工作面的顶板事故,也是提高综采工作面产量和效益的重要措施。

调查分析的结果表明,造成综采工作面控顶效果不佳的主要原因是支护质量问题。合理的岩层控制设计是管理好综采工作面顶板的前提和基础,如何保证实现合理的控顶设计是管理好顶板的关键。

4.1　支架—围岩体系监测控制原理

4.1.1　支架与围岩的相互作用关系

综采面的经济效益和劳动生产率在很大程度上取决于支架—围岩的工作状况。其不良的工作状况突出表现在机道上方端面顶板冒顶严重,顶板下沉量大,支架出现前倾、后仰、失稳歪

斜,液压系统渗漏严重等。这两者是相互影响的,即不良的支架工作状态引起顶板的破碎、冒落,而顶板的冒落会进一步加剧支架的不良支护状态。

1)顶板运动

液压支架在控顶中的作用是由支架在采面上覆岩层及整个围岩移动、应力场中的地位决定的。随着工作面推进,基本顶能发生周期性断裂,并有可能在支架支撑力的帮助下,依靠横向推力,呈铰接砌块状,维护成平衡的力学结构,用以承受上覆岩层的重量,使采场附近的围岩处于低应力区,从而改善工作面维护状态,这是发挥液压支架主动控顶作用的结果。否则,若

液压支架主动支撑能力很低,下位基本顶岩层便极易向采空区方向下沉、回转,过大则产生变形失稳而加载于采场支架,甚至产生岩块间的前铰接点破坏而产生向煤壁方向的反回转及剪切滑移失稳(图4-30)。这种失稳加剧处于端面附近的直接顶的破碎冒落及煤壁的片帮,致使工作面控顶处于困难状态,因此,液压支架在采场与采场围岩关系中的作用可概括为:

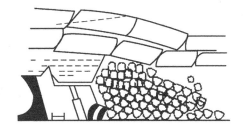

图4-30　基本顶运动与失稳

①撑住直接顶,防止或减少离层,必要时切断悬顶;

②主动支撑并协助基本顶呈砌体梁状平衡,以减轻工作面受载;

③尽可能及时、全面维护端面顶板,防止端面漏顶、冒顶及其扩大;

④减少支架移架卸载时的影响范围。

2)提高液压支架的实际工作阻力

综采面的支护质量监测以正确地选择液压支架的参数及类型为基础。目前,提高支架的实际工作阻力是改善综采顶板管理的首要任务。

(1)支架的承载持性

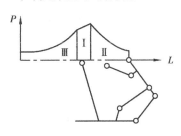

图4-31　支架载荷分布

突出表现在支架能适应顶板载荷沿顶梁的分布。我国约有半数综采面属于中等稳定条件以下顶板并采用两柱掩护支架。在顶板载荷的合力作用点处于立柱与顶梁的铰结处,支架能充分发挥其支撑能力,如图4-31的Ⅰ区。然而,在基本顶来压或顶板载荷合力作用点向来空区后方移动时,顶梁就要转动仰起。当因顶梁前端顶板冒空而得不到顶板的反力,以致无法自动调整合力作用位置时,支架的实际支撑能力就要由平衡千斤顶的抗拉工作阻力决定,因为支架顶梁与掩护梁的夹角是由平衡千斤顶决定的,而平衡千斤顶的工作阻力一般仅为立柱阻力的10%~20%,尤其是受拉。因此,支架的支撑能力将急剧降低,如图4-31中Ⅱ区。

反之,在支架后部冒空、切顶线前移的情况下,顶板载荷合力作用点将向顶梁的前部移动,顶梁就要转动低头。同样,在顶梁后部得到顶板的平衡反力时,平衡千斤顶受压开启,顶梁就要继续低头,支架支撑能力也将急剧减少,如图4-31中Ⅲ区。因此,支架的承载能力随外载合力在顶梁上作用位置而变化,图4-31中曲线为支架的极限承载曲线。顶梁的过度仰、俯就是支架实际支撑力很低的象征。

四柱支撑掩护支架有利于改善支架的承载特性,其力平衡Ⅰ区较宽,但支架的水平支撑能

力却不如两柱掩护支架。支架的水平支撑力能对阻止直接顶向采空区方向张裂、防止端面顶板冒落起良好的作用。在支架的后部顶板冒空的情况下,顶板载荷合力作用点易向前移而使后柱受力变小,甚至受拉后而损坏。

(2)支架的防端冒能力

液压支架应具有伸缩梁、折叠梁及防片装置,以适应破碎顶板或局部地质构造的变化,防止端面冒顶。支架若配有初撑力保持阀,则有利于提高初撑力控制端面顶板,否则只能实行辅助措施,如铺顶网、固化煤壁及顶板、充填冒空区、改变工艺方式、超前移架、超前支护端面新暴露顶板等,以减少端面冒顶的频率及严重程度。

(3)支架的稳定性

增加支架的实际支撑力有利于提高支架稳定性,同时支架的稳定性还取决于支架应具有完善的调架、稳架机构,如侧护板千斤顶、调底座千斤顶,采用带压移架或擦机前移方式及具有可靠的排头支架、端头支架,以有利于提高支架的稳定性。

4.1.2 监测的作用与原理

综采面支护质量监测是一种属于新奥法的生产监测,并根据监测结果随时调整支架工况参数。这种量化的生产管理方法有利于确保综采工作面的安全生产和效率的提高。

1)监测作用

监测是将工作面顶板管理提高到现代化水平的一项工作。通过监测,既可掌握顶板状态,又可了解支架在使用中存在的问题,做到有针对性地管理顶板,具体体现在:

(1)顶板管理

通过实时监测,及时反映工作面顶板状态并预报来压,以提醒注意并及时整改、补充、加强支护,确保安全生产。

(2)支架使用

通过对支架支护质量的实时监测,包括支架初撑力、顶梁俯仰角、工作阻力、管路和阀件、漏窜液及维护情况等动态地反映支护质量、支架位态及稳定性,为消除支架事故隐患、提高支护质量提供信息和依据。

2)监测原理

回采工作面支架与围岩体系监测是一个支架—围岩信息获取、分析、处理、反馈与检查处理的循环过程。具体到工作面支架与围岩体系,监测就是根据工作面的煤岩赋存条件和开采技术条件,在相关研究的基础上,制定监测计划和监测方案,然后在工作面布置测点,安装监测仪器实施支架支护质量与围岩动态监测,并对监测信息进行分析计算与评价,将分析结果反馈到工作面进行检查与处理的过程。通过周而复始的循环工作,逐步消除影响支架与围岩关系的不良因素,减少支架与围岩事故率,从而保持工作面安全生产和高产高效。其工作原理可用图 4-32 表示。

3)监测的工作过程

根据上述支架与围岩体系的监测原理,监测的工作过程就是对监测目标和监测计划的实现过程,这一过程是一个动态的工作过程。一方面,监测是持续不断的循环过程;另一方面,监测内容和指标还要根据监测的进程不断地更新和调整。同时,监测的工作过程还是决策职能部门与基层生产区队(综采队)的信息交互与监督的过程。通过信息交互,分清技术因素与管理因素并及时决策,从而确保监测工作的落实。因此,监测的工作过程如图 4-33 所示。

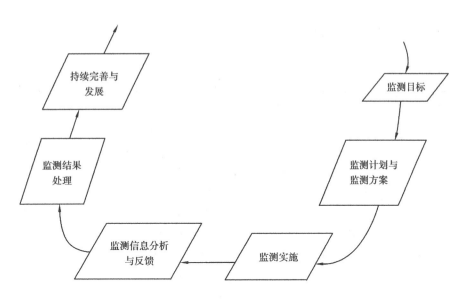

图 4-32　支架与围岩体系监测原理图

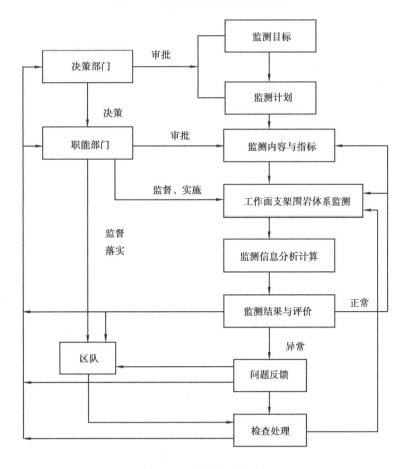

图 4-33　监测的工作过程

4.2 综采工作面支护阻力的监测

4.2.1 测区布置

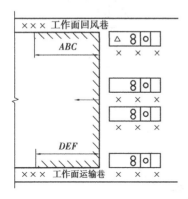

图 4-34 综采工作面测站布置图

综采工作面测站布置与单体面测站基本相同,具体布置如图 4-34 所示。

4.2.2 日常数据整理与分析

直接看记录数据很不直观,必须加以整理和计算才能成为研究分析支架阻力变化规律的有用资料。一般,需根据记录数据及时整理以下内容:

(1)按监测循环计算支架的初撑力 P_c、末阻力 P_m、时间加权平均阻力 P_t 和相应的支护强度。

初撑力 P_c 指移架后的支架初始阻力,它的大小取决于泵站的工作压力并受管路损失和操作等因素的影响。支架立柱总初撑力为

$$P_c = \frac{\pi D^2 \sum_{i=i}^{Z} Q_{0i}}{4 \times 10}$$

式中 Q_{0i}——实测初撑时各立柱油缸内的压力,MPa;

   D——立柱内径,cm;

   Z——支架立柱数。

循环末阻力 P_m 系指循环末支架移架前的工作阻力。在正常情况下,循环末阻力为循环内的最大工作阻力,它是反映矿压显现强弱、评价支架额定工作阻力是否富裕的重要指标。支架立柱循环末总阻力为:

$$P_m = \frac{\pi D^2 \sum_{i=i}^{Z} Q_{mi}}{4 \times 10}$$

式中 Q_{mi}——实测循环末油缸内工作阻力,MPa。

由于支架阻力是随时间不断变化的,所以,仅以循环末阻力还不足以反映支架的全面受力情况。例如,两个不同循环支架立柱的末阻力可能相近或相等,但在循环内支架立柱的受力差别可能很大。如图 4-35 所示,两个循环支架的受力不能认为是等同的。而用时间加权平均阻力 P_t 则可以反映出这一差别。时间加权平均阻力 P_t,指一个采煤循环内以时间为加权计算的平均工作阻力,即可以根据阻力与时间的关系曲线求算 P_t。$P_t = \sum \dfrac{P_{ti}}{t}$,其值为曲线下所包围的面积除以受力的时间。为简化计算,将曲线所包围的面积分割成数个曲边梯形,这样,可近似地求得 P_t,其计算式为

$$P_t = \frac{1/2(P_0 + P_1)t_1 - 1/2(P_1 + P_2)t_2 + \cdots - 1/2(P_{n-1} + P_n)t_n}{t_1 + t_2 + \cdots + t_n},$$

$$P_i = \frac{\pi D^2 Q_i}{4 \times 10}(i = 0,1,\cdots,n)$$

式中　t_i——时间，min；

　　　P_i——支架阻力，kN。

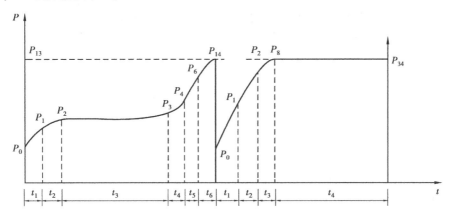

图 4-35　两个不同循环的 $P—t$ 曲线

　　一般应尽量在曲线的拐点处取分点。分割点越多，计算值越精确。但一般为简化计算，取 5 个左右分点即可。曲线变化不大时，分点也可再少些。

　　支护强度 q 系指支架对顶板的支护阻力与支护面积 F 的比值，单位为 kN/m^2。对于支撑式支架，立柱与顶板垂直，q 可用 P/F 求出。对于掩护式支架，则需要再乘以支护效率。

　　(2)统计支架的工作特性曲线，即统计阻力与时间关系曲线的类型，如图 4-36 所示。统计不同时期(如周期来压或非周期来压时)的各循环阻力—时间关系曲线中各类型的百分比，可以分析顶板压力的大小和支架对顶板的适应性。例如，一次急增阻式曲线百分比极小，即说明支架的支撑力对这种顶板来说是有富裕的。又如，初撑增阻段末阻力 P 是衡量支架初撑力是否足够的一个依据。如果 P_1 接近于 P_0，则说明支架初撑后即基本能与顶板取得相对平衡，可减少顶板在初撑急增阻段的下沉量。

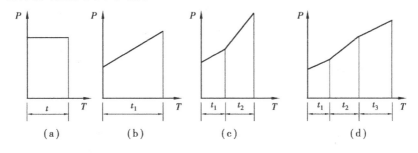

图 4-36　液压支架阻力—时间关系曲线类型示意图
(a)初撑力；(b)一次增阻式；(c)二次增阻式；(d)三次增阻式

　　(3)根据阻力—时间曲线整理立柱安全阀开启的数据，并填入表 4-7 中。

表 4-7　液压支架立柱安全阀开启日常资料整理表

循环号	至开切眼距离/m	循环时间/min	安全阀开启时间/min				开启压力/MPa			
			左前	右前	左后	右后	左前	右前	左后	右后

液压支架立柱安全阀的开启情况主要根据自记仪记录的曲线来取得。一般,在立柱达到额定工作阻力时,安全阀开启。开启后压力不再上升,压力曲线出现小锯齿形。安全阀的开启情况可由开启时间比率平均值及循环开启率平均值两个计算指标来衡量。

安全阀开启时间比率平均值为:

$$\eta_1 = \frac{\sum \left[(t_n - t_h)/t_n \right]}{Z_n} = \frac{\sum \frac{t_k}{t_n}}{Z_n}$$

式中　Z_n——安全阀开启的立柱总数;

　　　t_n——循环时间;

　　　t_h——安全阀开启时间。

安全阀循环开启率平均值为:

$$\eta_k = \frac{\sum (k_i/k)}{Z_n}$$

式中　k_i——测区支架开启循环数;

　　　k——总循环数。

安全阀开启时间比率平均值 η_1 在一定程度上可反映基本顶来压的强度,安全阀循环开启率平均值 η_k 则反映基本顶周期来压的频率。

(4)再求得几条测线诸值的平均值绘入监测总图。此图上,支架阻力的变化是判定综采工作面基本顶来压步距和强度的重要依据。

4.2.3　液压支架外载监测

上述所测得的支架载荷,都是指顶板压力通过顶梁传递到支架立柱上的力。支架顶梁或掩护梁与顶板或垮落的矸石之间的作用实际上是一种分布载荷。不同的支架结构、不同的顶板条件或不同时期,载荷的分布都是不同的。载荷的分布状况对于顶板维护,特别是对端面顶板的维护有明显的影响。因此,为掌握支架外载的分布规律,需要监测作用在支架顶梁和掩护梁上的载荷分布规律,为支架的结构和参数设计提供依据。支架外载监测主要包括两种方法:一种是在支架的顶梁和掩护梁上排列测力传感器,然后用二次测量仪表进行测量,并分析绘制顶梁载荷分布图,计算顶梁外载的合力作用点,并据此进一步研究支架对顶板的控制效果;另一种方法是用测力销测量支架各铰接部位的联结力,根据力学平衡关系计算有水平力作用时支架的受力特点。由于支架外载监测与支架的结构特点有关,且需要在支架上加设专用的应力测试仪器,一般由生产厂家会同使用单位进行专门的支架和仪器的安装和测试,在此不详细说明,可参阅相关资料。

4.3　工作面液压支架矿压观测实例

4.3.1　工作面概况

8102 工作面是某矿首采工作面,工作面倾斜长 109.4 m,走向可采长度为 560 m。本工作面可采煤层为 8 煤层,其被一层厚为 0.8 ~ 2.0 m 厚的泥岩夹矸分为 81 煤(厚度为 2.0 ~ 5.5 m,平均 4.27 m)和 82 煤(厚 1.4 ~ 6.0 m,平均 3.0 m),平均总厚度为 8.81 m。工作面北邻 F25 断层,南距采区边界约 500 m。8102 工作面工业储量为 1 333 785.2 t,工作面可采储量为 1 000 338.9 t,服务年限为 13 月。

本工作面中部所使用的液压支架型号为 ZF6800—19/38 型,支撑掩护式放顶煤支架;端头支架选用 ZFG7360/21.5/34H 型;煤机型号为 MG300/700—WD。支架的采高范围为 1.9 ~ 3.8 m,煤机的截煤高度为 1.7 ~ 3.2 m。根据支架的支护性能、煤的割煤高度以及支架的稳定性,确定该面跟 82 底板回采工作面平均割煤高度为 2.7 m,平均放煤高度为 6.11 m,工作面采放比为 1:2.26。

4.3.2　矿压观测的目的

通过对某煤矿 8102 首采工作面进行现场矿压观测,分析工作面上覆岩层结构形式及运移规律、来压步距和支架运行状况等。

4.3.3　测站布置

8102 工作面共布置 3 个测站,即下部测站(10#架,15#架)、中部测站(30#架,35#架)、上部测站(55#架,60#架),工作面测站布置如图 4-37 所示。

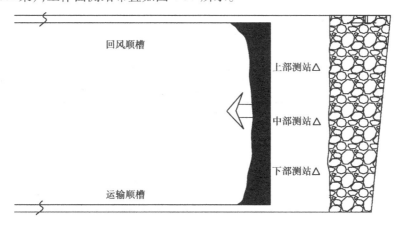

图 4-37　8102 工作面测站布置图

采用 ZYDC—3 型支架压力自测仪和 KBJ—60 Ⅲ 综采压力记录仪测定支架工作阻力,实现了 24 小时连续记录支架两立柱循环阻力变化,包括支架的初撑力、工作阻力、循环末阻力等。

4.3.4　工作面观测数据整理

以工作面 10#支架支护阻力随工作面推进循环的变化规律为例,图 4-38 至图 4-40 为工作面 10#支架初撑力、末阻力、加权工作阻力随工作面推进循环的变化规律。

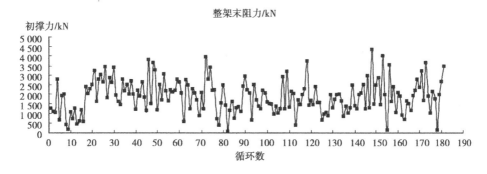

图 4-38　10#支架初撑力与循环数关系

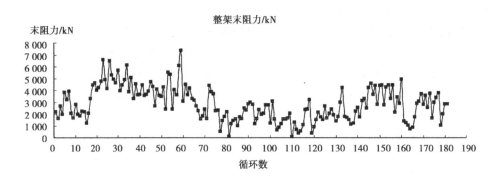

图 4-39　10#支架末阻力与循环数关系

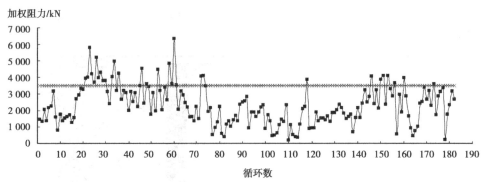

图 4-40　10#支架加权阻力与循环数关系

表 4-8　工作面 10#架处基本顶来压规律

序　号	来压步距/m	影响范围/m	支护阻力				动载系数		
			加权阻力		末阻力		加权阻力	末阻力	平均值
			来压期间	非来压期间	来压期间	非来压期间			
1	9.2	4.6	3 721.8	3 002.6	4 552.1	3 899.1	1.2	1.2	1.2
2	15.2	5.8	3 287.4	2 317.6	3 389.2	2 942.7	1.4	1.2	1.3
3	8.3	2	2 336.2	1 296.9	2 686.5	1 460.0	1.8	1.8	1.8
4	12.2	2.5	1 836.7	1 234.9	1 833.6	1 470.9	1.5	1.2	1.4
5	8.8	8.7	3 139.1	1 683.1	3 771.0	2 000.4	1.9	1.9	1.9
平均	10.7	4.72	2 864.2	1 907.0	3 246.5	2 354.6	1.6	1.5	1.5
10#支架阻力利用率			0.5	0.4	0.7	0.6	周期来压 1		
			0.5	0.3	0.5	0.4	周期来压 2		
			0.3	0.2	0.4	0.2	周期来压 3		
			0.3	0.2	0.3	0.2	周期来压 4		
			0.5	0.2	0.6	0.3	周期来压 5		
			0.4	0.3	0.5	0.3	平均		

由图可得,工作面有明显的周期来压现象。在两次周期来压之间,存在一定小范围的直接顶来压。

由表4-8可知,工作面10#支架处周期来压步距最小为8.3 m,最大为12.2 m,平均为10.7 m;来压影响范围为2~8.7 m,平均为4.7 m,动载系数平均为1.5。来压期间,循环末阻力平均为3 246.5 kN,时间加权阻力平均为2 864.2 kN,分别是额定工作阻力的48%和42%;非来压期间循环末阻力平均为2 354.6 kN,时间加权阻力平均为1 907.0 kN,分别是额定工作阻力的35%和28%。

4.3.5　数据分析

1)工作面顶板来压规律

由观测可以得出8102工作面顶板来压规律如表4-9所示。由表可知,8102综放工作面顶板来压具有以下特点:

表4-9　工作面顶板来压规律

序　号	来压步距/m 最大~最小 平均	影响范围/m 最大~最小 平均	来压期间		非来压期间		平均动载系数
			末阻力 利用率	加权阻力 利用率	末阻力 利用率	加权阻力 利用率	
10#	15.2~8.3 10.7	8.7~2.0 2	3 246.5 48%	2 864.2 42%	2 354.6 35%	1 907.0 28%	1.5
30#	27.3~22.6 25.2	16.2~15.3 15.7	4 198.2 62%	3 415.7 50%	2 217.0 33%	1 686.2 25%	2.0
60#	18.1~8.9 12.0	6.0~2.0 3.4	3 735.6 55%	3 632.4 53%	2 861.9 42%	2 211.2 33%	1.6
平均	27.3~8.3 16.0	16.2~2.0 7.0	3 726.8 55%	3 304.1 48.3	2 477.8 36.7	1 934.8 28.7	1.7

①综放工作面周期来压现象明显,周期来压步距最小为8.3 m,最大为27.3 m,平均为16 m。来压期间动载系数平均为1.7。整个工作面不同部位来压具有不一致性。

②工作面从上至下平均周期来压步距分别为:12.0 m,25.2 m,10.7 m,形成"中间大、两边小"的趋势,来压步距平均相差14 m。

③支架工作阻力的利用率:上部较大,中、下部基本上能符合要求。这说明工作面支架受力不均匀。

④工作面来压期间的动载系数:中部大,上部及下部小。这反映了上下边界的煤柱支撑作用影响支架受载的矿压显现特点。

⑤在两次强度较大的周期来压之间,呈现出多次小的来压现象,这说明了在基本顶来压之间,直接顶可以造成一定强度的来压。

2)工作面倾向的压力分布

受煤层倾角、开采边界条件、回采工艺、煤岩赋存条件及支护质量等因素的影响,工作面面长方向顶板的压力可能会有所不同。实测分析得到工作面在来压期间和非来压期间面长方向的压力分布如图4-41和图4-42所示。

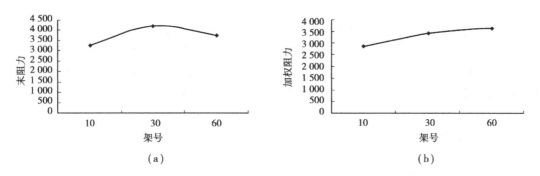

图4-41　来压期间工作面倾向工作阻力分布
（a）末阻力分布；（b）加权阻力

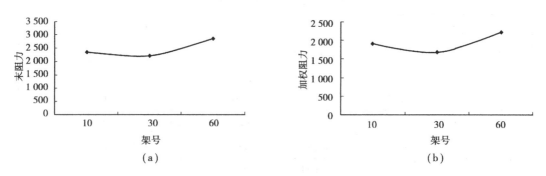

图4-42　非来压期间工作面倾向工作阻力分布
（a）末阻力分布；（b）加权阻力

由图中可知：

①非来压期间上下部压力略大于中部压力。

②来压期间中部压力大于上下部压力。

3）工作面支架的承载特征

为了研究所选支架对该煤层和工作面条件的适应性，以10#支架为例，对该支架支护阻力的频率分布、支架的循环增阻特性等进行了量化分析。

（1）支架支护阻力的频率分布

随工作面推进，每个循环内支架阻力的大小因支架操作质量、控顶效果及顶板动态变化的影响而不同，而且在工作面不同部位阻力大小也有差异，这反映了工作面顶板的压力大小、支架的适应性以及支护效能的发挥程度。10#支架的初撑力、末阻力、加权阻力频率分布直方图如图4-43所示。

由图可得：

10#支架初撑力主要分布在1 130.9~3 392.7 kN范围内，占统计循环数的75.3%，占额定初撑力的20.0%~60.0%。大于支架额定初撑力60%以上的比率为6.6%，小于支架额定初撑力20%以下的比率为18.1%。

末阻力主要分布在1 347.6~5 390.4 kN范围内，占统计循环数的82.8%，占额定工作阻力的20%~80%。大于支架额定工作阻力80%以上的比率为3.9%，小于支架额定工作阻力

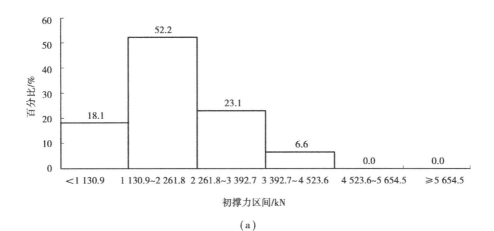

（a）

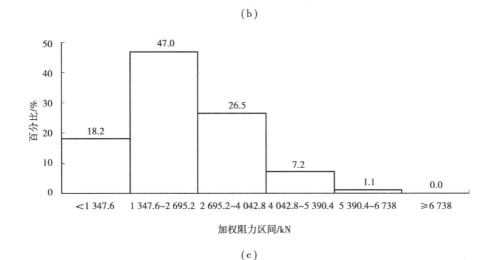

（b）

（c）

图 4-43 工作面 10#支架阻力频率分布

（a）10#支架初撑力；（b）10#支架末阻力；（c）10#支架加权阻力

20% 以下的比率为 13.9%。

时间加权工作阻力主要分布在 1 347.6 ~ 4 042.8 kN 范围内,占统计循环数的 73.5%,占额定工作阻力的20%~60%。大于支架额定工作阻力60%以上的比率为8.3%,小于支架额定工作阻力20%以下的比率为18.2%。

(2)支架前后立柱的压力变化

综放工作面由于放顶煤开采放煤工序的存在,支架上方顶煤和顶板处于"相对稳定—动态变化"的相互转换过程中,从而造成了支架载荷的动态变化特性和支架—围岩关系的非稳定性特征。为了准确把握综放工作面"支架—围岩"的相互作用关系,应科学掌握工作面地质条件等因素对矿压显现的影响。10#支架前后柱压力的显现情况的统计分析如图4-44所示。

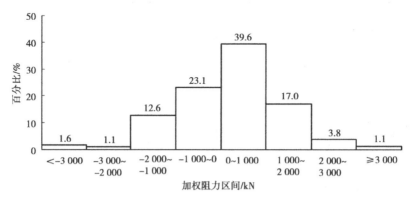

图 4-44　10#支架前后柱加权阻力差值分布图

统计分析表明,支架前后立柱的压力变化具有以下特点:

①工作面有些支架的前柱阻力大于后柱,有些支架的前柱阻力小于后柱。其中,前柱大于后柱的百分比大于前柱小于后柱的百分比。

②对于综放工作面支架,支架前柱阻力一般大于后柱阻力。而该工作面支架前柱阻力小于后柱所占的百分率比较大,具有明显的反常现象。这说明工作面在生产期间,顶煤回收率低,存在顶煤放不下来的现象,造成后柱压力过大。

③产生上述反常现象的原因是多方面的,主要与采放比、放煤步距、放煤方式、放煤顺序、放煤时间、采高控制、现场操作等有关。

(3)工作面支架的工作特性

①工作面支架增阻频率分布

工作面支架的增阻情况是支架工作特性的反映。支架增阻量的大小,反映了支架的支护质量、工作状态及顶板的活动程度。为此,对工作面不同部位支架的增阻情况进行统计,如图4-45所示。

经统计分析可知:工作面10#支架降阻比例为12.4%~17.9%,支架增阻幅度较大。

②工作面支架循环增阻速率频率

工作面支架的循环增阻速率分布情况反映了顶板活动的剧烈程度。为了对支架压力的增长过程有一个详细的了解,对10#支架压力的循环增阻速率进行了统计分析,如图4-46所示。

经统计分析可知:工作面下部顶部煤岩活动相对强烈,循环增阻速率主要集中在0~1 000 kN/h,循环增阻速率比例占74.3%。

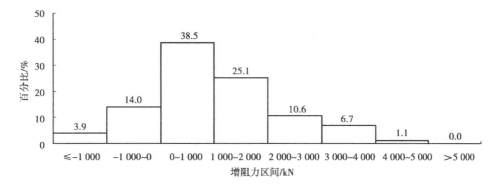

图 4-45　10#支架增阻频率分布图

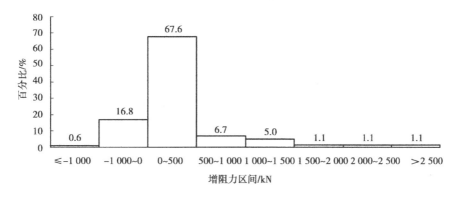

图 4-46　10#支架增阻速率频率分布图

4.3.6　结论

①综放工作面周期来压现象明显,周期来压步距最小为 8.3 m,最大为 27.3 m,平均为 16 m。来压期间动载系数平均为 1.7;整个工作面不同部位来压具有不一致性,形成"中间大、两边小"的趋势;工作面支架受力不均匀,同时,周期来压期间工作面上中下三个区段在矿压显现强度和来压时间及持续时间上也并不相同。工作面倾斜方向分段来压现象较明显,来压次序一般为先中部后下、上部。上、中、下部来压强度也有差异,中部与下部比上部强烈,出现片帮现象的地段大多集中在中部和下部。在两次来压期间,工作面顶板的活动受冒落矸石的高度及充填压实程度的限制,造成工作面上、中、下部的充填密实情况不同,从而导致了工作面中部动载系数大于上部和下部,由上至下其平均值分别为 1.5,2.0,1.6。

②在两次强度较大的周期来压之间,呈现出多次小的来压现象,这说明了由于 8102 工作面直接顶较薄,同时开采强度大,造成直接顶的垮落不能很好地充填采空区,这势必造成厚硬基本顶下位岩层垮落以便充填采空区,又由于在下位基本顶垮落的块度较大易形成一定结构,这种结构的失稳将造成工作面的来压,即直接顶可以造成一定强度的来压。

③工作面支架初撑力沿面长方向(工作面不同部位)变化不大。初撑力大于支架额定初撑力 40% 的上部为 28.5% ,中部为 28.5% ,下部为 31.2% 。工作面上部、中部和下部循环末工作阻力大于额定工作阻力分别为 2.8% ,2.8% 和 0.6% ,时间加权工作阻力大于额定工作阻力的分别为 0.6% ,0.6% 和 0% 。可见,工作面上部和中部支架阻力较大。从整体上看,支架工作阻力已得到充分发挥,能够满足工作面压力的需要。

④工作面有些支架的前柱阻力大于后柱,有些支架的前柱阻力小于后柱,其中前柱大于后柱的百分比大于前柱小于后柱的百分比。对于综放工作面支架,支架前柱阻力一般大于后柱阻力,而该工作面支架前柱阻力小于后柱所占的百分率比较大,具有明显的反常现象。这说明工作面在生产期间,顶煤回收率低,存在顶煤放不下来的现象,造成后柱压力过大。产生上述反常现象的原因是多方面的,主要与采放比、放煤步距、放煤方式、放煤顺序、放煤时间、采高控制、现场操作等有关。

⑤工作面支架降阻比例为 12.4% ~ 17.9%。在支架增阻的比例中,工作面中部和上部比较大,分别为 87.1% 和 87.6%。可见,8102 工作面支架增阻幅度较大。

任务 5　采煤工作面顶板状况统计观测

对不同地质生产技术条件下的顶板破坏状态进行统计分析并研究采煤工作面矿压问题的方法叫顶板统计观测法。该方法自 20 世纪 60 年代由联邦德国首先提出并使用,其主要特点是方便直观、简便易行,且不需要特殊的仪器设备,并能直接反映采煤工作面的顶板控制效果。从 20 世纪 70 年代起,我国也开始运用这一观测方法来进行顶板的控制与管理,且已成为煤矿安全生产不可缺少的一个环节。

5.1　顶板状况观测统计的内容和衡量指标

5.1.1　顶板破碎度和冒落敏感度

顶板破碎度是指冒高超过 100 mm 以上时,顶板局部冒落面积所占观测区顶板面积的百分数,该指标反映了顶板的易冒程度及管理状况。在实际观测中,为了测量上的便利,常将顶板冒落面积和观测区顶板面积的测量,简化为具体的观测剖面的顶板冒落宽度和观测剖面的顶板宽度,其值则为相应的宽度的比值。以"宽度比"代替"面积比"有一定的误差,但随着观测剖面的增多,这种误差会逐渐减小。

图 4-47 为观测剖面示意图,为表现不同的观测目的,控顶区内顶板破碎度可用以下几个指标来表达。

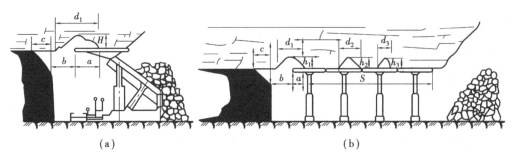

（a）　　　　　　　　　　　　　　（b）

图 4-47　观测剖面示意图

1)端面顶板破碎度 F_1

端面顶板破碎度系指端面无支护空顶区范围的顶板破碎程度,可表示为:

$$F_1 = \frac{d_1}{S_1} \times 100\% = \frac{d_1}{a+b+c} \times 100\%$$

式中　a——顶梁上第一接顶点至梁前端头的距离，m；

　　　b——顶梁前端至煤壁的距离，m；

　　　c——煤壁片帮深度，m；

　　　d——端面无支护区冒顶的宽度，m；

　　　S_1——端面无支护区顶板的宽度，$S_1 = (a+b+c)$，m。

2）顶梁上方顶板破碎度 F_2

顶梁上方顶板破碎度系指控顶区有支护范围内的顶板破碎程度，可表示为：

$$F_1 = \frac{d_2 + d_3 + \cdots + d_n}{S}$$

式中　d_i——有支护范围内顶板冒落的宽度（$i = 2,3,\cdots$），m；

　　　S——顶梁末端（控顶区边界）至顶梁前端第一接顶点的距离，m。

3）顶板总破碎度 F

顶板总破碎度系指整个控顶区内的顶板破碎程度，可表示为：

$$F = \frac{\sum\limits_{i=1}^{n} d_i}{S_2} \times 100\% = \frac{\sum\limits_{i=1}^{n} d_i}{S_1 + S} \times 100\%$$

式中　S_2——控顶区顶板宽度，m。

大量的观测结果表明，端面顶板对矿山压力反映最敏感也最容易破碎，且对生产的影响最大。因此，端面顶板破碎度是顶板状况统计观测的重点项目。

实际观测中，每天可固定观测 25 个剖面（即 25 个支架），25 组端面顶板破碎度的平均值则为每天工作面端面顶板破碎度。观测一般从基本顶初次来压后开始，连续观测一个月或工作面推进 50 m，将每天的端面顶板破碎度加以平均，则可得工作面端面顶板平均破碎度。

端面破碎度和端面顶板悬露宽度有关，河南理工大学曾在鹤壁三矿 22081 工作面进行顶板统计观测，得出顶板破碎度与端面顶板悬顶宽度 $L(\mathrm{mm})$ 的关系为：

$$F_1 = 5.19 + 0.013L$$

用端面顶板平均破碎度作为对比指标，忽略了端面悬顶宽度对端面顶板破碎度的影响。为使评价端面顶板破碎状态有一个更完善的指标，人们提出了冒落敏感度 E，E 相当于端面顶板悬露 1 m 时的端面破碎度。

顶板冒落敏感度在一定程度上反映了顶板的稳定性，有助于顶板分级与支架选型。根据顶板冒落敏感度的大小将顶板分为三大类：一类为 $E = 0 \sim 10\%$；二类为 $E = 11\% \sim 30\%$，三类为 $E > 30\%$。对于第三类，无论从支架设计及生产管理上均应使端面距尽可能地小，以防止顶板冒落。这三类端面距与顶板破碎度的关系如图 4-48 所示。从图可以看出，当 $E < 10\%$ 时，端

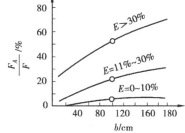

图 4-48　端面距与顶板破碎度的关系

面距 b 的大小对顶板破碎度 F_1 的影响已经很小。

5.1.2 片帮深度

片帮深度 C 是指煤壁倒塌的最大深度,如图 4-49 所示。片帮深度的大小往往是反映煤壁前方支承压力大小和支架支撑力(总支撑力和端面支撑力)是否足够的一个指标,因此,它可以作为一个单独的顶板统计观测指标。另一方面,片帮深度又是端面顶板破碎度和顶板冒落敏感度统计分析中的重要参数。

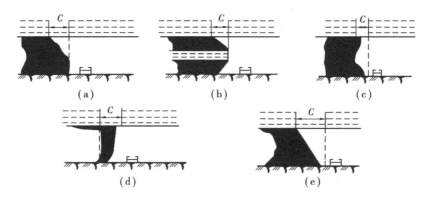

图 4-49 煤壁片帮示意图

片帮深度的统计指标应包含两个方面:

①平均片帮深度及其均方差;

②统计数据中片帮深度大于 0.5 m 出现的比率 f_c,即

$$f_c = \frac{n_c}{m} \times 100\%$$

式中　n_c——片帮深度 $C > 0.5$ m 的数目;

　　　m——剖面数,常取 25 个观测目标。

片帮深度随采高增大而加剧,它不仅增大空顶宽度且延长支护滞后时间,致使顶板恶化。

5.1.3 顶板垮落高度

顶板冒落高度 h 也是矿压显现统计观测的重要内容。因为顶板岩层若受矿山压力的作用大,裂隙发展的深度必然也大,冒落的高度也就大。所以,在统计顶板破碎度和顶板冒落敏感度时必须给出顶板冒落高度的统计指标,它包含如下两个内容:

①平均顶板冒落高度及其均方差;

②统计数据中出现冒落高度超过 0.5 m 的比率 f_h,即:

$$f_h = \frac{n_h}{m} \times 100\%$$

式中　n_h——顶板冒落高度 > 0.5 m 的数目;

　　　m——剖面数,常取 25 个观测目标。

在观测中,对于冒高小于 0.5 m 的冒落一般不算,联邦德国采矿界认为冒高小于 0.5 m 属于冒落范围,而大于 0.5 m 的冒落是由于支架支撑力不够或由于周期来压引起的。

5.1.4 顶板裂隙

有的学者从节理裂隙的发育情况研究顶板的稳定性,一般将各种节理裂隙分为原生裂隙、构造裂隙及压裂裂隙 3 类。

原生裂隙是指岩层在形成过程中由于温度、矿物结晶及沉积的作用而形成的弱面,从定义上讲,层与层之间的层面也应属于这一类。

构造裂隙则是由于岩层形成后,经剧烈的地质变动,例如在挤压、扭曲等过程中形成的弱面。这种弱面常常贯穿于煤层和岩层之中,它又可分为张裂隙与剪裂隙。在地下水的作用下,这些裂隙中常常容易充填有方解石等矿物质,会进一步减弱其间的粘结力。这种弱面有些是贯穿于整个岩层群的大小断层面,以及伴随此断层的各种小型破坏面。

压裂裂隙是指在煤层开采时引起的破坏面,一般仅发生在较软的直接顶,主要是由于支承压力的作用而形成。这种裂隙常常平行于工作面,裂隙面暗淡,没有擦痕或滑面。这种弱面与煤层面的夹角较大(60°~90°),且并不一定贯穿各个岩层。

根据裂隙面与工作面顶板岩层层面的位置关系,联邦德国学者 O. 雅可毕曾将直接顶分为5 类,如图 4-50 所示。图中 R_1 为平行于层面的裂隙,R_2 为垂直于层面的裂隙,R_3 为向煤壁方向倾斜的裂隙,R_4 为向采空区倾斜的裂隙,R_5 为楔形裂隙。显然,实际情况可能是这五类裂隙的组合,如图中 R_{12},R_{23},R_{34} 所示。这种复合的裂隙对直接顶的稳定性是极为不利的,尤其是在裂隙面中充有方解石等充填物时更为不利。在生产实践中常常把这些弱面简称为"劈"。

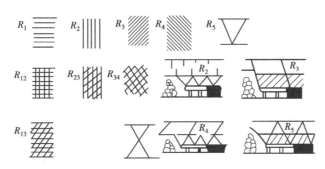

图 4-50　直接顶各类裂隙图

由于支架具有控制基本顶的任务,因此,在任何条件下都希望直接顶保持其整体性,以便能传递支架对基本顶的一部分约束力。为此,根据直接顶的节理裂隙分布形态,支架的护顶性能常常起到重要的作用。如图 4-51 所示的一组构造裂隙,其可以造成有规则的倾斜于煤壁或采空区方向的裂隙 R_3 及 R_4。由于工作面的推进方向与裂隙方向不同,工作面的顶板可能出现两种完全不同的结果。显然,当工作面推进方向与劈理倾斜方向一致时,容易造成工作曲顶板较大的压力。图 4-51 所示为两种不同推进方向所造成的不同结果。

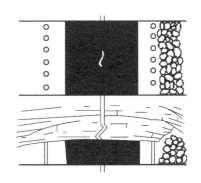

图 4-51　裂隙方向对顶板控制状况的影响

以上各种裂隙出现的比率反映了顶板控制的好坏,统计观测应分类统计四种张开裂隙的条数,统计指标如下:

①各类裂隙占裂隙总数的百分比率,即:

$$f_{ki} = \frac{n_i}{n} \times 100\%$$

式中 n_i——第 i 种裂隙数目;

n——各种裂隙总数。

②25 个剖面内出现裂隙的条数。

对于一般工作面, R_2 与 R_3 裂隙的比例增大时,反映出顶板状态的恶化;出现 R_2, R_3 与 R_4 裂隙相交并形成高的楔形冒落孔穴,则说明顶板岩块松动,支架阻力可能不足。

5.1.5 顶板台阶下沉

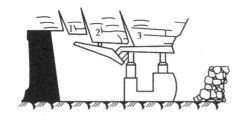

图 4-52 坚硬顶板台阶下沉示意图

顶板出现台阶下沉主要是由于支架阻力不够或支架顶梁上破碎矸石太厚,甚至大量碎矸、漏冒矸石流入工作空间,支架顶梁架空,使得支架实际支撑能力很低。支架支撑能力越低,顶板出现台阶下沉越频繁,每个台阶的落差就越大,如图 4-52 所示。

监测顶板台阶下沉主要统计各个观测剖面的台阶下沉个数 m 和在观测剖面内由台阶造成的顶板总落差 t,计算每天 25 个剖面内出现台阶下沉的剖面所占的比例。

5.1.6 采空区悬顶

采空区悬顶只有在中等稳定以上的工作面才能观测到,如图 4-53 所示。

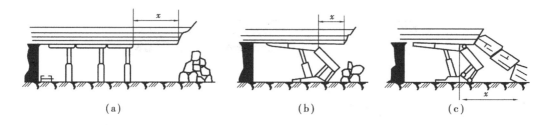

(a)   (b)   (c)

图 4-53 采空区悬顶示意图

悬顶统计指标如下:

①每 25 个观测剖面中出现悬顶的比率、宽度及形式;

②观测中有悬顶显现的天数比率。

除上述六项主要观测内容以外,顶板状况统计观测还包括:顶梁上浮煤、浮矸厚度,区域地质构造,岩性变化,支架、支柱安全阀的开启,支架、支柱的损坏情况等,具体观测内容应视研究项目的目的和工作面的实际情况而定。

5.2 顶板统计观测方法及工具

顶板统计观测的工作方法一般是:沿被观测的工作面长度方向,每隔 5 m ~ 10 m 取 1.5 m 或一架液压支架的宽度作为观测范围。断面间隔距离根据工作面的长度确定,以能取 25 个剖面为目标,每天进行一次观测,每次以工作面至少推进一个循环为限。观测数据填入相应表格内,必要时可画出观测剖面素描图。

顶板状况统计观测所使用的工具很简单,一般使用钢卷尺或木直尺即可。在采高较大的工作面,可使用图 4-54 所示的自制钳形尺。钳形尺由刻度尺 1 和钳子 2 组成,钳子由两根直尺中间铰接而成。两根木直尺的一端削尖,另一端中一根的端部与刻度尺铰接,一根的端部在刻度尺上滑动。推拉滑动的一端,即可测得较高处需测量的数据,木尺和刻度尺的长短可根据需要而定。

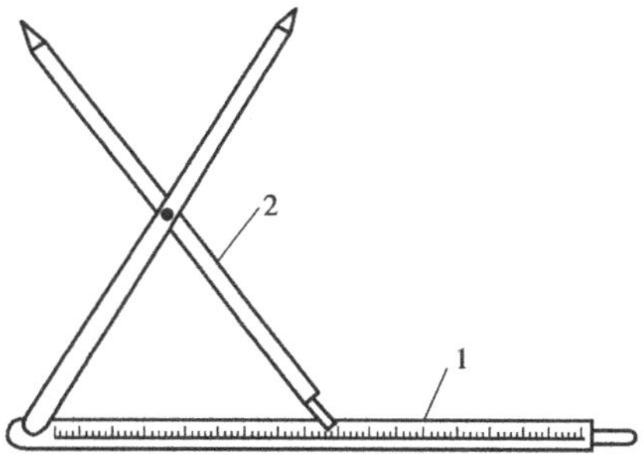

图 4-54　钳形尺
1—刻度尺;2—钳子

5.3　观测数据的整理与分析

5.3.1　顶板破碎度及有关参数

依据顶板统计观测数据,将每天的平均值整理列于表 4-10,表中 $d = \sum d_i (i = 2, 3, \cdots)$,并将每天的有关参数录入矿压观测日报图表中。

表 4-10　顶板破碎度观测数据整理表

工作编号:　　　　观测日期:　　　　年　月　日至　　　年　月　日

观测日期 月/日	工作面至 切眼/m	顶板破碎参数/cm								端面顶板 破碎度 F_1/%	梁上顶板破 碎度 F_2/%	顶板总破 碎度 F/%
		a	b	c	d_1	d	S_1	S_2	S			

5.3.2　煤壁片帮深度

片帮深度与顶板来压活动密切相关。周期来压时,片帮深度较大,平时一般较小。片帮深度大于 0.5 m 时,将对工作面生产造成严重的影响。若出现片帮深度大于 0.5 m 的比率很高,则需考虑采取措施,如加固煤壁,使用护帮板等。

每日统计各观测剖面片帮深度的平均值、最大值以及片帮长度占工作面全长的百分比,计算片帮深度大于 0.5 m 出现的比率。将统计计算结果填入表 4-11 并将其每日片帮深度平均值录入矿压观测日报图表中。

5.3.3　顶板冒高

冒高大于 1.0 m 的比率较高时,顶板控制将十分困难,需要用木垛"构顶"或采取充填处理措施。必要时,还要对煤壁前方顶板进行加固。

与统计片帮深度一样,每天统计各观测剖面顶板冒高的平均值、最大值以及冒高大于 0.5 m出现的比率。将统计结果填入表 4-11,并将其平均值录入矿压观测日报表。

表4-11 顶板统计观测数据整理表

工作面：　　　　　　　观测日期：　　　年　月　日至　　　年　月　日

观测日期	至切眼距离/m	煤壁片帮C 深度/cm 平均	深度/cm 最大	出现比率/% 占面全长	出现比率/% >0.5/m	冒顶高度h 冒高/cm 平均	冒高/cm 最大	出现比率/% >0.5/m	台阶下沉 高度/cm 平均	高度/cm 最大	总下沉落差/cm 平均	总下沉落差/cm 最大	顶板裂隙 R1 占总条数	R1 总条数	R1 平均宽度	R2 占总条数	R2 总条数	R2 平均宽度	R3 占总条数	R3 总条数	R3 平均宽度	R4 占总条数	R4 总条数	R4 平均宽度	R5 占总条数	R5 总条数	R5 平均宽度	采空区悬顶 宽度/cm 平均	宽度/cm 最大	出现比率/%	出现天数比率/%

5.3.4 顶板台阶下沉和顶板裂隙

统计各观测剖面的平均台阶下沉数,台阶总下沉量平均值、最大值,各种顶板裂隙的平均条数,各类裂隙占总数的百分比,平均裂隙宽度。将统计结果填入表4-11 。

5.3.5 采空区悬顶

每日统计各观测剖面的平均悬顶长度、最大悬顶长度和出现悬顶的比率(有悬顶的剖面数和观测剖面的比值),并说明悬顶特征(有无支拱)。将统计结果填人表4-11。

任务6　采场上覆岩层变形和破坏过程的观测和预报

6.1　采场上覆岩层变形和破坏过程的观测

对于采场上覆岩层移动和破坏过程的观测,常用的方法有钻孔电视法、深部基点法、掘观测巷法、地面钻孔冲洗液法及电测法等。本节主要介绍有钻孔电视法。

目前国内外使用的钻孔电视有两大类,即光学钻孔电视测试和超声波钻孔电视。光学成像测井主要通过图像特征来表征地质现象,具有高分辨率、高井壁覆盖率和直观可信等特征。自20世纪50年代光学成像技术被引入到测井中来后,随着科技不断地发展和完善,从早期模拟方式的钻孔照相系统,到侧视旋转式钻孔电视、全景式孔内彩色电视和侧壁轴向观测的双CCD钻孔电视等井下电视系统,一直发展成现在的数字钻孔摄像技术。

6.1.1 观测钻孔的布置

沿工作面走向从距开切眼100 m左右每隔100 m自地表垂直向下打钻孔,直至开采煤层的底板。根据观测的要求,一般可打 2 ~ 4 个钻孔。钻孔应保证较高的铅垂度,并使孔壁光滑。钻完孔后应用清水将钻孔冲洗一遍,以排除岩粉。此外,为防止冲积层和基岩风化带孔壁塌落,还要用套管分段保护孔壁。

6.1.2 观测仪器和设备

LH-GX-A 光学钻孔电视成像仪摒弃现有的视频采集卡、控制器、笔记本电脑与探头组合的系统结构模式和剖面图人工编辑模式,而采用先进的 DSP 图像采集与处理技术。系统高度集成,探头全景摄像,剖面实时自动提取,图像清晰逼真,方位及深度自动准确校准,可对所有的观测孔全方位、全柱面观测成像(垂直孔、水平孔、斜孔、俯仰角孔),是国内目前最先进的孔内电视成像系统。

1)应用范围

适用于工程地质、水文地质、地质找矿、岩土工程、矿山等部门;适用于垂直孔、水平孔、倾斜孔(俯角、仰角)、锚索(杆)孔、地质钻孔和混凝土钻孔等各类钻孔,可形成数字化钻孔岩芯,永久保存,特别适合于无法取得实际岩芯的破碎带地层。可用于观测钻孔中地质体的各种特征及细微构造,如地层岩性、岩石结构、断层、裂隙、夹层、岩溶等,编录地质柱状图。

2)仪器特点

内置 DSP 内核,自成体系,无需外接电源、电脑,图像自动保存及拼接(无需用发电机及电脑存储);集成高效图像处理算法,角度和深度自动校正,自动提取剖面图,全景视频图像和平面展开图像实时呈现,图像清晰逼真,有全程摄影录像功能。仪器轻便小巧,防潮防尘,主机仅 300 mm × 260 mm × 80 mm,重量仅 3.6 kg,适于观测各种产状的钻孔。观测精度高,对裂缝的观辨率高达 0.1 mm;定位准确,深度编码器精度为 0.1 mm,方位精度可达 0.1°;现场操作简单,工作效率高,观测提升速度最高达 0.30 m/s;分析功能强,剖面图上能对地质体内壁产状进行测量和量化编辑及描述;浏览方便,图像可以随时浏览任意方位、任意比例、任意孔段的圆柱图和平面展开图,也可虚拟整个或部分岩芯图。

3)技术参数

适用孔深:最深可达 3 000 m;

适用孔状:各种清、浑水的垂直孔、水平孔、斜孔、俯仰角孔;

探头外径:ϕ27 ~ ϕ900 mm;

适用孔径:ϕ30 ~ ϕ1 000 mm;

工作电压:直流 12 V ± 5%;

水平分辨率:1 600 万像素;

垂直分辨率:0.2 mm;

角度分辨率:0.1°;

提升测试速度:> 0.30 m/s;

深度计数精度:0.1 mm;

测斜精度:± 0.5°;

内置电池:镍氢电池,可工作 8 h;

控制模块:DSP 控制图像采集、处理、编辑、显示、存贮及传输;

主机尺寸:300 mm × 260 mm × 80 mm;重量:3.6 kg;

探头承受最大压力:50 MPa;

实践证明,钻孔电视观测是研究采煤工作面上覆岩层移动规律的重要手段之一,它具有观测直观、真实等优点,可以获得井下无法观测到的许多重要数据和资料。钻孔电视也可以用于"三下"采煤、水文地质及其他专项观测。

6.2 采场顶板移动的预测预报

6.2.1 采场顶板移动测站布置

1)巷道测区布置

测区的布置如图4-55所示。巷道测区在超前工作面的上、下两条巷道中分别布置4~5台顶板动态仪,间距4~5 m并按顺序依次编号。煤壁前方的控制距离为20~25 m(距煤壁25 m以及更远的地方一般不设观测点,除了为了巷道支护特殊观测需要可增设测站),工作面向前推进至仪器距煤壁2 m左右时回撤,再依次向前排设观测点。沿工作面布置方向无分段来压现象时,可任选运输和回风巷中的一条巷道安设仪器。

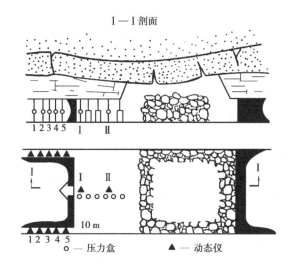

图4-55 测区布置图

2)工作面测区

在工作面控顶区范围内,在工作面每个测站中靠煤壁侧和采空区侧各设一台动态仪,顺序编号为Ⅰ,Ⅱ。当Ⅱ号动态仪靠近采空区放顶线时回撤,重新安设,但要保持Ⅰ,Ⅱ号动态仪一前一后的布置方式。两台仪器间距可以根据安装条件随时调整。如果工作面有分段来压现象,则工作面测区要根据来压段特征相应地布置2~3个。

6.2.2 资料的收集与整理

1)巷道测区

①井下每隔2 h记录1次读数,测取的读数记录在表4-12中。来压前,读数的时间间隔要缩短。

表 4-12　井下顶板动态仪观测记录表

读数时间	1 号表			2 号表			3 号表			…			备注(工作面至开切眼距离)
	S_0	h_0	h_1	S_2	h_0	h_2	S_3	h_0	h_3	…	…	…	

注:S_i——各测点至煤壁距离,$i = 1,2,3,\cdots$;

　　h_o——各测点动态仪读数,mm;

　　h_i——某一观测时刻动态仪的读数,$i = 1,2,3,\cdots$。

②逐班整理出巷道顶板动态仪(即各测点处)下沉速度,整理结果填入表 4-13 中。

表 4-13　巷道顶板动态仪下沉速度整理表

月/日	班　次	推进距离/m	1 号表		2 号表		…	备　注
			下沉量/mm	下沉速度/(mm·h^{-1})	下沉量/mm	下沉速度/(mm·h^{-1})		
	1(早)							
	2(中)							
	3(晚)							
	…							

③逐步整理出煤壁前方固定点的下沉速度。根据表 4-12 中的数据用线性插值法推算出煤壁前方固定点(至煤壁距离为定值处)的下沉速度。固定点至煤壁的距离可根据顶板动态仪间距取 4 m,7 m,10 m,13 m(仪器间距 3 m)或 5 m,10 m,15 m,20 m(仪器间距 5 m)。现以固定点 4 m,7 m,10 m 为例说明线性插值计算过程,计算公式为:

$$v_i = \frac{v_b - v_a}{S_b - S_a}(S_i - S_a) + v_a$$

式中　S_a,S_b——表 4-13 中 S_i 两侧已知距离,m,其中 $S_b > S_a$;

　　　S_i——固定点至煤壁的距离,分别为 4 m,7 m,10 m;

　　　v_i——所求固定点 S_i 处的下沉速度,mm/h。

　　　v_b,v_a——表 4-13 中与 S_a 和 S_b 对应处的下沉速度,mm/h。

条件允许时,应尽量采用内插值,即取 $S_a < S_i < S_b$。如果 $S_i > S_b$,上式仍适用,此时称为外插。

若某班观测过程中,由于工作面向前推进,各动态仪至煤壁的距离发生了变化,则分别用至煤壁距离改变前、后的情况插值,求出各自的 v_i 值,再取平均值作为终值。

整理至煤壁距离固定点的下沉速度,以便随时比较各点的下沉速度值,在同一标准下可及时发现矿压显现的特征。将固定点移近速度整理结果填入表 4-14 中。

表4-14　煤壁前方固定点移近速度表

日/月	班　次	推进距离/m	固定点移近速度/(mm·h⁻¹)				…	备　注
			4 m	7 m	10 m	13 m		
	1(早)							
	2(中)							
	3(晚)							
	…							

④绘制巷道顶底板移近速度图。根据表4-14中的数据,绘制如图4-56所示的巷道顶底板移近速度与时间、推进距离的关系曲线,供分析用。

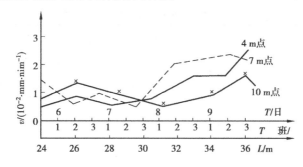

图4-56　巷道测区固定点顶底板移近速度图

2)工作面测区

工作面内每个测站由两台动态仪观测记录,与巷道测区同时或间隔一定时间进行。整理出顶底板移近速度,其方法与巷道测区类似,表格形式也类似,也可根据需要另行制表。

6.2.3　顶板移动的预测预报

1)顶板岩层移动形式的预报

采煤工作面上覆岩层移动形式有剪切移动和弯曲沉降两种。顶板岩层剪切移动形式如图4-57所示。其顶板岩层移动及支承压力的变化特点如下:

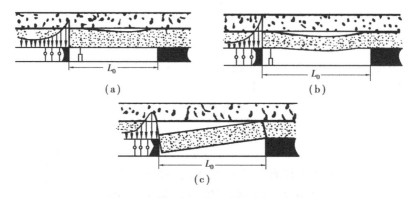

图4-57　顶板岩层剪切移动形式示意图

①随着采煤工作面向前推进,支承压力的峰值部位不向煤壁深处转移,支承压力的峰值位置即是顶板断裂处,如图4-57(a)、(b)所示。

②顶板岩层整体垮落,若工作面支柱的支撑力不能进行有效的支撑时,可能导致顶板台阶下沉或压垮工作面,如图 4-57（c）所示。

③工作面向前推进时,顶底板移近速度始终是单一变化,即靠近煤壁处的顶底板移近速度大且不向深部移动,移近速度变化平缓,如图 4-58 所示。

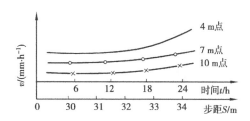

图 4-58　至煤壁不同距离处顶底板移近速度变化图

当采空区采用刚性支撑,如采用刀柱法采煤时,工作面前方的支承压力分布也有类似的特点。

顶板岩层弯曲沉降移动形式如图 4-59 所示,其顶板岩层移动及支承压力的变化特点如下:

①基本顶虽然"断裂",但由于岩块之间的相互摩擦及咬合,并不像剪切运动形式那样和前边的岩体失去联系,而且能够将上覆岩层的力通过基本顶这种"咬合结构"向深部传递,故支承压力的峰值部位于煤壁附近,并随工作面的前移而向深部逐渐转移。

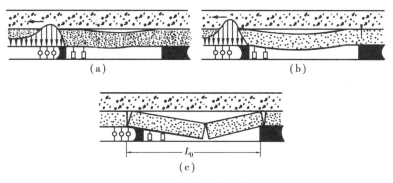

图 4-59　顶板岩层弯曲沉降移动形式示意图

②断裂后的基本顶岩层以煤壁为支点作回转运动。在此过程中,工作面测区的顶板下沉量和下沉速度明显增加。之所以不突然下沉,是由于该基本顶岩层和前边的岩体还有联系。

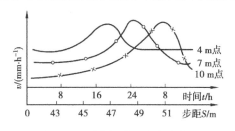

图 4-60　顶底板移近速度变化图

③顶板的移动速度变化有峰值,且峰值随推进距离的变化不断向煤壁深处移动,如图 4-60 所示。

若采空区采用的是全部垮落法或充填法,工作面前方的支承压力也有类似的特点。

2)基本移动形式预报实例

北京矿务局门头沟矿五槽煤,其基本顶岩层单向抗压强度为 180 ～ 190 MPa,采后大面积悬露不垮落。原先采用刀柱法采煤,刀柱间距 45 m,煤柱宽 4 ～ 5 m。为了推广机械化采煤,决定取消刀柱,使用自然垮落法管理顶板。按矿压观测资料预测,基本顶初次垮落步距为 57 m;若基本顶呈弯曲沉降移动形式,则支柱密度为 2 根/m²;若为剪切移动形式,支柱密度为 3 根/m²。在方案实施中,采用图 4-55 所示的观测方案,来压前 7 天,根据超前巷道中的矿压显现,预报出基本顶为弯曲沉降移动形式。图 4-61 为巷道测区顶底板移动速度变化图。

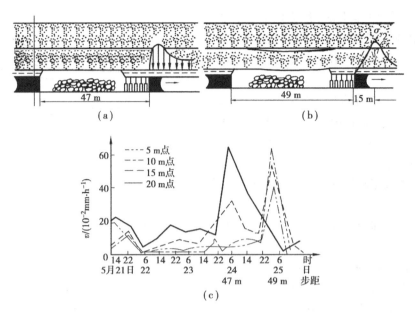

图 4-61　巷道测区顶底板移近速度变化曲线

由图 4-61 可知:

①5 月 23 日以前,煤壁前方 5 m,10 m,15 m,20 m 处的顶底板移近速度呈单一变化,说明支承压力峰值仍在煤壁附近,见图 4-61(a)。

②5 月 22 日 23 时左右,煤壁前方 5 m 处出现移近速度峰值,说明支承压力已向煤壁深处转移;25 日,10 m,15 m,20 m 点同时出现下沉速度高峰,说明支承压力已在断裂线两侧集中。取三者的均值,则高峰位置大约在煤壁前方 15 m 处,即基本顶在煤壁前方 15 m 左右处断裂(此时工作面距开切眼 49 m)。显然,基本顶为弯曲沉降移动形式,作出预报。6 月 2 日工作面来压证实,基本顶的移动形式为弯曲沉降。

6.3　采场基本顶来压预测预报

顶板事故来源于基本顶和直接顶的活动。为了有效地控制基本顶活动所引起的冒顶、垮落和伤人事故,其首要办法就是要对基本顶来压进行科学的预测预报,这对于单体液压支柱工作面显得更为重要。经过多年的实践和研究,已取得显著成效,其中利用基本顶断裂时引起的扰动信息进行来压预测预报已成为基本顶来压预测预报的科学有效方法,并得到了广泛应用。

6.3.1　基本顶来压预报

1)基本顶来压预报原理

基本顶断裂的主要特征及预报原理为:

①基本顶断裂是裂缝形成、扩展的时间过程;

②由于考虑了煤层和直接顶的弹性,研究了它们与基本顶的相互作用,发现基本顶断裂线处于工作面前方煤壁之内。因此,基本顶断裂与工作面全面来压之间存在时间差,为来压预报和采取对策提供了可能。

③基本顶在断裂前后其挠曲面将发生突变,由此引起断裂线前方出现"反弹"与"压缩"现象。研究还表明,即使工作面中部基本顶断裂,两侧巷道内也会出现反弹、压缩现象。

根据上述原理,中国矿业大学矿压研究所提出了在工作面两巷中采用测压办法(单体液压支柱压力自记仪)来捕捉反弹与压缩振动信息。由于液体具有不可压缩的性质,只要顶板有微量的反向运动或沉降运动,自动记录曲线就会出现"负台阶"或"正台阶"变化,所以是一种稳定可靠的顶板反弹量和沉降量的放大装置,能自动记录任何时刻由基本顶断裂引起的反弹、压缩信息。

2)测站布置

测站的布置与采场顶板移动测站布置相同(见图4-55)。超前巷道内的测点主要监测老顶的反弹、压缩现象,判断老顶断裂的产生与扩展;工作面内的测点主要监测工作面宏观压力显现与支护工作状态。

3)基本顶相对稳定运动

基本顶悬露长度达到极限跨度前,煤壁前方各测点顶底板相对移近速度变化平缓。其显著特征为:与煤壁距离越近的测点,其移近速度越大,如图4-62(a)中 OA 段所示。基本顶悬露长度达到极限跨度前,支承压力则明显地向煤壁深处转移(即支承压力的扩展)。巷道测区各测点由近及远相继出现移近速度峰值,如图4-62(a)中 AB 段所示,1,2,3 测点顺序出现高峰。

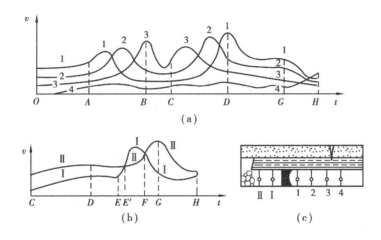

图 4-62　基本顶移动过程监测综合图

4)基本顶端部断裂

基本顶断裂时,支承压力在断裂线两侧集中。利用巷道测区各测点的矿压显现过程,可以推断基本顶断裂的位置和时间。

①矿压显现由近及远向煤壁深处发展,出现移近速度高峰(与平时相比)的时刻即为断裂时刻,测点所处位置即为基本顶断裂位置附近。图4-62(a)中的 AB 段属于此类,从图中可以看出1,2,3 测点相继出现高峰且3 测点的峰值变化较大,即可预测断裂线在3 测点附近于 B 时刻左右断裂。

②若1 测点先出现移近速度高峰,而2,3 测点同时出现峰值,则同时出现峰值的时刻即为基本顶来压时刻,2 和3 测点的中部即为断裂线位置。

③若1,2 测点先后出现移近速度高峰后,3 测点的移近速度有上升的趋势,转而明显地下降或出现反弹(移近速度为负值),则明显下降或反弹的时刻即为基本顶断裂时刻,明显下降或反弹位置的内侧(指煤壁侧)为断裂线位置。

5)基本顶显著沉降

基本顶端部断裂后,伴随着采煤工作面的继续推进,已断裂开的基本顶将发生明显沉降,以断裂线为界形成内外两个应力场。断裂线至煤壁处形成内应力场,断裂线以远至终采线侧为外应力场。支承压力在外应力场中进一步扩展,在内应力场中将向煤壁收缩,如图4-63所示。支承压力在内应力场中收缩表现为巷道测区各测点由远及近出现移近速度高峰。图4-62(a)中 BC 段反映出基本顶断裂后暂时处于铰接平衡状态,而 CD 段3,2,1 测点相继出现移近速度高峰,表明基本顶显著沉降,内应力场收缩。

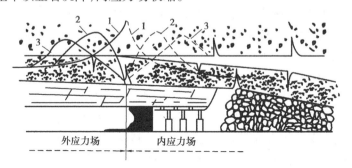

图 4-63　基本顶断裂后的内外应力场及变化

1,2,3—应力随时间的变化顺序

6)回采工作面来压

基本顶显著沉降过程中,当应力收缩到煤壁附近,即 1 测点重新出现移近速度高峰时,工作面处于来压前夕。此时,利用工作面测区中 I,II 号顶板动态仪移近速度的变化,可推断采场内的来压过程:

①基本顶显著沉降开始时,工作面移近速度并没有明显变化,见图4-62(b)中的 CD 段。当基本顶沉降作用于煤壁时,两动态仪测得移近速度表现为靠近煤壁的 I 号突增超过 II 号,表明工作面开始来压,即图4-62(b)中的 E′F 段。

②基本顶与直接顶的接触(作用)位置逐渐向采空区方向发展,在基本顶作用下,直接顶整体沉降,工作面呈全面来压状态。此时,靠近采空区侧的 II 号动态仪测得移近速度迅速增加,并超过 I 号动态仪测值,即图4-62(b)中的 FG 段。

③当基本顶来压结束后,顶板岩层的移近速度明显下降,即如图4-62(b)中的 GH 段。此时,煤壁前方巷道测区顶底板相对移近速度也同时降到最低值,并趋于平缓,即图4-62(a)中的 GH 段。

在监测基本顶移动全过程的基础上,可实现对采场顶板岩层的科学管理。围绕顶板来压,顶板控制工作和采场来压的预测预报可分三步进行。

①采场来压远期预报。该步从上一次来压结束、工作面推过基本顶断裂线位置开始至基本顶端部再次断裂为止,即如图4-62(a)中的 OC 段。由于基本顶处于相对稳定运动过程,直接顶基本上不受基本顶移动的影响,工作面矿压显现不明显,因此可以加快推进速度。

②采场来压近期预报。该步从基本顶端部断裂、显著沉降开始至支承压力收缩到煤壁附近为止,即如图4-62(a)中的 CD 段。由于基本顶显著沉降,工作面将面临来压,因此要采取相应措施控制顶板来压,确保工作面安全渡过来压期。

③采场来压的临近预报。该步自工作面测区 I 号动态仪测得移近速度明显增加开始至工作面推过基本顶端断裂为止,即图4-62(b)中的 H 点以后。该过程首先要根据工作面测区移近速度增加现象发出临近来压预报,通知井下工作人员和有关领导。必要时,井下工作人员应

撤出工作面,并控制工作面推进速度及根据顶板状况采取必要的补救措施。当来压结束后,要密切注意工作面煤壁与基本顶断裂线位置的关系,一般在断裂线附近的顶板较破碎,严防产生局部冒顶。

由于矿区、煤层、工作面的生产技术条件千差万别,应针对不同采煤工作面的特殊情况进行 1~2 次预测实践,总结经验后再进行下一步的预测工作。这样,一方面有利于观测结果的可靠性;另一方面也有助于检验仪器的准确性。

6.3.2　采场来压预测预报实例

北京门头沟矿五槽煤在取消刀柱法采煤后,对基本顶移动全过程进行了观测。根据基本顶断裂前后的压力显现,推断基本顶初次断裂位置距煤壁 15 m,提前 7 天预测出基本顶呈弯曲沉降运动形式。在此基础上,采用 DCC—1 型顶板动态遥测仪成功地在地面进行了基本顶初次来压预报,实现了安全生产,图 4-64(a) 为该来压预报图。由图可知,6 月 1 日 12 时基本顶显著沉降图 4-64(c) 所示。内应力场中巷道测区 I,II 号光电动态仪(分别距煤壁 3 m,7 m)由远及近相继出现移近高峰,说明支承压力向煤壁方向收缩,临近来压。此时,将 I,II 号光电动态仪转移安设到工作面测区,如图 4-64(d) 所示。6 月 2 日 4 时左右,工作面内 I,II 号光电动态仪也出现移近速度高峰,如图 4-64(b) 所示,据此发出来压预报。早班时,顶板发出雷鸣般断裂声,工作人员立即撤出。工作面于 7 点 50 分来压,来压时基本顶悬梁跨度达 8 m,来压凶猛,在工作面数百米之外躲避的人员有 3 人被强压缩风流吹倒。由于事先作了充分准备,工作面安全渡过来压。来压结束时,基本顶状态如图 4-64(e) 所示。

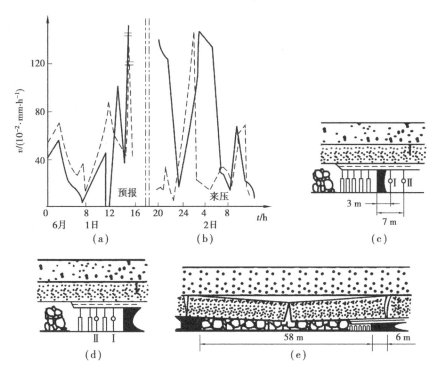

图 4-64　来压预报曲线与来压结束时运动状态

此后,工作面进入周期来压阶段,据实测 6 次周期来压步距平均为 22.5 m,与预测基本相符。

任务7 矿压观测报告编写

矿压观测报告是对矿压观测过程的总结与归纳,报告应在对测量数据进行详细分析与处理的基础上,根据观测内容及目的,对观测结果做出合理的解释。观测报告既可作为现场顶板控制的指导性技术文件,又可作为矿压理论研究的依据。

7.1 矿压观测报告内容

采煤工作面矿压观测报告的内容大致可分为以下五个方面。

7.1.1 前言

前言部分应尽量简单,可把项目下达情况、计划任务书的内容、开始观测的时间、完成的时间、得出的结论等作一扼要叙述。

7.1.2 观测目的、项目及方法

应主要说明观测的目的任务、项目、方法、观测仪器、测站和测线的布置以及数据的整理等。

7.1.3 观测区概况

这一部分应简述测区位置、地质及生产技术条件,应包括以下文字内容和图表:①观测工作面的地质条件:开采煤层名称、采高、顶底板岩性、厚度、岩石强度、裂隙及构造发育情况、煤岩倾角及采深等,并附工作面综合柱状图。②观测工作面的巷道布置、回采方法、回采工艺、开采要素、工作面相邻工作面回采状况、与采空区的空间关系等,并附工作面平面布置图。③观测工作面主要机电设备及其参数,工作面支护形式及劳动组织等,并附采煤工作面机电设备布置平面图及主要技术特征表。④观测区布置、观测剖面数、测线的设置、采用的仪器等,附测区布置图(可和工作面平面布置图合成一个图)。

7.1.4 观测结果分析

在获得大量观测数据的基础上,运用数理统计的方法对观测结果进行分析,得出一些规律性的成果。包括:①工作面矿压显现特征,如直接顶初次垮落、基本顶来压初次来压及周期来压特征等;②对支架运行状况及适应性进行分析,如支架的工作阻力统计、安全阀开启率、支架运行曲线的类型等;③总结巷道矿压显现规律,如超前支护压力、巷道表面及深部的位移特征等;④归纳采场中内外应力场分布规律。

7.1.5 结论与建议

这一部分是对观测成果的总结和运用,一般应根据观测数据通过分析得出科学结论,总结出工作面上覆岩层的运动规律、直接顶与基本顶的判别等。此外,还应对现行支架工作特性及适应性的使用作出评定,对工作面支护形式及巷道超前支护形式的选择、顶板的控制等问题提出建议。

7.2 观测结果分析

对观测结果进行分析是矿压观测报告最重要的内容,也是矿压观测研究成果之所在,有必

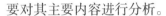

要对其主要内容进行分析。

7.2.1　顶板来压特征

顶板来压包括直接顶初次垮落、基本顶初次来压和周期来压。分析顶板来压特征的目的在于掌握所观测工作面围岩运动的规律,为顶板分类、支架选型和顶板控制提供依据。对顶板来压特征,主要可从三个方面来说明。

1)来压显现

通过对来压期间与非来压期间支架(柱)工作阻力、顶底板移近量、顶板破碎度、活柱下缩量及煤壁片帮深度等项目列表比较,予以说明。

2)来压步距

来压步距主要是指基本顶初次来压步距 L_0 及周期来压步距 L_2。其确定方法如下:

①选取同一条件的观测值,以观测循环、观测日期和至开切眼距离为横坐标,以选定的观测值为纵坐标,绘出矿压观测量与至开切眼距离的关系曲线,看其有无明显的具有规律性变化的峰值。如果此峰值存在,说明有基本顶来压现象。

②在初步判定基本顶具有来压显现的前提下,计算矿压观测量的平均值和均方差,进一步确定基本顶来压峰值及步距。一般可用以下两式的计算结果作为区分基本顶来压与否的界限:

$$S_m = \overline{S_d} + (1 \sim 2)\sigma_s, P_m = \overline{P_d} + (1 \sim 2)\sigma_p$$

式中　S_m——判定基本顶来压的累积顶底板移近量;

　　　$\overline{S_d}$——观测期间顶底板累积移近量的平均值;

　　　σ_s——顶底板累积移近量均方差;

　　　P_m——判定基本顶来压的工作阻力;

　　　$\overline{P_d}$——观测期间全部支护阻力的平均值;

　　　σ_p——支护阻力均方差。

计算 P_m 时,要参照其他量确定取一倍均方差还是两倍均方差。一般情况下,凡是 S_m,P_m 的实测值大于相应的判定值时,均属基本顶来压。通常,当支架初撑力不高于直接顶平均载荷时,若在工作面全部观测值绘成的支架载荷—频率分布图上出现两个峰值区域,可认为基本顶有周期来压,并由此可进一步计算周期来压时的平均值与均方差。

③量取基本顶来压峰值至开切眼之间的距离,即可得出基本顶初次来压步距 L_0。根据观测到的几次周期来压,求出其步距 L_2 的平均值和均方差。

3)来压强度

反映基本顶来压的强度可用动压系数 K_d 作为标准。K_d 为基本顶周期来压时工作面阻力 $P_{基}$ 与非周期来压期间工作阻力 $P_{平}$ 的比值。

7.2.2　煤层顶板稳定性评定

根据岩体强度指标、直接顶初次垮落步距、直接顶厚度与采高的比值及基本顶初次来压步距,综合工作面矿压观测的资料,参照顶板分类方法可确定所观测工作面直接顶的类别和基本顶的级别。

7.2.3　顶梁载荷分布及改善途径

1)单体支柱工作面

对单体支柱工作面,顶梁载荷分布基本上由立柱的工作阻力和支柱在顶梁上的布置方式决定,如图4-65所示。若接顶情况良好,以支柱为基准,前后梁的长度为1:1,则载荷应是均匀分布,如图4-65(a)所示;若考试到顶梁两端有一定的变形,则载荷应呈抛物线形,如图4.65(b)所示;若比值为2:1,则为三角形分布,如图4-65(c)所示。前后梁长的比例最好不大于2,这是因为实际上多余的一部分梁对顶板不起支护作用,如图4-65(d)所示。

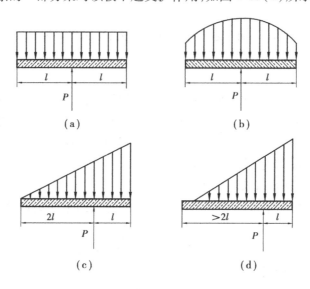

图4-65 不同支柱定位顶梁受力图

2)综采支架工作面

对综采工作面,需要计算和分析以下问题:①根据实测工作阻力及支架参数,计算顶梁的平均合力作用点及垂直合力;②按线性(梯形或三角形)分布公式,计算顶梁的平均阻力及其在顶梁尖端的分布;③对顶梁载荷分布特征及改善的建议。

7.2.4 支架支护效果和工作状态

1)顶板破碎度

采煤工作面平时与周期来压时的顶板破碎度是评价支架支护效果和工作状态的重指标。表4-15为范各庄矿1370工作面顶板破碎度等参数统计表。

表4-15 范各庄矿1370工作面基本顶来压时围岩状况变化统计表

来压次序	测点位置	顶板破碎度			片帮深度 C			冒落高度 h		
		$F_平$/%	$F_周$/%	$F_周/F_平$	$C_平$/mm	$C_周$/mm	$C_周/C_平$	$h_平$/mm	$h_周$/mm	$h_周/h_平$
初次来压	54～55架	0	0	—	10	133	13.3	0	0	—
	35～37架	16.8	34	2.04	200	177.6	0.89	46.4	340	7.3
第一次周期来压	54～55架	0	0	—	274.8	500	1.8	0	0	—
	35～37架	50	67	1.34	276.8	1 600	5.88	944.9	2 000	2.1
第二次周期来压	54～55架	0	20	—	423.5	1 034	2.4	0	209	—
	35～37架	62.8	100	1.59	743.7	1 100	1.48	1 044	767	0.73

续表

来压次序	测点位置	顶板破碎度			片帮深度 C			冒落高度 h		
		$F_平/\%$	$F_周/\%$	$F_周/F_平$	$C_平/mm$	$C_周/mm$	$C_周/C_平$	$h_平/mm$	$h_周/mm$	$h_周/h_平$
第三次周期来压	54～55架	46.9	0	—	1 013	1 167	1.2	486	0	—
	35～37架	81.6	100	1.23	1 051.9	767	0.73	529.6	700	1.32
周期来压平均值	54～55架	15.6	6.7	0.43	570.4	900.3	1.58	162	66.7	0.41
	35～37架	64.8	89.0	1.37	690.8	1 155.7	1.67	839.9	1 155.7	1.38

注：F，C 和 h 的脚标"平"字及"周"字，分别表明平时与周期来压时数值。

2）顶底板移近量及移近速度

顶底板移近量是衡量支护效果的重要指标。采煤工作面采用不同支架（支护方式）时，其顶底板移近量及移近速度是不同的。同一工作面各采煤工序对顶底板移近量及移近速度的影响也是不一样的。

3）支架工作状态

支架工作状态主要是指其实际工作的状态，如增阻、恒阻和降阻。另外，还包括支架工作阻力在循环内随时间的变化。为此，需归纳分析两个方面的内容。

（1）支架工作阻力与活柱下缩量的关系。

若支架工作阻力与活柱下缩量呈线性增长关系，则为增阻状态；若支架工作阻力不增加，而下缩量增长则为恒阻状态；如果支架工作阻力下降而下缩量增长，则为降阻状态。降阻状态为不正常工作状态，说明支架液压系统有故障，如渗漏等，必须及时检查处理。

（2）循环内支架工作阻力变化。

循环内支架工作阻力随时间变化情况可分为：一次急增阻型（急增阻—微增阻或连续急增阻）；二次急增阻型（急增阻—微增阻—急增阻）；微增阻型；微增阻—恒阻型；恒阻型（安全阀开启型或不开启型）；初撑—降阻—增阻型。支架不同的工作状态与顶板动态、初撑力大小、支架液压系统密封性能及操作质量有关。在正常情况下，对于一次或二次急增阻型，若急增阻段所占时间比例较大，说明支架初撑力不足，低于临界值；若出现微增阻阶段，则此时支架与围岩处于相对稳定阶段，其平均值可视为与临界阻力接近；若初撑后为恒阻或降阻（安全阀不开启），意味着支架初撑力设计过高。对一个采煤工作面观测完毕后，应对支架各种工作状态进行简要统计，并作出必要的结论。在整理支架（柱）工作阻力与活柱下缩量时，对于液压支架（柱），必须明确区分支架处在弹性的或安全阀开启状态中哪一类。前者相当于弹性介质，后者相当于粘性介质（即压力不变的条件下，下缩量连续增加）。在增阻阶段，工作阻力与顶底板移近量成正比，此时支架处于弹性工作状态。支架工作阻力为：

$$P_i = P_0 + KS_n$$

式中　S_n——活柱下缩量；

　　　　K——支架刚度；

　　　　P_0——支架初撑力。

安全阀开启后，支架处于恒阻阶段。顶底板移近量取决于支架—围岩相互作用关系。此

时,支架工作阻力为:

$$P_2 = P_k$$

式中 P_k——安全阀开启时支架的工作阻力。

对于整个工作面的矿压显现而言,支架的工作状态为多种类型混杂,即一部分支架安全阀开启,其余处于弹性压缩阶段,两种工作状态并存。此时,通常用安全阀开启率表示支架的工作状态,其中循环开启率表示观测期间立柱安全阀开启的百分率。研究支架工作特性,弄清 ΔP 与活柱下缩量 S_n 关系,掌握 S_n 与顶底板移近量 S_D 的关系,对于设计支架初撑力、额定工作阻力及工作高度,判断支架工作质量等问题具有重要意义。根据部分工作面的观测结果统计,活柱循环下缩量随安全阀开启率呈指数规律增长。

4)端面顶板破碎度的分析

端面顶板破碎度是衡量支架支护效果的主要指标,其值的大小与下列因素有关:顶板岩性及厚度;端面距、片帮深度、顶梁上方第一接顶点至顶梁前端距离形成的机道上方空顶宽度;支架工作阻力和梁端支护强度。对于后两项,可用多元线性回归分析,确定各量间的关系。

初撑支护强度 p_0 对顶板破碎度 F 的回归分析表明,初撑支护强度小于 0.2 MPa 时,对端面顶板破碎度的影响较显著;而大于 0.25 MPa 时,F 值变化的幅度不大,如图 4-66 所示。

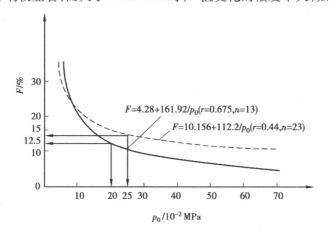

图 4-66 顶板破碎度与初撑支护强度的关系

5)顶底板移近量分析

顶底板移近量是衡量顶板稳定性的重要指标。支架工作阻力与顶板下沉量的关系在一定程度上反映了支架与围岩的相互作用关系。早在 20 世纪 60 年代,国内外曾多次进行了探求支架工作阻力 P 与顶板最终下沉量 ΔL 之间关系的试验,得出工作阻力 P 与顶板最终下沉量(即由煤壁到采空区一侧)是一近似的双曲线,或称为"$P—\Delta L$"曲线。

试验的条件为:采高 1.3 ~ 1.5 m,倾角 2° ~ 3°,直接顶为厚 5 m 的粉砂岩,抗压强度为 73 MPa,再上面仍为粉砂岩,但较致密,抗压强度为 81 ~ 82.6 MPa;采用支撑式液压支架。在调压试验中,开始时使用每架 1 500 kN 的工作阻力,而后调到 1 300 kN/架,此为试验的第 I 阶段。在第 II 阶段则调到每架 1 000 kN,最后调到 600 kN/架。每阶段都经历了周期来压及平时两个过程,如图 4-67 所示。

上述的所有统计及试验结果均证明了一个事实,即在一定工作阻力以上(如图 4-67 中的

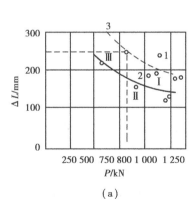

（a）

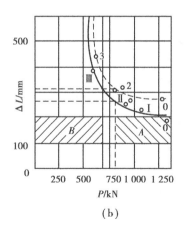

（b）

图 4-67 采面支架调压试验所得"$P—\Delta L$"曲线

（a）平时情况；（b）周期来压情况

A—支架工作稳定区；B—支架工作不稳定区；

— — — ○ — — — 表示最大值；———○——— 表示平均值

800 kN/架），支架工作阻力增加对顶板下沉量影响较小，但低于此值则影响极大。事实上，只能在工作阻力偏低（例如使用单体支架的一定条件）的情况下，提高工作阻力才有可能对顶板下沉产生显著的影响。由此说明，采场支架的工作阻力并不能改变上覆岩层的总体活动规律，控制顶板下沉量是有一定限度的。超过此限度，支架也无能为力。

6）支架对顶底板的适应性

支架对顶底板的适应性应从以下几方面进行分析：

①工作面支架的技术经济效果方面，包括产量、效率、坑木消耗、成本、事故率等；

②支架的稳定性和损坏情况统计与分析；

③不同支架顶板端面破碎度、移近量及移近速度的对比分析；

对底板适应情况的分析，主要根据移架阻力的大小及移架工序能否顺利进行来确定。此外，还应考虑底板压入深度，特别是底座尖端的压入深度，并以此判断支架对煤层底板的适应性。

7）主要实测数据的统计分析

对主要观测数据的统计分析，不仅包括对同一个工作面相关观测量之间的分析，还要对同一区域相似工作的实测数据进行统计分析。

（1）对同一工作面实测数据主要分析下列变量之间的关系

①初撑力 P_0 与循环时间加权平均阻力 P_t 或末阻力 P_m 之间的关系；

②循环内阻力的增量 ΔP 与增阻速度 $\Delta P/t$、初撑力 P_0 的关系；

③循环末阻力与初撑力、循环时间的关系；

④顶底板移近量 S_D 与活柱下缩量 S_n 的关系；

⑤顶板破碎度 F 与端面空顶距 S_1、支架阻力 P_t 的关系；

⑥支架阻力 P_t 与顶底板移近量 S_D 的关系。

（2）同一区城相似工作面的实测数据统计分析

①支架平均支护强度 $\overline{P_t}$、循环末支护强度 p_m 与初阻力 P_0、周期来压步距 L_2、直接顶充填能力及控顶距 L_k 等因素的关系;

②基本顶初次来压步距与周期来压步距的关系;

③基本顶初次来压步距、周期来压步距与地质因素(直接顶厚度、基本顶厚度、顶板岩性等)的关系。

8)顶板控制

可从以下几方面对顶板控制进行分析:①巷道布置和开采顺序是否合理,邻近采区、上下区段、上下煤层的开采对本工作面的影响特征、范围和强度如何;②工作面推进方向是否合理,推进方向与顶板节理方向的夹角、与煤层节理的夹角、仰斜或俯斜推进的控顶效果及技术经济指标如何;③工作面停产事故的定量分析,各种事故(冒顶事故、机电事故、运输事故、组织因素等)所占的比例及原因分析;④对支架型号和参数合理性的分析;⑤对顶板控制的各种措施,包括特种支架的作用和效果的分析。

学习情境 **5**
采煤工作面顶板控制

采煤工作面是地下移动着的空间,为了保证生产工作的正常进行与安全,必须对采煤工作面进行维护。为了保证采煤工作空间的安全,必须控制采煤工作面形成的矿山压力。

采煤工作面的围岩通常是指直接顶、基本顶及直接底的岩层。这三者对采煤工作面的生产有着直接的影响。采煤工作的直接维护对象是直接顶,直接顶的好坏将对生产与安全有直接影响,而直接顶的完整性又受到基本顶平衡特征的影响。例如采煤工作面的初次来压与周期来压都是由于基本顶的活动而形成的。因此,控制采煤工作面的矿山压力显现主要是控制基本顶的活动规律,这样才能保证采煤工作面的安全。

任务 1　采煤工作面顶板分类与底板特性

1.1　直接顶的分类

直接顶是采煤工作空间直接维护的对象,直接顶的完整程度将直接影响整个工作面的安全和生产能力的发挥。直接顶的完整程度取决于两个因素:一个是岩层本身的力学性质,另一个是直接顶岩层内由各种原因造成的层理和裂隙的发育情况。我国通过大量的观测和分析,将直接顶按其稳定性分为不稳定、中等稳定、稳定和坚硬四类。直接顶的分类可从以下两个方面说明。

1.1.1　直接顶的初次垮落步距

煤层开采后,将首先引起直接顶的垮落。采煤工作面从开切眼开始向前推进,直接顶悬露面积增大,当达到其极限时开始垮落。直接顶的第一次大面积垮落称为直接顶初次垮落,其标志是:直接顶垮落高度超过 1 ~ 1.5 m,范围超过全工作面长度的一半。此时,直接顶的垮距称为初次垮落步距。初次垮落距的大小由直接顶岩层的强度、分层厚度、直接顶内节理裂隙的发育程度所决定,在正常情况下,直接顶的垮距基本不受支护形式和生产工艺的影响,它是直接顶稳定性的一个综合指标。

经过大量的研究分析,将直接顶初次垮落步距小于 8 m 的顶板称为不稳定顶板,如页岩、再生顶板及煤顶等。将直接顶初次垮落步距在 9~18 m 的顶板称为中等稳定顶板,如砂页岩、粉砂岩等。将直接顶初次垮落步距为 19~25 m 的顶板称为稳定顶板。将直接顶初次跨落步距超过 25 m 以上不垮落的顶板称为坚硬顶板,如砂岩或坚硬的砂页岩等。

1.1.2 岩性指标

岩石在外力作用下首先产生不同形式的变形,然后产生微细裂隙和破裂。如果这种状态不断发展,将导致岩石试件最终破坏,基本形式是拉伸和剪切破坏。岩石的抗压强度测定较为简单,而岩石的抗压强度与抗拉抗剪强度间又有一定的比例关系。岩体是自然界中由各种岩性和各种结构特征的岩石所组成的集合体,存在弱面是岩体区别于岩石的重要特征之一,比较有代表性的弱面是层理和节理。层理面在沉积岩中是主要的弱面之一,在有些情况下它对沉积岩岩体的变形和破坏起主导作用,如顶板的离层、分层冒落和底板沿层面滑动。节理对所有岩体更具有普遍性,往往把岩体中有规律地组合的裂隙的总体称为节理。弱面对岩体强度的影响主要表现为使岩体强度降低和造成岩体强度各向异性。岩层中节理裂隙的存在,破坏了岩体的完整性,降低了顶板的稳定性,且裂隙越多,冒落的岩块越小,顶板越不稳定。

岩层的分层厚度反映了岩体内不同岩性的岩层间或同一岩性的岩层中层理弱面的数量,分层厚度越小,顶板越容易发生弯曲变形,顶板的稳定性就越差,反之则顶板的稳定性越好。

根据以上分析可知,岩石的单向抗压强度(q_c)、节理裂隙间距(L)和分层厚度(h)是影响顶板稳定性的三项主要岩性指标。

测定岩石单向抗压强度(q_c)的岩样,可取采空区冒落岩块,制作成直径为 48~56 mm、高径比为 1.8~2.2 的试样,然后按颁布标准在实验室测定。

节理裂隙间距(L)以在巷道内肉眼可见的最发育的一组构造裂隙为准。用测定的有代表性的 10~15 个观测数据的平均值作为计算指标。

分层厚度(h)指的是不同岩性的岩层间和同一岩性内沿层理的离层面间距。可以在巷道、工作面控顶区或采空区观测统计具有代表性的 10~15 个数据,用它的平均值作为分类的计算指标。如果最下面的岩层厚度大于 1 m 时,就以该层为准。否则,取直接顶下位岩层 1.5~2 m 各分层厚度的平均值。

根据岩石单向抗压强度(q_c)、节理裂隙间距(L)和分层厚度(h)对顶板的影响,可得到一个岩性的综合指标,即强度指标 D:

$$D = 10q_c \cdot C_1 \cdot C_2 \tag{5-1}$$

式中 q_c——岩石单向抗压强度,MPa;

C_1——节理裂喷影响系数;

C_2——分层厚度影响系数。

C_1 可按测量所得的节理裂隙间距(L)查表 5-1 得出;C_2 可按测量所得的分层厚度(h)查表 5-2 得出。

表 5-1 L 与 C_1 值的关系

L/m	0.1	0.2	0.3	0.4	0.5	0.6	0.7	0.8	0.9	1.0	1.1	1.2
C_1	0.3	0.32	0.34	0.37	0.39	0.41	0.43	0.46	0.48	0.50	0.52	0.55

表 5-2　h 与 C_2 值的关系

h/m	0.1	0.2	0.3	0.4	0.5	0.6	0.7	0.8	0.9	1.0	1.1	1.2
C_2	0.24	0.25	0.27	0.29	0.3	0.32	0.33	0.35	0.36	0.38	0.39	0.41

这样,以强度指数 D 为确定直接顶类别的主要指标,以直接顶初次垮落步距 L_0 为确定直接顶类别的工程指标,将直接顶分为四类,见表 5-3。

表 5-3　直接顶分类

类别 指标		I	II	III	IV
		不稳定顶板	中等稳定顶板	稳定顶板	坚硬顶板
主要 指标	强度指数 D 直接顶初次垮落	≤30	31~70	71~120	>120
工程 指标	步距 l_0/m	≤8	9~18	19~25	>25	无直接顶。岩层厚度在 2~5 m 以上, R_c >600~800 MPa。 I ,h>1 m

1.2　基本顶的分类

根据对直接顶的分析可知,直接顶的稳定性对支架的选型、支护方式以及对引起工作面的局部冒顶常常起主导作用。而基本顶的失稳及来压强度不仅对直接顶的稳定性有直接影响,还对确定支护强度、支架具备的可缩量以及选择采空区处理方法等起着决定性作用。

从基本顶取得平衡的条件可知,在采用全部垮落法的工作面中,基本顶岩层对工作面的顶板压力的影响主要决定于直接顶的厚度。基本顶距离煤层越远,即直接顶厚度越大,破断后形成结构和呈现缓慢下沉式平衡的可能性也越大。因此,常常以基本顶距离开采煤层的远近作为预计影响工作面矿山压力显现的重要指标之一。

在基本顶的分级中主要采取直接顶厚度 $\sum h$ 与采高 M 的比值 K_m, $\left(K_m = \dfrac{\sum h}{M} \right)$ 为指标,另外再参考基本顶初次来压步距 L 将基本顶分成四级,见表 5-4。

表 5-4　基本顶分级表

分级	I	II	III	IV
基本顶来压显现	不明显	明显	强烈	极强烈
N,L_0/m	N>3~5	0.3<N≤3~5 L_0=25~50	0.3<N≤3~5, L_0>50;N≤0.3 L_0=25~50	N≤0.3,L_0>50

(1)K_m>5,基本顶的垮落与错动对工作面支架无多大影响,称为无周期来压或周期来压不明显的顶板。

(2)2<K_m<5,基本顶的失稳对工作面支架有较为严重的影响,称为有周期来压的顶板。

（3）$K_m < 2$，甚至没有直接顶。基本顶的悬露与垮落都将对工作面支架有严重的影响，称为周期来压严重的顶板。

（4）基本顶特别坚硬，又无直接顶。顶板常常在采空区内悬摆上万平方米却不垮落。而当其垮落时，则形成暴风，顶板往往沿工作面切落，造成事故。这类顶板称为坚硬顶板。采用爆破放落部分顶板，或注入高压水使顶板弱化等办法处理顶板，可基本控制大面积顶板垮落对工作面造成的严重威胁。

（5）能塑性弯曲的顶板。赋存在煤层之上的顶板随着工作面的推进能缓慢下沉，而后逐渐与煤层底板相接触。这种顶板只可能在薄煤层或厚度不大的中厚煤层的石灰岩顶板中出现。

基本顶的失稳不仅决定于 K_m 的指标，还与基本顶的节理裂隙发育程度及其在岩层中的分布方式有关，以及与基本顶的厚度和含水情况等因素有关。K_m 值只是一个极为概略的总体性指标，对于具体情况，还必须运用岩体结构稳定性分析进行研究。

1.3 底板特征

底板岩层在矿山压力控制中涉及两类问题：一方面是煤层开采后引起的底板破坏，其范围将与开采范围及采空区周围的支撑压力分布有关。底板的破坏可能导致地下水分布的变化，如我国华北地区许多煤层的底板为奥陶纪石灰岩，富含水性。煤层开采后，底板的变形破坏可能引起突水事故，因此必须研究开采后的底板破坏规律。另一方面，从采煤工作面支护系统而言，支护系统的刚度由"底板—支架—顶板"所形成，因此，底板岩层的刚度将直接影响到支护性能的发挥。由于单体支柱的底面积仅 $100~\text{cm}^2$，故在底板比较松软情况下，支柱很容易插入底板，从而影响对顶板的控制。

工作面支柱插入底板的破坏形式分为整体剪切、局部剪切和其他剪切，如图 5-1 所示。

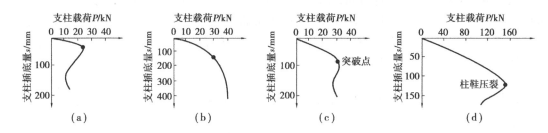

图 5-1　支柱对底板的破坏形式
（a）整体剪切；（b）局部剪切；（c）其他剪切；（d）穿鞋剪切

整体剪切的特征是：当载荷达到某一定值后突然下降，压入深度迅速增大，此突破点称为底板的极限抗压入强度。局部剪切的特征是：没有明显的突破点，但随载荷的增加，压入深度的变化率增长较快。其他剪切的破坏形式介于前两者之间，突破点不明显，但载荷超过突破点后压入深度明显增大。

实践中，为防止支柱插底、提高支护系统的刚度，可采取穿柱鞋的措施。当支柱穿上柱鞋时，则其承受的载荷将随底鞋的特点而明显增加。当底鞋压裂后，其承载能力迅速下降，穿底量明显增大。此处应指出，底鞋不宜采用木材，因为木材的横向抗压强度甚小，与软底板情况相近，抗插入能力差，故效果不明显。

根据我国煤矿开采工作面底板对支柱的影响，可将底板进行分类，见表 5-5。可根据此表选择支柱应具有的底面积。

表 5-5　我国缓倾斜煤层工作面底板分类方案

| 底板类别 | | 基本指标 | | 辅助指标 | 参考指标 | 一般岩性 |
名称	代号	容许比压 q_z/MPa	容许刚度 K_c/(MPa·mm^{-1})	容许穿透度 β /(mm^{-1})	容许单轴抗压 强度 R_c/MPa	
极软	I	<3.0	<0.035	<0.20	<7.22	充填砂、泥岩、软煤
松软	II	3.0~6.0	0.035~0.32	0.20~0.40	7.22~10.80	泥页岩、煤
较软	III$_a$	6.0~9.7	0.32~0.67	0.40~0.65	10.80~15.21	中硬煤、薄层状页岩
	III$_b$	9.7~16.1	0.67~1.27	0.65~1.08	15.21~22.84	硬煤、致密页岩
中硬	IV	16.1~32	1.27~2.76	1.08~2.16	22.84~41.79	致密页岩、砂质泥岩
坚硬	V	>32	>2.76	>2.16	>41.79	厚层砂质页岩、粉砂岩、砂岩

任务 2　采煤工作面支架工作特征

　　采煤工作面支架主要是由梁和柱组合而成的。根据支柱和顶梁的配合关系,可将采、煤工作面支架分为单体支架和液压支架两大类。由金属支柱和金属铰接顶梁组合而成的工作面支架称为单体支架。根据金属支护的特性,支架又可分为摩擦式金属支架和单体液压支架。前者使用的支柱为摩擦式金属支柱,后者使用的则为液压支柱。液压支架是由支柱、底座与顶梁联合为一个整体的结构。它以液压为动力,不仅能实现支设与回撤的自动化,而且偏移等一系列工序也同时实现了机械化,大大减轻了工人繁重的体力劳动。

　　金属顶梁是刚性结构件。支柱则常由即活柱和底柱组成,它们之间的伸缩关系形成了支柱的可缩性。因此,支架的特性主要是由支柱的特性决定的。对于液压支架,其力学性质不仅决定于液压支柱的力学特性,还取决于其结构,可形成不同的力学特性。架设支架后,形成了顶底板围岩与支架的组合体,此组合体特性还决定于架设时底板与支柱间有无浮矸、支柱能否插入顶底板等情况。

　　目前所使用支柱的典型工作特性,如图 5-2 所示。

　　图 5-2 中符号含义如下:

　　P_0'——初撑力。支架支设时,将活柱升起,托住顶梁,利用升柱工具和缩紧装置使支柱对顶板产生一个主动力,这个最初形成的主动力称为支柱的初撑力。对于液压支柱,则是泵压所形成的支柱对顶板的撑力。

　　P_0——始动阻力。在顶板压力作用下,活柱开始下缩的瞬间,支柱上所反映出来的力称为始动阻力。这种力是顶板压缩支柱所形成的,因此称为支柱的阻力。

　　P_1——初工作阻力。在支架的性能曲线中,当活柱下缩时,工作阻力的增长率由急剧增长转为缓慢增长的转折点处的工作阻力为初工作阻力。

　　P_2——最大工作阻力,是支柱所能承受的最大负载能力,又称额定工作阻力。

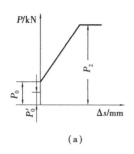
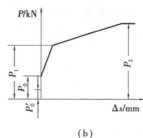
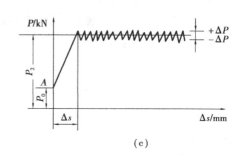

图 5-2 支柱的几种典型工作特性曲线

（a）急增阻式；（b）微增阻式；（c）恒阻式

P_0'—初撑力；P_0—始动阻力；P_1—初工作阻力；P_2—额定工作阻力或最大工作阻力

①急增阻式。支柱开始支设时,有一个极小的人为的初撑力 P_0'。当支柱在顶板压力作用下,活柱开始下缩时便形成了始动阻力 P_0。而后,随着活柱下缩,工作阻力呈直线形急剧增加。这种支柱可缩量较小,其特性曲线见图 5-2（a）。我国使用过的 HZJA 型金属支柱属于急增阻式。

②微增阻式。同急增阻式一样,它具有较小的初撑力与始动阻力。但随着活柱的下缩,工作阻力先有一个急剧增长的过程。当达到初工作阻力 P_1 后,随着支柱继续下缩,工作阻力的增长变得极为缓慢,一直到支柱的最大可缩量,即支柱的最大工作阻力时为止。此类支柱具有较大的可缩量,其特性曲线见图 5-2（b）。我国使用过的 HZWA 型摩擦金属支柱属于微增阻式。

③恒阻式。当支柱安设后,随着活柱下缩,很快达到额定工作阻力,以后尽管活柱继续下缩,支柱的工作阻力保持不变,其特性曲线见图 5-2（c）。液压支柱是典型的恒阻性能支柱。

从支柱工作阻力适应顶板压力的特点进行分析,显然恒阻性能的支柱较为有利,急增阻式性能比较差。我国煤矿长壁工作面支护方式最初为木支柱,而后发展为单体金属摩擦支柱（急增阻和微增阻）,再到单体液压支柱（恒阻式）。现在广泛应用液压支柱和顶梁、底座、移架千斤顶组合而成的液压自移支架。

2.1 单体液压支柱

2.1.1 单体液压支柱结构

单体液压支柱是典型的恒阻性能支柱。按其注液方式不同,可分为内注式和外注式。

内注式液压支柱如图 5-3 所示。使用时,应事先在柱体内注好工作液（机油）。升柱时,通过摇动手把,操纵支柱内的液压泵,把工作液从低压腔注入高压腔,使支柱升起,见图 5-4（a）。支柱降柱卸载时,操纵手把打开卸载阀,工作液从柱体腔（高压腔）内经中心通道、再经卸载阀流回到活柱上腔（低压腔）,活柱在自重作用下自动回缩,见图 5-4（b）。

外注式液压支柱如图 5-5 所示,其工作液（乳化液）是由外部供给的。它的工作过程见图 5-6。升柱时,由采煤工作面巷道中的泵站将高压乳化液经过管道送至工作面,再经注液枪通过支柱单向阀注入支柱腔内。在高压乳化液的作用下,支柱升起并支撑顶板,注液完毕后,注液枪从三用阀上拔下。当顶板压力超过支柱额定工作阻力时,自动开启安全阀,高压乳化液外

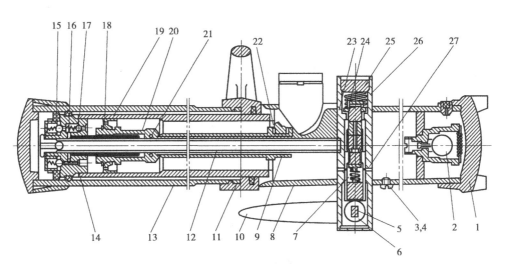

图 5-3 NDZ 型内注式单体液压支柱结构图

1—顶盖;2—通气阀;3—螺钉;4—垫圈;5—方轴;6—凸轮;7—安全阀;8—活柱体;9—滑块;
10—卸载环;11—手把体;12—中心管;13—油体;14—支柱活塞;15—单向阀;16—环形槽;
17—进油阀;18—挡圈;19—油泵活塞;20—内腔空间;21—柱塞;22—转圈;23—孔;
24—卸载阀圈;25—卸载阀;26—卸载阀弹簧;27—卸油孔

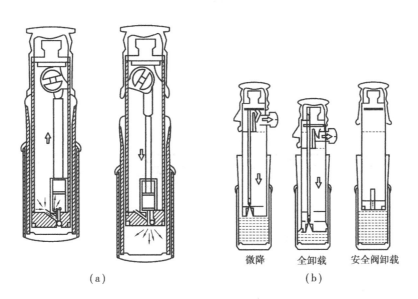

微降 全卸载 安全阀卸载

(a) (b)

图 5-4 内注式单体液压支柱与卸载示意图
(a)升柱示意图;(b)卸载示意图

流,但当顶板压力下为降为低于支柱额定工作阻力时,安全阀自动关闭,高压乳化液停止外流,
使支柱工作阻力保持恒定。降柱卸载时,操作手把使柱腔内的高压乳化液经三用阀排出柱外,
活柱在自重和复位弹簧作用下回缩,达到降柱的目的。外注式和内注式单体液压支柱的规格
见表 5-6 和表 5-7。

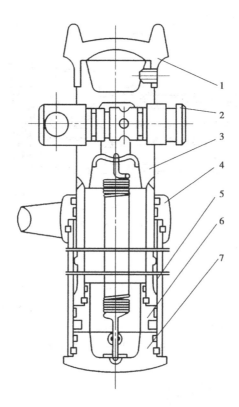

图 5-5 外注式单体液压支柱结构

1—顶盖;2—三用阀;3—活柱;

4—手把;5—油缸;6—活塞;7—底座

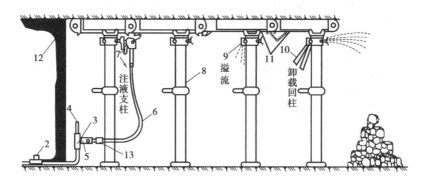

图 5-6 外注式单体液压支柱工作原理

1—泵站系统;2—主管截止阀;3—主管三通;4—主管路;5—支管截止阀;6—注液枪胶管;

7—注液枪;8—液压支柱;9—三用阀;10—卸载手把;11—顶梁;12—煤壁;13—过渡器

表 5-6　外注液式单体支柱

型号	支撑高度/mm	工作行程/mm 最大	工作行程/mm 最小	工作阻力/N	初撑力/N	工作液压力/Pa	油缸直径/mm	升柱时间/s	降柱时间/s	泵压/Pa	质量/kg
DZ06	630	450	180								23.152
DZ08	800	545	255			$4\,900\times10^4$			<10		5.1
DZ10	1 000	655	345								28
DZ12	1 200	790	460	245×10^3	49×10^3		80				31.5
DZ14	1 400	870	530								34.55
DZ16	1 600	980	620			$4\,900\times10^4$		<10	<15	980×10^4	37.55
DZ18	1 800	1 080	720								40
DZ20	2 000	1 240	760	294×10^3	76.93×10^3	$3\,743.6\times10^4$	100				49
DZ22	2 240	1 440	800						<20		55
DZ25	2 500	1 700	800	245×10^3	76.93×10^3	$3\,110.4\times10^3$	100				58

表 5-7　内注液式单体支柱

型号	支撑高度/mm 最大	支撑高度/mm 最小	工作行程/mm	工作阻力/N	工作液压力/Pa	初撑力/N	手把上的作用力/N 升柱	手把上的作用力/N 回柱	全行程降柱时间/s	手把摇一次活柱上升量/mm	柴油量/L	质量/kg
NDZ06	650	540	140								1	22
NDZ08	800	590	210			39.2×10^4			10		1.3	24.5
NDZ10	1 000	720	280	245×10^3	$4\,900\times10^4$	49×10^3	196×10^3			15	1.7	28
NDZ12	1 200	870	330					196×10^3	1 202		2.1	32
NDZ14	1 400	1 000	400								2.5	35
NDZ16	1 600	1 100	500								3	38
NDZ18	1 800	1 250	550			68.6×10^3	245×10^3		14		3.3	42
NDZ20	2 000	1 400	600	294×10^3	$4\,625\times10^4$			294×10^3		20	4	50
NDZ22	2 240	1 540	700			78.4×10^3	294×10^3		17		4.8	54.5

外注式和内注式单体液压支柱各有特点:

①外注式液压支柱需一套泵站和管路系统,使用时不如内注式液压支柱灵活方便,但重量较轻,成本较低。

②外注式液压支柱的支设速度由液压泵站的流量、压力决定,升柱速度快,工作行程大;内注式液压支柱手摇泵的流量小,升柱速度较慢。

③外注式液压支柱的乳化液会外流,有损耗;内注式液压支柱工作液(机油)则在内部循环,无损耗。

内注式液压支柱适用于薄煤层或行人困难的采煤工作面;外注式液压支柱适用于缓斜、倾斜中厚煤层工作面,一些急斜煤层工作面目前也有使用。

摩擦金属支柱与金属铰接顶梁配合支护,称为摩擦式金属支架支护。而单体液压支柱与金属铰接顶梁配合支护,则称作为单体液压支架支护。

HDJA 型金属铰接顶梁如图 5-7 所示。其几何尺寸等基本参数见表 5-8。

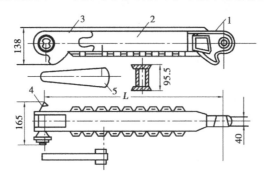

图 5-7 HDJA 型铰接顶梁

1—接头;2—梁身;3—耳子;4—销子;5—楔子

表 5-8 HDJA 型铰接顶梁

型　号	长度 /mm	每次接长根数	许用弯矩 /(kN·m)		梁体承载能力/kN		各向调整角度/(°)				外形尺寸 长×宽×高 /mm	质量 /kg
			梁体	铰接部	许用	最大	向上	向下	向左	向右		
HDJA—600	600	1	42.8	19.6	≥245	≥343	≥7		≥3		690×165×138	17
HDJA—700	700	1									790×165×138	19
HDJA—800	800	1~2									890×165×138	23
HDJA—900	900	1~2									990×165×138	26
HDJA—1 000	1 000	1~2									1 090×165×138	27.5
HDJA—1 200	1 200	1									1 290×165×138	30.5

2.1.2 支柱实际(有效)支撑能力的确定

1)影响支柱支撑能力的因素

①顶底板的强度。顶底板的强度越大,越利于提高支柱的实际支撑能力。若底板松软或有浮煤存在时,支柱就会钻底,使支柱的工作阻力难以提高,如图 5-8(a)所示。当柱帽劈裂后,支柱易于钻顶,支柱的工作阻力也上不去,失去了应有的支撑作用。

②辅助支护材料的压缩辅助支护材料(柱帽、背板、笆片等)被压缩时,使支柱工作阻力有所下降,如图 5-8(b)所示。

③支柱的架设质量。支柱架设质量不高,会明显影响支柱工作阻力正常发挥。

④支柱承载能力。支柱支设质量、浮煤压缩、支柱的抽底和钻顶及辅助支护材料压缩等原因,造成支柱在工作面中所产生的工作阻力不均匀,结果是整体支撑能力下降。

⑤支柱的工作特性。从支柱的工作特性可知,随着活柱下缩量的增加,支柱的工作阻力增大。控顶范围内不同排的支柱的活柱下缩量不同,支柱的工作阻力也不相同。

2)支柱实际支撑能力的确定

受许多因素的影响,支柱的实际支撑能力往往低于额定的最大阻力。支柱不钻底、支护质量正常时,实际支撑能力为:

$$P_t = K_B K_Z R_B \tag{5-2}$$

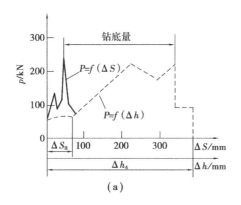
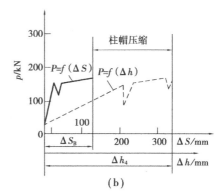

图 5-8 支柱工况测定

(a)支柱钻底;(b)支柱柱帽压缩

式中 P_t——支柱实际支撑能力,kN/柱;

K_B——支柱承载不均匀系数;

K_z——支柱的增阻系数;

R_B——支柱回撤时的工作阻力,kN/柱。

2.2 液压支架

2.2.1 液压支架分类

液压支架避免了单体支架支设与回撤的劳动强度大、组合不稳定、工作面来压时易于被推倒等缺点。随着液压支架的发展,形式与种类不断增多,对于这些支架结构的分类方法,归纳起来有两种基本观点。

1)按对顶板的支撑面积与掩护面积的比值分类

①支撑式。支架对顶板起支撑作用而无掩护作用。

②支撑掩护式。支架顶部对顶板的支撑部分长度大于掩护部分的长度。

③掩护支撑式。支架对顶板的掩护部分大于支撑部分。

④掩护式。支架对顶板起掩护作用而无支撑作用。

这种分类方式是根据支架对顶板的作用特点进行分类的,具有一定的科学性。但有时对于同一种结构,由于设计的参数不一,从而使支架难于命名。

2)按支架结构进行分类

这种分类法主要将液压支架按有无掩护梁分为两大类。凡是有掩护梁的液压支架统称为掩护式,相反则为支撑式。这种分类法认为,液压支架使用掩护梁在结构上是一个突破,它使支柱本身不承受水平力。在掩护式支架中再根据支柱的数量或顶梁的运动轨迹对支架进行命名。

这种分类法的缺点是没有体现支架对顶板的作用特点。

我国目前还没有对液压支架进行严格的分类。考虑到科学性与习惯性,就目前普遍应用的名称来说,基本上有支撑式、掩护式与支撑掩护式三种。

①支撑式。在结构上没有掩护梁,对顶板起支撑作用的支架。

②掩护式。在结构上有掩护梁,单排立柱连接掩护梁或直接支撑顶梁对顶板起支撑作用

的支架。

③支撑掩护式。具有双排或多排立柱及掩护梁结构的支架,支柱大部或全部通过顶梁对顶板起支撑作用,可能有部分支柱是通过掩护梁对顶板起作用。

另外,将对顶板仅起掩护作用的液压支架称为纯掩护式液压支架。

2.2.2 支撑式液压支架支护方式分析

支撑式液压支架包括四柱垛式、六柱垛式以及节式等多种形式。我国使用的比较典型的有 BZZC 型,其结构如图 5-9 所示。

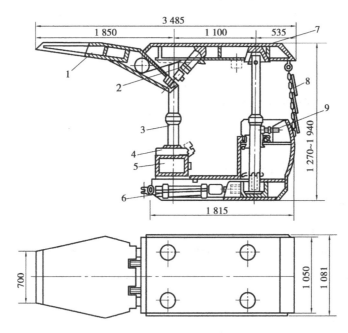

图 5-9 BZZC 型四柱垛式支架结构

1—前梁;2—千斤顶;3—立柱;4—操纵阀;5—座箱;6—推移千斤顶;

7—顶梁;8—挡矸帘;9—复位油缸

支撑式支架顶梁长度一般为 3.5～4.5 m,而每循环进度为 0.6 m,因而整个控顶距常需要割 6～7 刀。

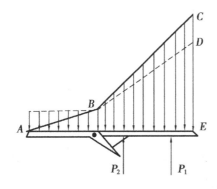

图 5-10 垛式支架支撑力分布状态

支撑式液压支架在完整顶板与破碎顶板中使用,应用效果大不相同。由于支撑式液压支架具有通风断面大、行人方便、结构简单及重量轻等优点,因此在可能条件下应予采用。

支撑式液压支架支撑力的分布,与排柱放顶的单体支架工作面相类似。以 BZZC 为例,支撑力在顶梁上的理想分布状态如图 5-10 所示。

当支架达到额定工作阻力 2 400 kN 时,前梁对顶、板的支撑力仅为 300 kN,而后梁则在 2 000 kN 以上。支撑力的合力远离前梁端点2.55 m。这种支撑力分布状态显然适应于直接顶比较完整、基本顶有明显周期来压或者是直接顶比较坚硬、在采空区有较大的悬顶时所形成的顶板压力。

从阳泉四矿四尺煤 4223 面测定可知,平时主要是直接顶的顶板压力作用于支架,因而常常表现为前柱工作阻力大于后柱;当周期来压时,则常是后柱先于前柱达到额定工作阻力,然后由于后柱安全阀开启,支柱下缩。这样,迫使顶板压力前移,从而使前柱逐步达到额定工作阻力。此时,合力的位置又向前后柱的中间位置靠近。

表 5-9 表示了 4223 面所统计的合力作用位置分布情况。由表可知,83% 是处于两柱中间而偏于前柱的位置,只有 7% 是后柱明显大于前柱,10% 是前柱明显大于后柱。这种情况说明,支架的架型与顶板情况是相适应的。

表 5-9　阳泉 4223 工作面 BZZC 支架合力作用位置情况表

合力作用位/m	0~0.1	0.105~0.2	0.205~0.3	0.305~0.4	0.405~0.5	0.505~0.6	0.605~0.7
频次/%			2	8	42	41	7
最大值/kN			1 517	1 338	2 235	2 400	2 148

注:表中合力作用位置是以前柱为起点进行计算,BZZC 前后柱间距为 1.1 m;因此表中 0.5~0.6 m 为前后柱的中间位置;最大值是指四根支柱的载荷。

这种支架在坚硬顶板条件下(基本顶直接赋存在煤层上)使用时,虽然从支架支撑力的分布分析是合理的,但是在采空区悬露的坚硬顶板冒落时,易于对支架形成向煤壁方向强大的水平推力,而支撑式支架是框式结构,容易使支柱受到损坏。这种情况在大同、鹤岗矿务局的坚硬砂岩顶板条件下表现最为突出。例如,大同同家梁矿砂岩顶板常形成 3~7 m 的悬板。在顶板大块冒落时,使抗水平推力很小的垛式支架的活柱向煤壁方向弯曲变形。

对于顶板比较破碎的工作面,由于支架反复支撑,常常导致直接顶比使用单体支柱时更易破碎。图 5-11 表示了在这种顶板破碎条件下使用垛式支架的情况。

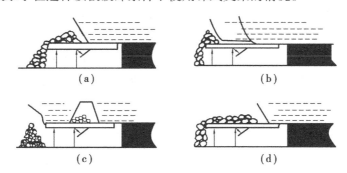

图 5-11　在比较破碎顶板条件下使用垛式支架

在图 5-11(a)、(b)与(d)的情况中,顶板压力必然导致支架受力前移,其结果是使支架前柱受力远大于后柱,有时甚至形成后梁的上翘现象。对于图 5-11(c)所示的情况,则有可能出现前后柱受力相等或后柱受力大于前柱。在这种情况下,即使基本顶周期来压,其作用力也是通过直接顶而作用于梁的前半部,因而仍然可能表现为前柱受力大于后柱。

表 5-10 为阳泉一矿 907 面使用 BZZC 支架及四矿 8241 面网下开采第二分层使用此支架时,顶板压力在顶梁上的分布。

由表 5-10 可知,907 面由于顶板冒空及切顶线前移,使工作面支架有 80% 是前柱受力大于后柱;有25%是顶板压力基本上作用于前柱上,后柱却基本上处于初撑状态,甚至有时脱开了柱窝。但在8241面,虽然也是破碎顶板,却呈现出完全不同的情况:有83%是顶板压力作用于前后柱的中间部位,避免了单纯前柱受力及顶梁后部上翘现象。显然,这是由于8241面使用了金属网,避免顶板出现冒空现象,从而保证了直接顶传递力的关系,改善了支架的受力状态。

表5-10   BZZC支架合力作用位置实测

合力距前柱/m	0 ~ 0.1	0.105 ~ 0.2	0.205 ~ 0.3	0.305 ~ 0.4	0.405 ~ 0.5	0.505 ~ 0.6	0.605 ~ 0.7
907面/%	13.6	12.5	10	11.3	30.4	15.2	5
最大值/kN	1 324	1 294	1 355	1 910	1 786	1 879	1 463
8241面/%	—	1.1	1.7	13.2	30	40.5	12.5
最大值/kN	—	462	1 278	1 529	1 555	1 401	1 063

注:以前柱为0点,前后柱间距为1.1 m。

为了简化,可将图5-11中顶板破碎状态形成的力传递关系的变化用图5-12来表示。图中表示的几何尺寸是BZZC支架的尺寸。前梁受力以 Q 表示,后梁受力则以 w 表示。

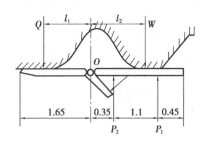

图5-12   BZZC型支架受力分析

显然,提高前梁承载能力的办法有:

①调节 P_1,使 P_1 小于 P_2;

②使 $l_2 \geq 1.45$ m,即后梁上载荷的着力点应超过后柱,更靠近采空区一侧;

③使 P_1 成为负值,即将后柱改为拉力。

分析上述要求,由于平时可能出现后梁上翘现象,因此降低 P_1 值意义不大。在切顶线前移情况下,为了使着力点靠近采空区一侧,有些现场也曾采用在顶梁尾部上方冒空处架设木垛的办法,但该做法既浪费坑木也不安全。对于第三条措施,实质上是改变支架架型问题,即在破碎顶板条件下,改用掩护式支架,其后支承座承受拉力。

在破碎顶板条件下,为了充分发挥支撑式支架的作用,采用良好的护顶措施是保证顶板在传递力的关系上与支架的支撑力分布相适应的有效办法。

综上所述,支撑式液压支架较适应于直接顶比较完整的工作面,若周期来压较剧烈,则更易于适应。对特别坚硬的顶板,由于支柱承受不了强大的水平推力,不能适应。另外,在破碎顶板条件下,必须采取有效的护顶措施,才能得到良好的使用效果。

支撑式支架通风断面大,在瓦斯矿井中使用具有很大的优越性。我国煤炭行业标准认为支撑式液压支架适用于采高1.5 m以下、直接顶3~4类、底板Ⅲ类以上、煤层倾角20°以内的长壁工作面。

2.3   支架与围岩的相互作用原理

采煤工作面支架是平衡顶板压力、提供和保护采煤空间的一种构筑物。支架处于截然不同支撑特性的两种介质(煤壁和采空区冒落矸石)之间,为使支架既能维护顶板,又只需要最小的支撑力,研究支架的性能及结构就成为重要的问题。同时,随着对支架的研究,工作面支护形式日益繁多,所形成的总体性能也各有不同,因而根据顶板压力显现规律选择相适应的支护形式也是一个重要问题。

关于支架和围岩的关系,实质就是分析支架性能、结构对支架受力及围岩移动的影响,以及在各种围岩移动状态下支架形态的显现,从中分析支架应有的最合理形式及参数。

支架围岩关系的特点是:

①支架和围岩可看作是相互作用的一对力。围岩形成的压力是主动作用力,而支架的支撑往往是被动反力,两者应互相适应,达到稳定平衡。

②支架受力大小及其在工作面的分布规律与支架性能有关。刚性、急增阻式、微增阻式、恒阻式支架的受力及其分布状态是不一致的。恒阻式支架受力较均匀,增阻式支架受力差异较大。其次,支架受力大小还与围岩性质有关。

③支架结构参数对顶板压力有明显影响。支架架型选择合适时,可以用最小的工作阻力维护好整个顶板。例如在有些条件下,短梁掩护式支架(工作阻力仅800 kN)却能取得比四柱垛式(工作阻力2 400 kN)更好的效果。

④支架阻力与顶板下沉量呈双曲线关系。国内外曾多次进行了支架工作阻力 P 与顶板最终下沉量 ΔL 之间关系的研究,其中最完整的是苏联在一个工作面进行的支架调压试验,证明了工作阻力与顶板最终下沉量是一近似的双曲线关系,如图5-13所示。

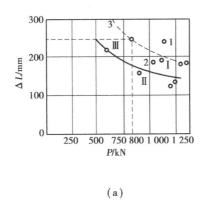
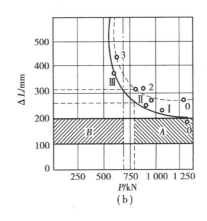

图5-13 采煤工作面支架调压实验所得"P-ΔL"曲线
(a)平时情况;(b)周期来压情况
∘---最大值;- --平均值;A—支架工作稳定区;B—支架工作不稳定区

早在20世纪50年代初,有的学者根据单体支架工作面实测的结果,在一定条件下得出了控制顶板即为控制顶板下沉量的结论。但从上述"P-ΔL"曲线及理论分析可知,控制顶板下沉量是有一定限度的。超过此限度,支架也是无能为力的。因而,只有在工作面阻力偏低的情况下,提高工作阻力才能对顶板下沉有明显影响。事实上,各类岩层的允许下沉量也不是相同的。如坚硬岩层,虽然顶板下沉可能导致其整体破断,但局部却仍很完整。而对一些强度低而脆性大的岩层,下沉量很小就可能导致顶板破碎不堪。近年来,掩护式支架的发展证明:在一定条件下采用护顶办法改善顶板的状况是可行的。

对于周期来压比较强烈、经常发生台阶下沉的工作面,合理的工作阻力只能是指防止顶板不发生上述现象时所需的工作阻力。也就是基本顶初次或周期来压时,平衡不能自身取得平衡的直接顶与基本顶岩块的重量,前提是支架的活柱下缩量必须与基本顶岩层移动过程中形成的顶板下沉量相适应。

任务3 单体支柱采煤工作面顶板控制分析

3.1 顶板控制方法选择

随着采煤工作面的不断推进,顶板悬露面积不断扩大。为了保证采煤工作的顺利进行,采煤工作面必须控制有限的工作空间,并及时地对采空区处理。采空区处理应遵循安全性、经济性和可操作性的原则,根据不同的煤层赋存条件及顶底板岩石性质、地面的特殊要求(水体、铁路、建筑物下采煤)等因素,采取不同的采空区处理方法。

目前,采用的采空区处理方法主要是全部垮落法,即随着工作面推进,放顶后使顶板垮落充填采空区。根据顶板条件,在单体支柱工作面,通常分为有特种柱放顶与无特种柱放顶。无特种柱放顶是指随着开采,对切顶线处的支架无专门措施,回撤支柱后,顶板垮落;有特种支柱放顶是指在采空区有悬顶或者工作面有强烈周期来压现象时,须先在切顶线处设置特殊支架,如丛柱、排柱、木垛、抬棚、切顶支柱等,然后回柱放顶。对于坚硬难冒顶板,虽可采用支撑法处理采空区,但由于留设煤柱给下层开采带来困难以及资源采出率低等缺陷,因此通常应采用垮落法专门处理顶板。

3.2 顶板控制原则

3.2.1 顶板控制的目标

从当前技术水平出发,单体液压支柱工作面合理顶板控制目标如下:

①能最大限度地消除压、漏、推冒顶隐患,防止发生各种类型的冒顶事故;

②能保持顶底板移近量、台阶下沉量以及端面冒高等顶底板状态参数在一定限度之内,保证顶板处于良好状态;

③所需的费用低。

为达到上述目标,从当前顶板事故主要是推垮型冒顶这个事实出发,应尽可能提高单体液压支柱的初撑力,同时必须在生产实践中进行日常的支护质量与顶板动态监测。

3.2.2 顶板控制的原则

①对垮落带岩层采取"支",采煤工作面支柱的工作阻力应能平衡工作空间及采空区上方垮落带岩层的重量;采煤工作面支柱的初撑力应能平衡工作空间及采空区上方垮落带直接顶岩重。

②对裂隙带岩层采取"让",采煤工作面支柱的可缩量应能适应裂隙带岩层的下沉。

③对直接顶厚度不足1倍采高,尤其是煤层上面直接就是厚度不大的基本顶时,可用"切"的原则,切断采空区上方基本顶。

④当直接顶厚度不足1倍采高时,可采用"挑",即挑落1倍采高的顶板。对厚且难冒顶板,应松动破碎3倍采高顶板岩层。可在工作面前方用钻眼爆破或高压注水的措施进行松动软化;或在采空区挑顶3倍采高。

⑤不论哪一种顶板,都要针对直接顶的稳定性采取"护"的措施。

⑥不论哪一种顶板,应使支柱的初撑力本身就能防推。为此,支柱初撑支护强度 P_0(kPa)应满足下式要求:

$$P_0 \geqslant \gamma h \left(\cos \alpha - \frac{1}{f} \sin \alpha \right) \tag{5-3}$$

式中　γ——复合顶板下位软岩层平均单位体积力,kN/m³;

　　　h——复合顶板下位软岩厚度,m;

　　　α——煤层倾角,(°);

　　　f——复合顶板软硬岩层之间的摩擦因数。

⑦支护参数应保证顶板处于良好的状态。通常情况下,应保持工作面控顶范围内顶底板移近量每米采高不大于 100 mm,顶板不出现台阶下沉,端面冒高不大于 200 mm。

3.3　支护方式分析

3.3.1　戴帽点柱支护

单体支柱带有柱帽的支护方式称为戴帽点柱支护。柱帽多用木板或半圆木制成,厚 50 ~ 100 mm,长 0.3 ~ 0.5 m。戴帽点柱在采煤工作面的排列方式有矩形排列和三角形排列两种,如图 5-14 所示,主要适用于直接顶比较完整和不受裂隙切割的采煤工作面。

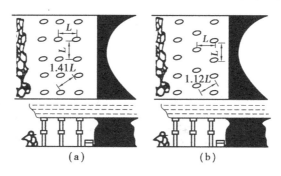

图 5-14　戴帽点柱
(a)矩形排列;(b)三角形排列

3.3.2　棚子支护

棚子支护适用于直接顶为中等稳定或比较破碎的工作面。在破碎顶板的条件下,为了防止直接顶发生局部冒顶事故,棚子的梁与梁之间须背以木板、竹笆、荆笆等。棚子多为一梁二柱布置,梁的布置方式可根据岩层裂隙的产状来决定。当采煤工作面沿走向推进、裂隙平行于工作面时,可采用走向棚,见图 5-15(a),(b),(c),(d)。当顶板的节理裂隙垂直于工作面时,则采用倾斜棚,见图 5-15(e),(f)。

根据顶板条件,走向棚可分成连锁式和对接式两种布置形式。连锁式走向棚如图 5-15(a),(b),(c)所示,支撑能力强,比较稳定,再背以辅助护顶材料(木板、笆片等),可适用于顶板压力大或压力较大的破碎顶板工作面。对接式走向棚如图 5-15(d)所示,主要适用于顶板压力小、直接顶中等稳定的采煤工作面。

倾斜棚是将棚子与棚子对接成一条平行于沿走向推进的工作面的直线,多采用一梁二柱,也可采用一梁三柱。

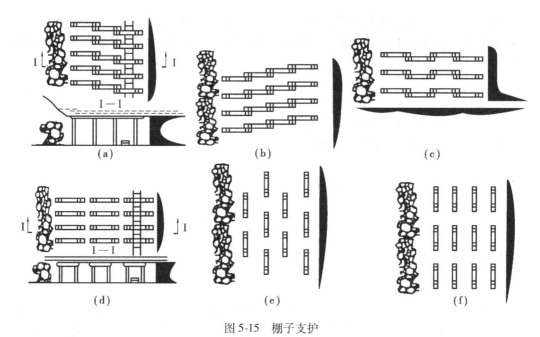

图 5-15　棚子支护

3.3.3　悬臂式支护

悬臂支架是由单体液压支柱与铰接顶梁组成的。按照顶梁与支柱的相对位置关系,悬臂支护可分为正悬臂和倒悬臂两种。顶梁悬臂伸向工作面的称为正悬臂,顶梁悬臂伸向采空区的称为倒悬臂,如图 5-16 所示。

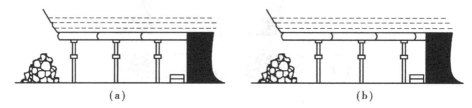

图 5-16　悬臂支护
(a)正悬臂;(b)倒悬臂

正悬臂支护的特点是:机道上方有悬臂护顶,安全条件好;悬臂在采空区一侧较短,不易被折损。倒悬臂支护的特点是:当提前挂梁时,梁窝较浅,容易挂梁,靠采空区一侧悬臂伸出较长,支柱不易被垮落的矸石埋住;回柱比较安全,但悬臂梁易于折损。

按支柱与梁端的排列形式,悬臂支架支护可分为齐梁式和交错式布置方式,分别如图 5-17(a),(b),(c)所示。

根据截深与顶梁长度的关系,齐梁式支护又可分成截深与顶梁长度相同和截深等于顶梁长度一半两种形式。其特点是:支架布置形式简单,易于掌握工程质量;顶梁末端呈一直线,利于切顶;便于设置挡矸帘;支柱排列整齐便于行人及运料。这种支护方式适用于顶板中等稳定以上的工作面。

交错梁支护是指在截深(进尺)是顶梁的一半时,每进一刀便间隔挂一次梁,顶梁呈交错式前移,挂梁次数少,顶板能得到及时支护。根据布置方式不同,交错梁支护又可分为直线柱布置和三角柱布置两种。直线柱布置方式是每进一刀后,通常要间隔打临时支柱,第二刀后再

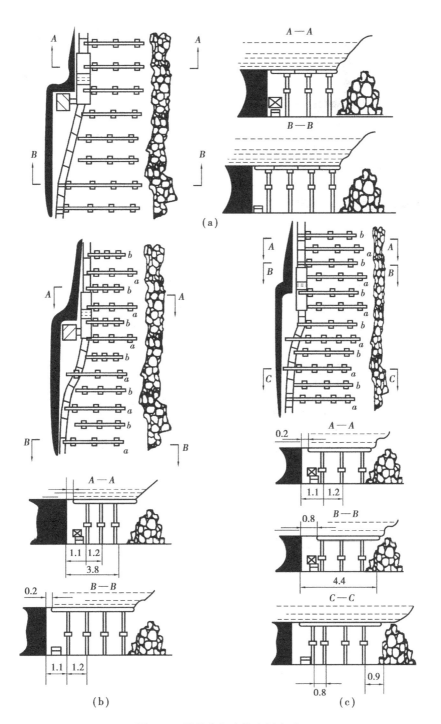

图 5-17　悬臂支架支护布置方式

（a）齐梁式布置；（b）交错梁三角柱布置；（c）交错梁直线柱布置

打正式柱,回掉临时柱。而三角柱布置适用于顶板较稳定的工作面,它采用正悬臂布置,每进一刀,间隔挂梁支柱。这种布置方式支柱密度适宜,放顶距小,回柱放顶安全但支柱呈交错排列,不利于掌握工程质量,行人、运料均不方便,也不利于设置挡矸帘。

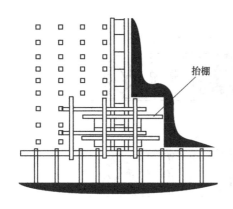

图 5-18 木支架支护的下出口

3.3.4 工作面上、下出口的支护

采煤工作面上、下出口处人员活动频繁,设置有工作面输送机机头、机尾、转载机等机电设备,顶板悬露面积较大。在工作面前支承压力的作用下,出口处顶板及区段平巷上、下帮煤体可预先受到不同程度的破坏,而且出口处支柱架设和回撤频繁,支柱常处于初撑状态,浮煤也较多,支柱支撑能力较低。对采用木支架支护的上、下出口,在机头处及工作面出口内,可采用图 5-18 所示的对接式或连锁式走向棚子支护,以确保在棚梁的掩护下移动机头。对于破碎顶板工作面,还须沿倾斜布置抬棚。对上、下出口处,在原有支架的基础上,还应通过架设长梁棚子或木垛等加强支护。对采用金属支柱的工作面,可用图 5-19 所示的四对(八根)长钢梁进行上、下出口支护;也可采用图 5-20 所示的十字顶梁支护。对工作面运输巷和回风巷,可用图5-21所示的木抬棚、单体液压支柱配以铰接顶梁组成抬棚加强支护,其超前支护长度为 10 ~ 20 m。

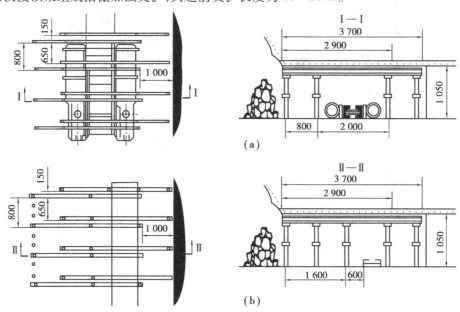

图 5-19 四对(八根)长梁支护上、下出口

(a)上出口支护;(b)下出口支护

3.3.5 特殊支护

①密集支柱(放顶排柱)。它指密集排列的木支柱或金属支柱沿切顶线架设成一条直线。根据顶板压力和采空区悬顶宽度的大小,密集支柱又可分单排密集支柱和双排密集支柱,如图 5-22 所示。密集支柱沿倾斜方向每 3 ~ 5 m 留一安全出口,其宽度大于 0.5 m,支柱之间须留有 50 ~ 80 mm 的空隙,以便于回柱穿绳之用。使用密集支柱对提高作面支柱的切顶性能起到了积极作用。

②丛柱。它指成组排列的支柱群,如图 5-23 所示。丛柱由 3 ~ 6 根支柱为一组,柱与柱之

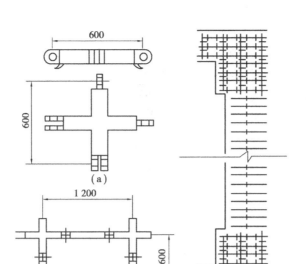

图 5-20 十字顶梁支护

(a)十字顶梁结构;(b)十字顶梁与短梁配合使用;(c)在巷道及上下出口应用十字顶梁

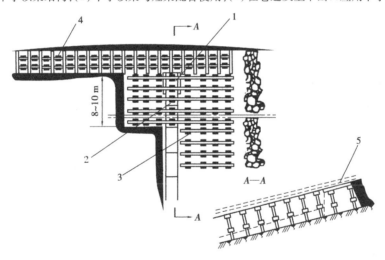

图 5-21 工作面巷道超前加强支护

1—机尾;2—工作面输送机;3—铰接顶梁;

4—区段平巷双排抬棚;5—去掉中柱的铰接顶梁

间留有 40 mm 的间隙。当顶板完整坚硬、来压强度大、易使密集支柱推倒时,可选用丛柱作为切顶支柱,也可作为工作面加强支架。

③木垛。它指由坑木逐层叠放而成,如图 5-24 所示。坑木的断面可分为矩形和圆形,矩形断面的坑木比圆形断面的坑木稳定性好。木垛的形式有正方形、长方形和三角形三种。正方形、长方形木垛稳定性较好;三角形木垛稳定性较差,所以很少采用。有时可在木垛内填些矸石来增强其对顶板的支撑能力和稳定性。木垛尺寸的大小与采高、顶板压力、顶板破碎程度有关。采高大、顶板压力大、顶板破碎时,木垛的尺寸可适当大些;反之,就小些。

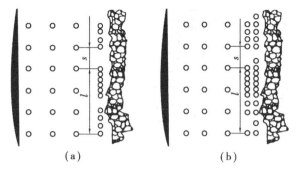
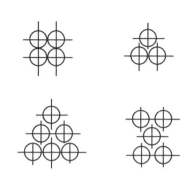

图 5-22　密集支柱图　　　　　　　　　　　图 5-23　丛柱

（a）单排密集；（b）双排密集

s—安全出口宽度；l—密集支柱分段距离

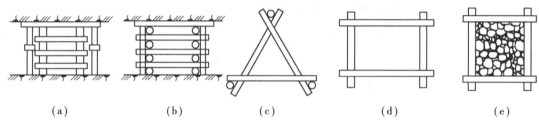

图 5-24　木垛

（a）方木木垛；（b）圆木木垛；（c）三角形木垛；（d）矩形木垛；（e）方形木垛

顶板破碎范围大、采用带帽点柱或棚子支护时顶板有危险的工作面以及顶板来压可能会推垮支架的工作面，为了确保安全，放顶前需加打木垛；顶板下沉量及下沉速度较大，支柱大量折断或下缩，有可能要发生大冒顶危险时，应立即打木垛；采空区处理采用缓慢下沉法时，可打木垛作为主要放顶支架。

④斜撑支架。在采空区一排支柱旁驾设一梁三柱斜撑支架，以增加支架的稳定性，如图 5-25 所示。

⑤抬棚。沿采空区一侧的支架架设抬棚，以加强工作面支架稳定性和切顶功能，如图 5-26 所示。

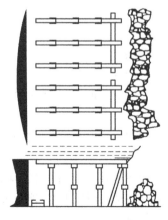
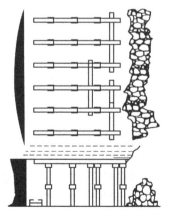

图 5-25　斜撑支架支护　　　　　　　　　　图 5-26　抬棚支架支护

⑥液压放顶墩柱。它主要适用于顶板难垮落的工作面。

3.3.6　滑移支架支护

滑移支架是由外注式单体液压支柱与可滑移的顶梁组合而成的简易支架。图 5-27 为我国生产的 ZFTL—3 型滑移支架,该支架由 4 根外注式单体液压支柱、1 个推拉千斤顶、推拉装置、前梁及后梁 5 部分组成。前梁及后梁又称为主梁,除了有支撑顶板作用外,后梁还有切顶功能。前、后梁体均为箱形结构,下面设有翼缘,作为可动支柱的滑道。

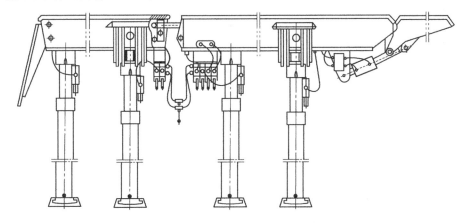

图 5-27　ZFPL—3 型滑移支架

支架支护工作状态如图 5-28(a)所示。移架时,先收缩前探梁,抽出前梁靠煤臂侧可动支柱(前梁前柱)上的垫块,注液升柱,使该支柱的副梁支撑顶板。再将前梁后柱提起,此时前梁正处于非工作状态,如图 5-28(b)所示。再向前推拉千斤顶注液,使前梁向前推移一个步距(即截深),如图 5-28(c)所示。然后插上前柱的垫块,升起该支架,此时前梁进入工作状态,如图 5-28(d)所示。抽出后梁前柱垫块注液升柱,使该支柱支撑顶板,再提起后梁后柱,将后梁

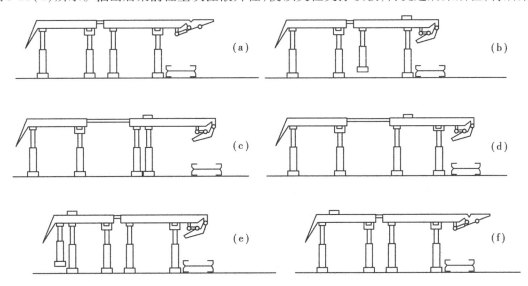

图 5-28　ZFTL—3 型滑移支架移置过程
(a)支架在工作;(b)提前梁后柱;(c)移前梁、推移输送机;
(d)移前梁副架及支柱;(e)提后梁后柱;(f)支架在工作

向前拉动一个步距,随即升起后梁后柱,如图 5-28(e)所示。最后,将后梁前柱提起,向前移动一个步距,插上垫块,伸出前梁,进入工作状态,如图 5-28(f)所示。

ZFTL—3 型滑移支架适用于煤层倾角不大于 15°、采高为 1.6～3.2 m、直接顶为 Ⅱ 类以上、中等稳定、无强烈冲击地压、用全部垮落法或缓慢下沉法处理采空区的机采工作面。

滑移支架比单体支架整体性好,劳动强度较低,支柱顶梁不易丢失。另外,ZFTL—3 型支架因有副梁,在前后梁移动时有副梁支护顶板,基本上满足了主梁下降时不使顶板离层的要求,能有效地支护顶板。

3.4 单体支柱支护参数

单位顶板面积上的支护阻力称为支护强度。与支护强度密切相关的支护参数有支柱的初撑力、支柱密度和支护系统刚度。支柱初撑力愈大,支护系统刚度愈大,工作面支护强度愈大。

3.4.1 支柱初撑力

支柱的工作阻力在相当大的程度上取决于支柱的初撑力。在支柱密度与支护系统刚度一定的条件下,初撑力大,工作阻力也大。就控制顶板而言,起主要作用的只是支柱的初撑力,初撑后支柱工作阻力的增长取决于顶板下沉的情况。在增阻式支柱或恒阻式支柱的增阻阶段,顶板下沉愈多,支柱工作阻力增加愈快。提高初撑力可以防止或减轻直接顶的离层,也可以使支柱尽快达到所需的工作阻力,因此,初撑力在工作面支护设计中是一个重要的参数。

在顶板控制设计中,应使初撑力尽量达到额定值。目前,单体液压支柱工作面主要的问题是初撑力偏低,近年来的多起推垮型冒顶事故都与此有关。因此,应尽可能设法提高支柱的实际初撑力。通常条件下,支护设计中支柱初撑力不应低于其额定值的 70%～80%。

3.4.2 支柱密度

进行工作面顶板控制设计时,应先考虑可能施加给支柱的顶板力,再按需要与规定取支柱的初撑力或按经验取支柱的工作阻力,从而计算出支柱密度。

合理的支柱密度可用下式表示:

$$n = \frac{p_T}{P_t} = \frac{1}{ab} \tag{5-4}$$

式中 n——工作面合理的支柱密度,根/m²;

P_T——工作面合理的支柱强度,kN/m²;

P_t——工作面支柱的实际(有效)支撑能力,kN/柱;

a,b——排距和柱距,m。

从上式可知,确定合理的支柱密度的关键是如何确定合理的支护强度和支柱实际(有效)的支撑能力 P_t。合理支护强度取决于对顶板的控制要求,其中包括:防止直接顶离层、破碎、减少煤壁片帮,防止可能发生的顶板事故等。煤层的顶底板不同,控制的要求也不同。

1)初次来压阶段

控制重点包括直接顶初次垮落、直接顶的周期性垮落以及基本岩梁的初次来压。

在直接顶初次垮落阶段,应保证支护有足够的初撑力,将直接顶岩层的初次断裂线控制在放顶排位置,以防止顶板切落工作面。研究表明,其合理初撑力强度如图 5-29 所示,从中可查出不同垮落厚度($\sum h$)、不同初次垮落步距(l_0)下所需要的合理初撑力 P_{20}。

直接顶初次垮落后,随着工作面的推进,直接顶周期性垮落,悬顶的出现将对工作面支架

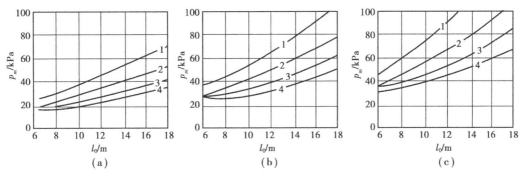

图 5-29　合理初撑力图

$(a) \sum h = 1\ m; (b) \sum h = 1.5\ m; (c) \sum h = 2\ m$

$1 - L_k = 3\ m; 2 - L_k = 4\ m; 3 - L_k = 5\ m; 4 - L_k = 6\ m$

产生附加作用力,如图 5-30 所示。这时,支架控制悬顶裂断运动所需的支护强度为:

$$p = h_z \gamma f z, kN/m^2 \tag{5-5}$$

$$f_z = \frac{1}{2} n_i (1 + \frac{L_s}{L_k})^2 ; ni = \frac{X_0}{L_k}$$

式中　f_z——垮落顶板悬顶系数,无悬顶(即 $L_s = 0$)时,$f_z = 1$;

　　　L_k——控顶距,m;

　　　L_s——悬梁长度,m;

　　　$h_z \gamma$——直接顶重力,kN/m^2。

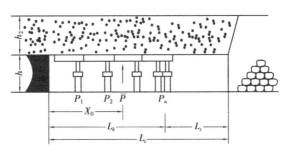

图 5-30　悬顶周期性垮落

基本顶岩梁初次来压阶段,应考虑合理支护强度(P_T)按岩梁断裂时有沿煤壁附近下切危险的极限状态,见图 5-31,即:

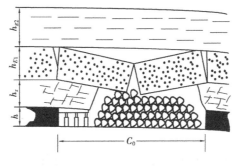

图 5-31　基本顶岩梁初次来压

219

$$p_T = h_z\gamma + h_{E1}\gamma\frac{C_0}{4L_k}fz, \mathrm{kN/m^2} \qquad (5\text{-}6)$$

2）正常推进阶段

该阶段中，支架控制直接顶所需的合理支护强度如式（5-5），可分为两种工作状态考虑。

支架在"给定变形"状态下工作时，所需合理支护强度为：

$$p_T = h_z\gamma + \frac{h_E\gamma L}{2L_k} \qquad (5\text{-}7)$$

式中　L——基本顶岩梁移动步距，m。

支架在"限定变形"状态下工作时，所需合理支护强度应根据支架阻力与顶板下沉位置状态间的力学关系方程——位态方程来确定，即：

$$p_T = h_z\gamma + p_A\Delta h_A/\Delta h_T, \mathrm{kPa} \qquad (5\text{-}8)$$
$$p_A = h_E\gamma L/(K_T L_K), \mathrm{kPa}$$

式中　p_A——取决于岩梁力学特性参数的位态常数；

　　　K_T——基本顶岩梁作用力传递系数，1.5 ~ 2.0；

　　　Δh_A——基本顶岩梁无阻碍最终下沉值，m；

　　　Δh_T——由于支架阻力限定的顶板下沉量，$\Delta h_T < \Delta h_A$，m。

"位态方程式"也可利用试验参数来建立。若实测得来压时顶板下沉量 Δh_0 及支护强度 p_0，当 $\Delta h_0 < \Delta h_A$，$p_0 > h_z\gamma + p_A$ 时，位态常数为 $p_A = p_0 - h_z\gamma$，位态方程式可写成：

$$p_T = h_z\gamma + p_A\Delta h_0/\Delta h_T, \mathrm{kPa} \qquad (5\text{-}9)$$

根据对基本顶岩梁位态的控制要求（既确定 Δh_T 的大小），利用式（5-20）或式（5-21）就可确定相应的合理支护强度。

支柱工作面支护过程中，有效支撑力（R_t）是指：把顶板控制在要求的"位态"（以攀大控顶距处的顶板下沉量来表示）时，所有支柱所能达到的工作阻力均值。由于受支柱结构力学特性、辅助支护结构、顶底板抗压入强度、支护工作质量等的影响，支柱有效支撑能力要比支柱额定工作阻力小，可按式（5-2）确定。确定支柱强度后，应换算为具体排距和柱距，下面以使用单体柱和铰接顶梁支护的工作面为例说明。

通常，支柱的排距是每次采煤进度或采煤机截深的整倍数。以机采为例，若截深为 0.5 m 或 1 m，支柱的排距为 1 m；截深为 0.8 m，排距即为 0.8 m；截深为 0.6 m，排距则为 0.6 m 或 1.2 m，等等。排距确定后，可根据式（5-4）确定柱距。

考虑到机道的宽度往往大于排距，因此，应引进一个修正系数 K。当排距为 0.8 m 时，取 $K = 1.2$；当排距为 1 m 时，取 $K = 1.1$；当排距为 1.2 m 时，取 $K = 1$。这样，柱距可确定为：

$$b = \frac{1}{Kna} \qquad (5\text{-}10)$$

对于单体支柱与铰接顶梁的工作面，柱距都不应小于 0.5 m，否则给工作面作业带来困难。

由上述可知，在一定条件下，工作面支柱密度是由预防冒顶、网兜或考虑生产工作方便等因素确定的。

3.4.3　支护系统刚度

支护系统刚度是指单位顶底板移近量所对应的支柱工作阻力增量(kN/mm)。从控顶观点看,希望支护系统刚度越大越好。

支护系统刚度取决于顶梁与背顶材料的刚度、支柱本身的刚度以及底板岩层的刚度。如金属顶梁,通常认为是不可压缩的。目前所采用的背顶材料,其压缩率可达50%,而且背顶材料的压缩在支柱阻力达50 kN以前完成,支柱阻力再增加,就会表现出很大的刚度。如工作面中使用的单体液压支柱,在初撑时已基本完成背顶材料的压缩,支柱若能保持其本身的工作特性,其刚度还是比较理想的。从底板岩层的刚度来看,砂页岩、砂岩等中硬或坚硬的底板,其刚度较大,能较好保持整个支护系统;煤、泥岩、页岩等较软和很软的底板,由于本身刚度太小,导致整个支护系统刚度降低,对控顶极为不利。

在报顶设计时,为保证工作面有一定的支护强度,支柱初撑力(或平均工作阻力)、支柱密度、支护系统刚度都应作为互相有关的因素予以综合考虑。在多数情况下,按一定的支护系统刚度,先确定支柱密度,再确定支柱初撑力。个别情况下,如底板特别松软,可在降低支柱初撑力,加大支柱密度的前提下,保证支柱钻底不超过100 mm的限度。

应当指出,顶板移近量、端面冒高、顶板台阶下沉量等顶板状态参数,都与工作面支护强度有关。实践证明,支护强度越大,这些参数的数值就越小,为了达到良好的控顶效果,就要提高支护强度,即提高初撑力、支柱密度和支护系统刚度。

3.4.4　单体支柱工作面支护强度的实测统计

对于单体面支护强度的确定,由于煤矿地质和开采条件复杂多样,理论上常难于正确定量计算。常用的方法就是:根据丰富的实测资料,统计出影响支护强度的各种因素之间的关系,以求出定量计算结果,我国煤炭行业标准规定有下述要求。

1)单体柱的支护强度

支护强度下限按下式计算:

$$p_H = C_k(39h_m + 2.4L_f - 6.9N + 134) \tag{5-11}$$

式中　C_k——备用常数,$C_k = 1.2 \sim 1.4$。

表5-11为同采高下单体支柱工作面支护强度下限。

表5-11　单体支柱工作面支护强度下限

基本顶级别		I	II	III
采高 h_m/m	1	300	330	410
	2	325	310	420
	3	350	380	430

2)单体支柱的支柱密度选择

①按直接顶稳定性确定支柱密度。直接顶稳定性对支柱密度的要求见表5-12。

表 5-12　各类直接顶的支柱密度　　　　　　　　单位:根/m²

级　别	1 类(不稳定)		2 类(中等稳定)	3 类(稳定)
	I_a	I_b		
支柱密度上限	2.25	1.785	1.43	1.25
支柱密度下限	2.08	1.43	1.25	1.04

②按支护强度验算支柱密度。

$$p = n_S Q \tag{5-12}$$

式中　Q——单体支柱工作阻力,kN/柱;

　　　p——支护强度,kPa;

　　　n_S——支柱密度,根/m²。

验算支柱密度:

$$n_S \leqslant \frac{p}{Q} \tag{5-13}$$

支柱密度的选择应考虑所采用的支柱系列,国产单体液压支柱系列的工作阻力见表 5-13。

实测井下单体支柱工作阻力与额定初撑力相近,故式(5-13)中 Q 可用 Q_0 代替,而必需的初撑力支护强度按下式中确定:

$$p_0 = 38.4 h_m + 6.75 L_p + 19.8 B_c - 78.3 \tag{5-14}$$

验算支柱密度,可按下式计算:

$$n_S \geqslant \frac{p_0}{Q_0} \tag{5-15}$$

表 5-13　单体液压支柱的工作阻力系列

支柱系列	DZ—300/100	QZ—250/80	QZ—150/63
初阻力 Q_0/kN	117.5	75.3	49
额定工作阻力 Q_h/kN	300	250	150

注:泵站压力取 15 MPa。

任务 4　综采工作面顶板控制分析

综采工作面的顶板控制问题突出地表现在支架与围岩的适应性上。当适应性好时,顶板事故率低,工作面高产、高效。适应性主要表现在三个方面:液压支架的架型及主要参数;支架在煤层特殊赋存条件下的适应性;工作面处于特殊地点及时期的控顶技术。实践证明,采煤工作面使用液压支架后其控顶能力大为增强。但是,若选型不当、管理不善,顶板控制问题仍会影响工作面产量和效益。

4.1　液压支架架型选择

对于综采工作面液压支架,其架型及其主要参数的选择必须与矿山地质条件相适应。它不仅包括支架的架型及额定工作阻力、支护强度等参数,而且还涉及顶梁、护帮、底座、侧推及阀组等主要部件的选型及其参数。

因此,在选型前必须搜集足够的矿山地质资料,并掌握类似条件下的矿山压力实测数据,尽可能地考虑各种矿山地质条件对液压支架工况的影响,从而做好液压支架选型工作。

4.1.1　液压支架的选型顺序

①根据顶板岩石力学性质、厚度及岩层结构和弱面发育程度确定直接顶类型;

②根据基本顶岩石力学特性及矿压显现特征确定其级别;

③根据底板岩性及底板抗压入强度和刚度测定结果,确定底板类型;

④根据矿压实测数据计算额定工作阻力或根据采高、控顶宽度及周期来压步距,估算支架所需的支护强度和阻力;

⑤根据顶底板类型、级别及采高,初选所需的额定支护强度,初选支架型式;

⑥考虑工作面风量、行人断面、煤层倾角,修正架型及参数;

⑦考虑采高、煤壁片帮(煤层硬度和节理)的倾向性及顶板端面冒落度,确定顶梁及护帮结构;

⑧考虑煤层倾角及工作面推进方向,确定侧推结构及参数;

⑨根据底板抗压入强度,确定支架底座结构参数及对架型参数的要求;

⑩利用支架参数优化程序(考虑结构受力最小),使支架结构优化。

有时巷道及运输等对选型也有较大影响。上述选型顺序和相互关系可用图 5-32 表示。

目前,液压支架的选型有两种方法,即系统分析比较法和综合评分法。

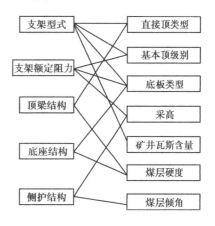

图 5-32　液压支架的选型顺序

4.1.2　系统分析比较法

根据矿山地质条件来分析、比较及决定支架各部分的类型及参数。其选型原则如下:

①主要根据直接顶、基本顶的厚度、物理性质、层理和裂隙发育情况及类级,结合采高、开采方法等因素确定支架的额定工作阻力、初撑力、几何形状、立柱数量及位置、移架方式、顶板覆盖率。另外,下位顶板的稳定性对液压支架选型尤为重要。例如,经分析认为,目前适用最广的架型为两柱支顶式掩护支架及支撑掩护式支架。前者可适用于基本顶Ⅰ~Ⅱ级,动压系数为 1.2~1.5,直接顶较稳定,采高小于 5 m 的矿层;后者主要适用于Ⅰ级以上基本顶,动压系数 1.5 m 以上,直接顶中等稳定以上的矿层。

②对于"三软"煤层,目前采取的架型有两种两柱掩护支架。一种是短顶梁的支掩式托梁掩护支架,为了缩小控顶距,可采用插底式支架;另一种是采用对顶板全封闭方式的支顶式掩护支架,可采用长侧护板的整体顶梁加伸缩梁,加大立柱的倾斜以增大支架的指向煤壁的水平支撑能力。

③根据煤厚、变化范围及其规则程度,确定支架最大和最小高度、活柱伸缩段数、加高装置;结合煤层的强度和节理发育程度确定是否采用护帮装置,以及装置的形式和尺寸。当煤层厚度小于2.7 m时,不使用护帮装置。

④据煤层倾角数据确定支架稳定性,如防倒、防滑装置、锚固站及调架装置。

⑤据底板抗压入强度及平整程度确定底座类型,可选择整体刚性底座或弹性连结的分体底座;根据底板载荷集度分布确定底座面积,在软底板时采用减少底座端部载荷集度峰值的架型,或采用插底式,或是设置抬底座装置。

⑥依据煤层的瓦斯含量及释放方式确定支架的最小过风断面,应能满足通风要求。

⑦研究全矿井内地质构造情况,特别是断层的落差、影响范围,陷落柱的范围和规律。这一方面应使综采区段布置避开地质构造复杂区域,宜用于断层落差小于1 m,最大不超过煤厚1/2的稳定煤层。此外,应选用对地质构造变化适应能力强的架型。

根据以上原则,对可选择的支架架型及各部件的几个方案进行比较后,决定采取的类型及其参数。

4.1.3 综合评分法

综合评分法按如下步骤进行:

(1)支架选型要素及评价

已知开采地质、技术条件进行支架选型时,必须考虑各种支架对围岩的适应性及力学特性,即反映支架对围岩的适应能力、支架的力学特性和工作特性。根据上述要素和评价可初步进行支架选型。对进一步选型和结构选择,可按专家评分法进行。该评分法的基本原则是:

①如果某种支架形式或结构对地质、技术条件(直接顶、基本顶、底板类别、采高、倾角、煤壁片帮、瓦斯含量等)的适应性最好、较好,可分别给予5分、4分;如果勉强还可以用,给3分;如果适应性差、很差,分别给予2分、1分。

②支架的某种结构与一定地质技术条件无关时,不参与评分,即不给予评分。如顶梁结构与底板类别可视为无关。

③除考虑上述地质技术条件外,还应考虑到上下部采动条件、两侧开采条件、地质构造发育情况、深部开采等因素。在影响明显时,可适当降低顶板类级来处理。当顶底板含水,使开采中底板积水时,可适当降低底板抗压入强度来处理。

(2)确定重要性系数

不同的架型结构与地质技术条件之间并非同等重要。例如,对于架型来说,首要的是直接顶、基本顶、底板,其他因素仅具有一定性影响。对于顶梁结构来说,首要的是直接顶的稳定性,其次是煤层硬度和采高等。重要性系数$W = 1.0$,表示比较重要;$W = 1.5$,表示头等重要;依次是1.3,1.2,1.1。

(3)选择架型和结构要遵循的程序

①按$Q_i = \sum W_i R_i$计算给定地质、技术条件下的各种架型和结构的Q_i值;

②对所有Q_i值进行比较,Q_i最大(即$Q_i = Q_{max}$)时,则该结构和架型对给定条件最优。

(4)支架型式和结构选定后还需进一步完成的工作

①确定支架初撑力和工作阻力;

②以结构件内力最小为目标函数,进行结构参数优化选择。

4.2　液压支架参数

对液压支架设计、使用起决定作用的力学参数是初撑力和工作阻力。支架的合理支护强度应包括支架合理工作阻力、合理初撑力以及两者的比值,对于坚硬和稳定顶板尚需考虑工作面每米阻力,此值反映支撑力矩的大小。

4.2.1　液压支架工作阻力

决定液压支架合理工作阻力的方法主要有载荷估算法、实测统计法及理论分析法等。

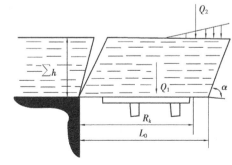

图 5-33　支架受力图

1)载荷估算方法

估算法认为支架的合理工作阻力 P 应能承受控顶区内以及悬顶部分的全部直接顶岩重,还要承受当基本顶来压时形成的附加载荷,如图 5-33 所示。

可表示为:

$$Q = Q_1 + Q_2 = \sum h_i l_i \gamma_i + Q_2 \tag{5-16}$$

式中　h_i, l_i, γ_i——第 i 层直接顶的厚度、悬顶距及体积力;

　　　Q_1——直接顶形成载荷;

　　　Q_2——基本顶附加载荷;

　　　Q——载荷。

工作面的合理支护强度 p 为:

$$p = \sum h\gamma + \frac{Q_2}{l_m} = n \sum h\gamma,即 p = (4 \sim 8)m\gamma \tag{5-17}$$

式中　m——采高。

显然,在顶板条件较好、周期来压不明显时可取低倍数,而周期来压比较剧烈时则可用高倍数。

经实测资料分析,Q_2 与基本顶初次来压步距 L_0 具有明显的线性关系,故也可用下式表示:

$$p = 200 + 8L_0,kPa \tag{5-18}$$

式中的 200 大致就相当于 $\sum h\gamma$ 值。

2)实测统计法

实测结果表明,在支架工作的每一循环中,支架与围岩的相互作用通常均呈现初撑增阻、相对平衡和移架前增阻三个阶段。若此初撑增阻值为 ΔP_1,移架前增阻值为 ΔP_2,则增阻值 $\Delta P = \Delta P_1 + \Delta P_2$ 占总增阻值的大部分。支架最大工作阻力大致为 $P_m = P_0 + \Delta P$。第一、三阶段的支架增阻是由于采动及支架卸载引起上覆岩层活动加剧,顶板压力大于支护系统支撑力所致。而于相对平衡阶段,两者处于均衡状态。通常一、三阶段的时间较短,不超过 0.5 ~ 1.0 h,第二阶段延续时间较长。如果支架额定工作阻力略大于相对平衡阶段所需的工作阻力,就可保证一个循环中绝大部分时间内支架与围岩处于相对平衡,顶板弯曲下沉和破坏都比较小,能有效地控制好顶板。

　　大量统计结果表明,当支架初撑力低于支架—围岩相对平衡阻力时,同一循环的支架时间加权平均工作阻力只与相对平衡阶段工作阻力相近。

　　支架的时间加权平均工作阻力在每一循环是不同的,它是一个随机变量。据一些工作面的统计,它服从正态分布,故支架合理工作阻力 P 可用下式表示:

$$P = P_t + k \hat{\sigma} \tag{5-19}$$

式中　$\hat{\sigma}$——标准均方差,kN;

　　　　k——置信度系数。

　　若允许有3%的支架时间加权平均阻力大于额定工作阻力而使安全阀开启,则 k 值为2,故上式为:

$$P = P_t + 2\hat{\sigma}_t \tag{5-20}$$

　　若以支架最大工作阻力 P 作为统计值,则可取为 $1 \sim 1.3$,支架合理工作阻力 P 为:

$$P = P_m + (1 \sim 1.3)\hat{\sigma}_m \tag{5-21}$$

　　当工作面有明显基本顶来压现象时,应按来压期间统计的支架阻力确定合理工作阻力。以上为以某煤层的工作面实测数据来计算该面的合理工作阻力值,但确定支架的额定阻力值还应全面考虑,应以大量工作面统计值作为依据。应当指出,上述计算应用在支架初撑时的阻力低于支架—围岩平衡必需的阻力时,计算结果较正确,对于高初撑支架,结果可能偏高。

　　经我国近30年来实测统计,综采工作面支护强度计算已由煤炭科学研究总院提出,原煤炭局已将其发布列为国家煤炭行业标准。

　　① I ~ Ⅲ级基本顶的额定支护强度下限为:

$$P_H = 72.3h_m + 4.5L_p + 78.9B_c - 10.24N - 62.1 \tag{5-22}$$

式中　p_H——额定支护强度,kPa;

　　　　h_m——工作面煤层采高,m;

　　　　L_p——基本顶周压步距,m;

　　　　B_c——控顶高度,m;

　　　　N——直接顶厚度与采高之比。

　　②Ⅳ级基本顶额定支护强度下限为:

$$P_H = (241\ln L_f + 52.6h_m - 15.5N - 455)B_c C_k \tag{5-23}$$

式中　L_f——基本顶初压步距,m;

　　　　C_k——备用系数,Ⅳa 级基本顶取 $C_k = 1.2 \sim 1.3$;Ⅳb 级基本顶取 $C_k = 1.4 \sim 1.6$。

　　基本顶初压步距与周压步距核算关系为:

$$L_f = 2.45L_p \tag{5-24}$$

式(5-22)、式(5-23)计算结果经调整后列入表5-14。

　　③液压支架额定阻力。已知支护强度,则必需的支架额定阻力可按下式计算:

$$P_S = p_H B_c S_c / K_s \tag{5-25}$$

式中　P_S——液压支架额定阻力,kN/架;

　　　　S_c——液压支架中心距,m;

　　　　K_s——液压支架支撑效率,选取范围:支撑式支架为 $0.90 \sim 0.95$;支掩式掩护支架为 $0.65 \sim 0.75$;支顶式掩护支架为 $0.80 \sim 0.90$;支撑掩护式支架为 $0.80 \sim 0.95$。

表 5-14　各级基本顶必需的支护强度和每米阻力下限

项目	额定支护强度/kPa					每米支护阻力/(kN·m⁻¹)	
基本顶级别	I	II	III	IVa	IVb	IVa	IVb
采高 /m	1	390	420	470	610	750	2 745	3 375
	2	440	490	530	720	800	3 240	3 600
	3	500	550	580	830	970	3 735	4 365
	4	570	680	680	935	1 050	4 200	4 810

3）理论分析法

砌体梁学说认为,工作面支架的作用是及时支撑控顶区内直接顶岩层,避免直接顶和基本顶离层而破碎,同时要对上覆可能形成砌体梁结构的基本顶岩层以作用力,用以平衡其部分载荷,不让其沿工作面形成切顶及大量的台阶下沉。

如图 5-34 所示,当 A 岩块前端断裂瞬间,为协助岩块实现平衡结构,其关系式为

$$P_H = \sum h_i \gamma_i + \left[2 - \frac{L_2 \tan(\varphi - \theta)}{2(H - \delta)} \right] Q / l_m$$

(5-26)

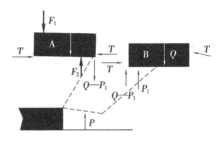

图 5-34　上覆岩层断裂时的受力情况

式中　p_H——合理支护强度,kPa;

　　　φ——岩块间摩擦角;

　　　θ——岩块破断角;

　　　H——基本顶岩层厚度;

　　　δ——B 岩块回转下沉量;

　　　Q——B 岩块的重力及载荷。

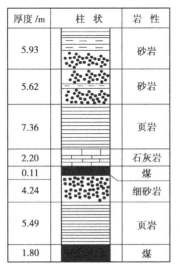

厚度/m	柱状	岩性
5.93		砂岩
5.62		砂岩
7.36		页岩
2.20		石灰岩
0.11		煤
4.24		细砂岩
5.49		页岩
1.80		煤

图 5-35　阳泉某矿煤层柱状图

例如:阳泉矿务局某矿的煤层柱状图如图 5-35 所示。实际测定的周期来压步距为11.5 m,控顶距 l_m 为 4 m,自身可能平衡的岩层为 4.24 m 的砂岩或2.20 m 的石灰岩层。

令岩块间的摩擦系数 $\tan \varphi = 0.8$,$\delta = H/6$。先考虑 2.20 m 的石灰岩不能形成平衡,则支架为保持 $\sum F_y = 0$,应具有的附加力为:

$$P_1 = \left[2 - \frac{L \tan(\varphi - \theta)}{2(H - \delta)} \right] Q = -2\ 080 \text{ kN}$$

上式中 $\gamma = 25 \text{ kN/m}^3$,$\theta = 0°$,$P_1$ 为负值,即说明 2.02 m 的石灰岩可自身取得平衡,不需要支架给予补充的支撑力以保持其平衡。

再分析 4.24 m 厚的砂岩层,设周期来压由此岩层形成,则其附加力为:

$$P_1 = \left[2 - \frac{11.5 \times 0.8}{2(4.24 - 0.70)} \right] \times 11.5(4.24 + 0.11) \times 25$$

$$= 870 \text{ kN}$$

此式说明,必须对 4.24 m 的砂岩层施加 870 kN 的附加力,才能使岩层断裂回转时不发生滑落失稳。如再考虑支架应承受的直接顶载荷,则支架应具备的工作阻力为:

$$P = \sum h\gamma l_m + P_1 = 1\ 420 \text{ kN/架}$$

支护强度为:

$$p = \frac{P}{l_m} = 355 \text{ kPa}$$

计算结果与实测中最大平均支护强度 250 ~ 420 kPa 相近。

4.2.2 放顶煤液压支架工作阻力

对于工作面其支架合理工作阻力必须依据矿压显现特点以及相关理论来确定。

直接顶垮落高度与采高有关。放顶煤支架因一次采高在 6 m 以上,支架必须支撑住由此产生的静压和动压。支架工作阻力的增加,可有效地控制顶板。但如果阻力过大,往往阻力利用率不高,还会增加支架重量、造价,经济效益降低。因此,必须合理选择支架的工作阻力。

根据已有的试验,缓斜放顶煤开采时支架的工作阻力情况见表 5-15。

表 5-15　放顶煤工作面支架阻力

使用矿区	架 型	初撑力 P_s/kN	平均阻力 P_t/kN	末阻力 P_m/kN	支护强度 p/kPa	动压系数
阳泉	FD440-1.65/2.6	540	1 433	1 704	262	1.4
潞安	ZFD4000-17/33	1 237	1 784	2 059	233	1.15
平顶山	FD440-16	1 800	2 040	2 232	385	1.3
阜新	BYC400-16/28	358	1 011	1 360	200	1.23

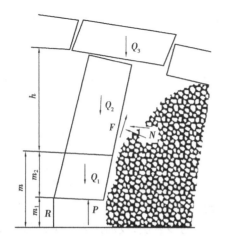

图 5-36　放顶煤开采支架受力

由表 5-15 可见,虽然表中所列测定结果是在不同放煤高度、架型、支护强度等条件下的矿压显现,然而支架的实际支护强度为 200 ~ 380 kPa。基本顶来压强度对支架受载的变化影响并不大,采放高度与对支架受载影响也不大。

1)估算法

估算支架阻力的力学模型如图 5-36 所示,可按下列原则考虑建立方程。

①采场上方顶板在靠煤壁一侧为顶板破裂线,即顶煤及顶板断裂线通常超前发生在煤壁内。断裂线移至煤壁附近时为支架受载最大的时刻,应作为计算基础。

②采空区一侧顶煤、岩层按垮落角上伸,其侧

面有垮落后的矸石支撑,且对顶煤、岩层的下沉具有相应的摩擦阻力。

③基本顶载荷 Q_3 或称为裂隙体梁结构失稳形成的载荷,对顶煤及直接顶的破碎垮落起重要作用。但由于放顶煤开采垮落带较高,此平衡结构有可能在下位裂隙带内,即使在岩块间有剪切滑移的情况下,仍能继续保持横撑力而形成裂隙体梁式平衡结构,而此结构以上的载荷对支架的影响可忽略不计。

可按 $\sum F_y = 0$ 建立下列方程:

$$P = K(Q_1 + Q_2 - R - N - F\cos\alpha)$$

式中　P——支架合理支撑力,kN/架;

Q_1——顶煤重,$Q_1 = m_2 l\gamma_m$,kN;

Q_2——直接顶重,$Q_2 = hl\gamma_2$,kN;

K——考虑砌体梁失稳时附加力的动载压系数,取 1.8;

R——顶板在煤壁断裂线处的摩擦阻力;

N——碎矸和部分规则垮落带的横撑力;

F——块矸和顶煤、岩石间摩擦力,$F = N\tan\varphi$。

考虑到支架阻力处于极限情况,$R = 0$。碎矸支撑力可表示为:

$$N\cos\alpha = \frac{\gamma}{2}(m_2 + h)^2 \frac{1 - \sin\varphi}{1 + \sin\varphi}$$

支架外载形成的力矩要靠液压支架阻力的分布来平衡。

设 $\tan\varphi = 0.8$,$\alpha = 20°$,$\gamma_m = 14$ kN/m³,$\gamma_2 = 25$ kN/m³,$l = 5$ m,当采放高为 6 m,8 m,10 m 及 12 m 时,支架阻力分别为 3 504 kN/架、4 229 kN/架、4 566 kN/架、4 560 kN/架,相应的支护强度为 467 ~ 609 kPa。

2)实测统计法

据实测结果统计所得,随着采放煤厚增加,顶板来压时支架的循环末支护强度随之升高,但增加幅度很小。如以煤层厚度与岩石体积力的乘积表示,支架支护强度可写成:

$$p = knm\gamma \tag{5-27}$$

式中　p——支架支护强度,kPa;

k——安全系数,取 $k = 1.2 \sim 1.5$;

n——折算系数;

m——煤层全厚,m;

γ——岩石体积力,取 25 kN/m³。

据统计,折算系数在来压与非来压期间是不同的,来压时其关系为:

$$n = 9.768m^{-0.79}(R = 0.98, s = 0.06)$$

如果以顶板来压时支架的载荷作为设计支架工作阻力的基础,则可写成:

$$p = knm\gamma = 9.768km^{0.21}\gamma$$

如支架工作阻力利用率按 75% 考虑,即是 1.33,则上式为:

$$p = 325m^{0.21}$$

4.2.3　液压支架初撑力

初撑力在支架参数中具有重要地位,对顶板控制的重要性已得到普遍认同。提高支架初撑力的作用是:①减少顶板离层,增强顶板自身强度,增加顶板的稳定性;②提高支架对机道顶板的支撑能力,减少工作面顶板端面破碎度及煤壁片帮;③压实顶梁上及底座下浮矸,提高支撑系统刚度;④充分利用支架额定支撑能力,减少顶底板相对移近量。

提高初撑力要使用高压乳化液泵、高压软管以及与其相适应的液压系统和阀件。目前我国研制了 MRB125/40A 和 MRB160/31.5A 型乳化液泵,工作压力可达 40 MPa。部分矿区使用了初撑力保持阀,这些为提高初撑力创造了条件。

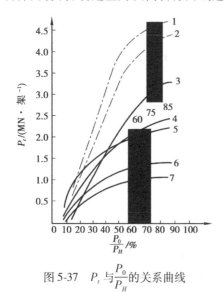

图 5-37　P_t 与 $\dfrac{P_0}{P_H}$ 的关系曲线

1—阳泉一矿 506(2 类);2—石嘴 2297(2 类);
3—范各庄矿 1375(2 类);4—南屯 8307(3 类);
5—范各庄矿 1477(2 类);6—范各庄矿(1 类);
7—南屯矿 7304(2 类)

根据 44 个综采工作面统计,实测初撑力和额定初撑力之比为 0.714,均方差为 0.11。因此,设计时应考虑设计初撑力的利用率,通常设计初撑力高一些较好。

实测表明,随着初撑力与额定工作阻力的比值增加,实测支架平时工作阻力按指数曲线增长,其回归方程为

$$P_t = Ae^{-\frac{B}{\xi}} \qquad (5\text{-}28)$$

式中,A 和 B 为随地质、技术条件而变的常数。

由式(5-28)及图 5-37 可知,随着支架 P_0/P_H 值的增加,P_t 值也增加;当 P_0/P_H 值达到 60% ~ 85% 后,曲线的斜率迅速减小。因此,为了使支架发挥较高的支撑水平,又考虑到支柱安全阀开启压力通常要低于额定压力 10%,故 P_0/P_H 的合理值宜取 0.6 ~ 0.85。对于 1,2 类顶板,P_0/P_H 值宜取 0.75 ~ 0.85;对于 3 类顶板,P_0/P_H 值宜取 0.6 ~ 0.75。

此外,初撑力的适当提高,并不会增加支柱安全阀的开启率。因为高初撑力可减少支架的增阻值,从而减少顶板下沉量及安全阀开启率。

4.3　液压支架工作方式

液压支架的工作方式包括支护方式和移步方式两个方面。

4.3.1　液压支架的支护方式

1)及时支护方式

在采煤机割煤后,先移支架,再移输送机,可使暴露的顶板得到及时支护,如图 5-38(a)所示。及时支护的特点是:在移架前,必须在底座与输送机之间保持一个截深的距离,待采煤机割煤后及时移架;支架具有较长的顶梁,通常超过输送机宽度与支架移动步距之和;采煤机割煤以后,可立即支护新暴露的顶板,空顶时间缩短,因而减少顶板的沉降量;采煤机割煤所引起的顶板下沉与移架过程产生的顶板下沉相互作用,使顶板岩层活动较为剧烈。

2)滞后支护方式

滞后支护方式是指在采煤机割煤以后,先推移输送机,然后再移支架的支护方式,如图 5-38(b)所示。滞后支护的特点是:采煤机割煤以后,先移输送机再移支架,因而空顶时间较长,空顶面积较大,可能引起顶板大量下沉,割煤移架引起的顶板下沉相互作用较弱;顶梁长度相对较短。

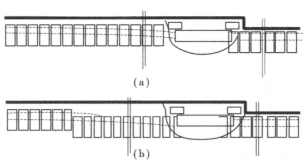

图 5-38 自移式液压支架的工作方式

（a）及时支护；（b）滞后支护

及时支护方式能及时支护刚暴露的顶板，避免顶板大量沉降，从而得到广泛应用。滞后支护方式通常在比较稳定的顶板条件下使用。

4.3.2 移步方式

1）单架顺序移步方式

图 5-39（a）为随采随支，采用单架顺序移步。支架在采煤机割煤后依次前移，移动步距等于截深。这种移步方式移架速度慢，但顶板卸载面积小、操作简单、易于控制工程质量，能适应顶板变化要求，是目前我国常用的一种移步方式。

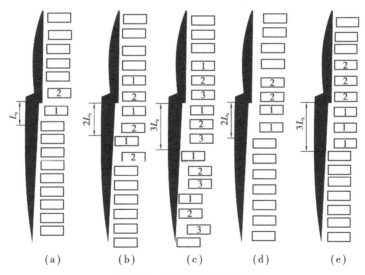

图 5-39 液压支架移步方式

（a）单架依次顺序式；（b），（c）分组间隔交错式；（d），（e）成组整体依次顺序式

2）分组间隔交错移步方式

如图 5-39（b），（c）所示，工作面的支架每 2～3 架分为一组，组间及组内架间移动顺序均为由近及远（远离采煤机）。这种移架方式、移架速度快，顶板下沉量大，主要适用于顶板完整的工作面。

3）成组整体顺序移步方式

如图 5-39（d），（e）所示，采煤工作面支架每 2～3 架组成一组，采煤机割煤后，每组支架沿采煤机行进方向前移。移架速度快、顶板下沉量大，适用于顶板较完整的工作面。

学习情境 **6**

矿山动力现象分析与防治

煤矿开采过程中,煤或岩体在高应力状态下积聚有大量弹性能,在一定条件下可突然发生破坏、冒落或抛出而使能量释放,呈现出响声、震动及气浪等明显的动力效应。这些现象称为煤岩动力现象。根据其成因及机理,可归纳为三种形式,即冲击矿压、顶板大面积突然来压、煤与瓦斯突出或喷出。本章主要介绍冲击矿压的相关问题。

任务 1 冲击矿压简介

1.1 冲击矿压的现象

随着我国煤矿开采深度的增加,开采条件越来越复杂,冲击矿压现象越来越多,危害也越来越大,必须引起重视。

冲击矿压:在煤矿开采过程中,煤体所承受的压力超过其强度极限,聚积在巷道周围煤岩体中的能量突然释放,动力将煤岩抛向巷道,同时发出强烈的声响,对周围采场、巷道、通风设施及人员造成巨大破坏和伤害。冲击矿压是聚积在矿井巷道和采场周围煤岩体中的能量突然释放,它还会引发其他矿井灾害,如瓦斯、煤尘爆炸、火灾、水灾、干扰通风系统等严重时,还可能造成地面震动和建筑物破坏等。因此,冲击矿压是煤矿重要灾害之一。

1.2 冲击矿压的特点

通常情况下,冲击矿压将直接产生动力将煤、岩抛向巷道,引起岩体的强烈震动,产生强烈声响,造成岩块的破断和裂缝扩展。因此,冲击矿压具按如下明显的特征:

(1)突发性

冲击矿压一般没有明显的宏观前兆而是突然发生的,冲击过程短暂,持续时间为几秒到几十秒,难于事先准确确定发生的时间、地点及强度等。

(2)瞬时震动性

冲击矿压发生过程急剧而短暂,像爆炸那样伴有巨大的声响与强烈的震动,震动波及范围可达几千米甚至几十千米,地面有地震感觉。

（3）巨大破坏性

冲击矿压发生时，顶板可能瞬间明显下沉，但一般并不冒落。有时底板突然开裂鼓起甚至接顶。常常有大量煤块甚至上百立方米的煤体突然破碎并从煤壁涌出，堵塞巷道，破坏支架；从后果来看，冲击矿压常常造成惨重的人员伤亡和巨大的经济损失。

（4）复杂性

在自然地质条件下，除褐煤以外的各种煤种都记录到冲击现象。地质构造从简单到复杂，煤层从薄层到特厚层，倾角从水平到急斜，顶板包括砂岩、灰岩等都发生过冲击矿压。在生产技术条件上，不论水采、炮采、机采或是综采，也无论全部垮落法或水力充填法等各种采煤工艺，都出现过冲击矿压。

1.3　冲击矿压的分类

1.3.1　国内学者对冲击矿压的分类

1）依据煤岩受力状态的不同，将冲击矿压分为三类

①重力型冲击矿压：只受重力作用，在没有或只有极小构造应力影响的条件下引起的冲击矿压；

②构造应力型冲击矿压：若构造应力远远超过岩层自重应力，主要受构造应力作用引起的冲击矿压；

③中间型或重力—构造型冲击矿压：它是受重力和构造应力的共同作用引起的冲击矿压。

2）根据冲击的显现强度，可分为四类

①矿震。矿震发生时，煤、岩并不瞬间抛出，只有片帮塌落现象，但煤或岩体产生明显震动，伴有巨大声响，有时还产生煤尘。较弱的矿震称为微震，也称为"煤炮"。

②微冲击。一些单个碎块从处于高压应力状态下的煤或岩体上射落，并伴有强烈声响，属于微冲击现象。

③弱冲击。煤或岩块向开采空间抛出，围岩产生震动，一般震级为2.2级以下，伴有很大声响并产生煤尘，在瓦斯煤层中还可能有大量瓦斯涌出。但其破坏性不很大，对支架、机器和设备基本上没有破坏。

④强冲击。煤或岩石急剧破碎，设备移动和围岩震动，震动级在2.3级以上，伴有巨大声响，形成大量煤尘和产生冲击波。

3）根据震级强度和抛出的煤量，将冲击矿压分为三级

①轻微冲击（Ⅰ级）。抛出煤量在10 t以下，震级在1级以下的冲击矿压。

②中等冲击（Ⅱ级），抛出煤量在10～50 t，震级在1～2级的冲击矿压。

③强烈冲击（Ⅲ级）。抛出煤量在50 t以上，震级在2级以上的冲击矿压。

4）根据发生的地点和位置，可将冲击矿压分为两大类

①煤体冲击。发生在煤体内，根据冲击深度和强度又分为表面冲击、浅部冲击和深部冲击。

②围岩冲击。发生在顶底板岩层内，根据位置分为顶板冲击和底板冲击。

另有学者将冲击矿压分为由采矿活动引起的采矿型冲击矿压和由构造活动引起的构造型冲击矿压两种。采矿型冲击矿压又可分为压力型、冲击型和冲击压力型。其中，压力型冲击矿

压是由于巷道周围煤体中的压力由亚稳态增加到极限值,其聚集的能量突然释放而引发;冲击型冲击矿压是由于煤层顶底板厚岩层突然破断或位移引发的,它与破断地点有关。在某种程度上,构造型冲击矿压也可看作为冲击型。冲击压力型冲击矿压则介于上述两者之间,当煤层受较大压力时,在来自周围岩体内不大的冲击脉冲作用下发生的冲击矿压。冲击矿压类型如图 6-1 所示。

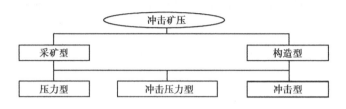

图 6-1　冲击矿压类型

1.3.2　国际上对煤岩动力现象的分类

国际经贸委员会欧洲能源协会煤炭劳动分会基于冲击矿压的能量理论、煤与瓦斯突出的能量理论等,对煤矿发生的煤岩动力现象进行了分类。

①据能量源及动力现象,主要将煤岩动力现象分为四类,如图 6-2 所示。

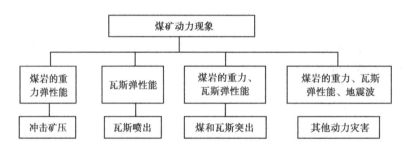

图 6-2　煤岩动力现象分类

②根据巷道中记录的参数,确定的动力现象强度分类详见表 6-1。

表 6-1　动力现象强度分类

危险分类	冲击矿压	突　出	
	破坏的煤炭质量 P/t	破坏的煤炭质量 P/t	瓦斯的体积 V/m^3
弱	$P \leqslant 5$	$P \leqslant 10$	$V \leqslant 100$
中等	$5 < P \leqslant 100$	$10 < P \leqslant 200$	$100 < V \leqslant 1\,000$
强	$100 < P \leqslant 1\,000$	$200 < P \leqslant 2\,000$	$1\,000 < V \leqslant 10\,000$
灾害	$P > 1\,000$	$P > 2\,000$	$V > 10\,000$

1.4　冲击矿压和矿震对环境的影响

在采矿巷道工作面中发生震动和冲击矿压,将会对井下巷道、井下工作人员和地面建筑物造成影响。

1.4.1 对井下巷道的影响

冲击矿压对井下巷道的影响主要是动力将煤、岩抛向巷道,破坏巷道周围煤、岩的结构及支护系统,使其失去功能。而一些小的冲击矿压或者说岩体卸压,则对巷道的破坏不大,只会使巷道壁局部破坏、剥落或巷道支架部分损坏。当矿山震动较小或震中距巷道较远时,将不会对巷道产生任何损坏。

1.4.2 对矿工的影响

发生冲击矿压的区域如有工人工作,则可能对其产生伤害,甚至造成死亡事故。

波兰的分析结果表明,发生冲击矿压后,人员受伤的主要部位是脑部,占 60.41%;其次是胸部的机械损坏,包括肋骨折断等,占 60.41%;而内部器官的损坏主要是肺、心、胃等,占 18.75%;再次为上下肢的折断。

1.4.3 对地表建筑物的影响

矿山震动和冲击矿压不仅对井下巷道造成破坏,伤害井下工作人员,而且对地表及地表建筑物也可能造成损坏,甚至造成地震那样的灾难性后果。如波兰就曾于 1982 年 6 月 4 日在 Bytom 市下发生 3.7 级的矿山震动,造成了 588 幢建筑物的损坏。

1.4.4 国内冲击矿压历史及现状

我国最早记录的冲击矿压现象于 1933 年发生在抚顺胜利煤矿。20 世纪 50 年代以前,我国只有两个矿井发生了冲击矿压,50 年代增加到 7 个,60 年代为 12 个,70 年代达到 22 个。进入 20 世纪 80 年代以后,猛增到 50 多个。从 1949 年以来,我国煤矿已发生破坏性冲击矿压 2 000 多次,震级 $Mt = 0.5 \sim 3.8$ 级,造成惨重的人员伤亡,破坏巷道约 20 km,停产 1 300 多天。近年来,我国一些金属矿山、水电与铁路隧道工程也出现了岩爆现象。相当一部分冲击矿压是由放炮而诱发的,50% 以上发生在煤柱内,冲击强度一般为里氏 1 ~ 3 级,很少大于 4 级。

任务2 冲击矿压发生的机理

2.1 冲击矿压产生的因素

2.1.1 自然条件

1)煤岩的力学性质

煤的强度越高,引发冲击矿压所要求应力越小。煤的冲击倾向性是评价煤层冲击性的特征参数之一,主要用冲击能量指数 K_E 和弹性能量指数 W_{ET}。

按冲击能量指数评价:$K_E \geq 5$,为强冲击倾向;$1.5 \leq K_E < 5$,为中等冲击倾向;$K_E < 1.5$,无冲击倾向。

按弹性能采指数评价:$W_{ET} \geq 5$,为强冲击倾向;$2 \leq W_{ET} < 5$,为中等冲击倾向;$W_{ET} < 2$,无冲击倾向。

研究表明,煤的冲击倾向性的弹性能量指数与煤的单轴抗压强度有关,随其增加而增大。根据单轴抗压强度可将煤层分为弱冲击倾向性($R_c \leq 16$ MPa)和强冲击倾向性($R_c > 16$ MPa)。

表 6-2 为实验室确定的部分煤层冲击倾向性弹性能量指数 W_{ET}。

表 6-2　冲击矿压煤层的煤样研究结果

煤　样	A1	A2	A3	A4	B	C
单轴抗压强度 R_c/MPa	35.9	28.8	30.4	25.1	22.4	9.8
弹性模量 E/GPa	13.2	7.7	9.4	8.79	7.82	3.94
W_{ET}	9.65	6.44	5.2	3.53	4.36	1.9
实际危险状态	强	强	强	弱	弱	无

2）顶底板条件及煤层厚度

顶板岩层结构,特别是煤层上方坚硬、厚层砂岩顶板是影响冲击矿压发生的主要因素之一,其主要原因是坚硬、厚层砂岩顶板容易积聚大量的弹性能。在破断或滑移过程中,大量的弹性能突然释放,形成震动,诱发冲击矿压。

统计分析也表明,煤层越厚,冲击矿压发生得越多,越强烈;采高增大时,工作面及其周围的冲击矿压亦随之上升。

3）开采深度

随着开采深度的增加,煤层中的自重应力亦随之增加,岩体中聚积的弹性能也随之增加。在开采浅部时,煤层虽然具有冲击危险,但煤体应力不大可能达到临界破坏条件,因而不会产生冲击矿压。当开采深度加大、达到临界破坏条件时,就可能发生冲击矿压。由此可见,任何具有冲击危险的煤层,若开采的技术因素不变,则必然存在一个发生冲击矿压的临界深度。对于重力型冲击矿压来说,其临界深度一般不超过 400 m,而对于构造型冲击矿压来说,其临界深度可能不超过 300 m。有关的情况见表 6-3、表 6-4。

表 6-3　我国部分矿发生冲击矿压的临界深度

局、矿名称	门头沟	天地	抚顺	城子矿	大台矿	周庄矿	房山矿	唐山矿
临界深度/m	200	200	250	370	460	480	520	540

表 6-4　发生冲击矿压的强度和频次与开采深度的关系

地区与矿名	强度与频次	开采深度/m			
		201~300	301~400	401~500	601~700
重庆天地矿	发生强度(平均煤量)/(t·次$^{-1}$)	68	118	947	
	发生次数/次	1	3	19	14
	比率/%	3.5	11.5	32	32

4）地质构造

地质构造对冲击矿压的影响主要是:构造所产生的应力使构造区域的煤岩体积聚大量的能量,当采掘工作面开采到该区域时,由于采掘活动的影响,煤岩体中的能量释放,诱发冲击矿压。在构造应力易于释放的区域,如向斜、背斜翼部宽缓的区域,很少或不发生冲击矿压。

2.1.2　开采技术因素

影响冲击矿压发生的开采技术因素主要体现在两个方面:一是人为地引起应力集中,增大了冲击矿压发生的危险性;二是改变了受力状态和产生震动,诱发冲击矿压。

1)采煤方法

采用不同的采煤方法,所产生的矿山压力及其分布规律也不同。一般来说,短壁体系采煤方法由于巷道交岔点多,遗留煤柱也多,容易形成多处支承压力叠加而引发冲击矿压。因此,对具有冲击矿压危险的煤层最好采用长壁式采煤法。例如,北京矿区房山矿用短壁式采煤方法开采15槽煤层时,在掘进中曾多次发生冲击矿压,改为倒台阶采煤方法以后,从未发生过冲击矿压。

2)煤柱

煤柱是开采中的孤立体,是产生应力集中的地点。孤岛形和半岛形煤柱可能受几个不同方向集中应力的叠加作用,因而在煤柱附近最易发生冲击矿压,如图6-3(a)所示。煤柱上的集中应力不仅对本煤层开采有影响,而且还向下层煤传递应力,使下部煤层产生冲击矿压,如图6-3(b)所示。例如,陶庄煤矿发生134次冲击矿压,其中就有40多次发生在煤柱内,占29.8%。

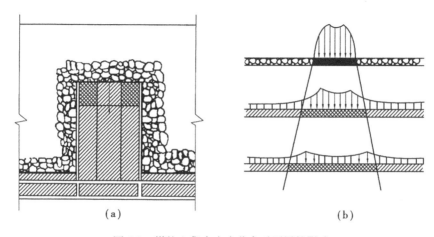

图6-3 煤柱上集中应力分布对下层的影响
(a)三面采空(半岛)状态;(b)煤柱支承压力对下层的影响

3)采掘顺序

采掘顺序对于矿山压力的大小和分布影响很大。巷道相向掘进、采煤工作面的相向推进以及在采煤工作面的支承压力带内开掘巷道,都可能会使支承压力叠加而发生冲击矿压,如图6-4所示。因此,应避免同一区段上山两翼的工作面同时接近上山。此外,若由于开采顺序不当,使相邻区段追逐采煤,采煤工作面形状不规则或留下待采煤柱等,也都会形成集中应力区,给冲击矿压的发生创造了条件。

4)顶板控制

顶板本身不仅是载荷的一部分,而且还能传递上部岩层的载荷。顶板控制方法不同,煤体的支承压力也不一样。煤柱支承法控制顶板时,由于煤柱承受着整个开采空间上覆岩层重量,煤柱上集中应力很大,不但在煤柱本身发生冲击矿压,而且还对下层煤开采造成困难,也易发生冲击矿压。

5)放炮

放炮产生震动会引起动载荷。一方面,能使煤层中的应力迅速重新分布,增加煤体应力,

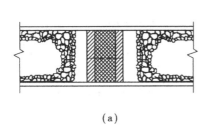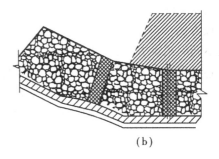

（a） （b）

图 6-4 采掘顺序对集中应力分布的影响
（a）工作面相向推进；（b）巷道穿过煤柱

进入极限平衡状态或破坏其平衡；另一方面，能迅速地解除煤壁边缘侧向约束阻力，使受力状况发生了变化，由三向受力向两向受力转化，使其抗压强度下降，故易诱发冲击矿压。因此，放炮具有诱发冲击矿压的作用。

2.2 冲击矿压发生的机理

冲击矿压发生的物理过程，主要是煤、岩介质破坏变形的力学过程，这称为冲击矿压的机理。目前对冲击矿压机理的认识可主要概括为强度理论、能量理论和冲击倾向理论。

2.2.1 强度理论

早期的强度理论主要涉及煤（岩）体的破坏原因。它认为井巷和采场周围产生应力集中，当应力达到煤（岩）强度的极限时，煤（岩）体突然发生破坏，就形成了冲击矿压。近代强度理论以"矿体—围岩"系统为研究对象，其主要特点是考虑"矿体—围岩"系统的极限平衡，认为煤（岩）体的承载能力应是"煤体—围岩"系统的强度，导致煤（岩）体破坏的决定因素不仅仅是应力值大小，而是它与岩体强度的比值。

2.2.2 刚度理论

刚度理论是由 Cook 等人根据刚性压力机理论而得到的。该理论认为：矿山结构的刚度大于矿山负载系统的刚度是发生冲击矿压的必要条件。近年来，Petukhov 在他所提出的冲击矿压机理模型中也引入了刚度条件。但他进一步将矿山结构的刚度明确为达到峰值强度后其载荷—变形曲线下降的刚度。在刚度理论中，如何确定矿山结构刚度是否达到峰值强度后的刚度是一难题。

2.2.3 能量理论

能量理论从能量转化角度解释冲击矿压的成因，是冲击矿压机理研究的一大进步。该理论认为：矿体—围岩系统在其力学平衡状态遭破坏时，所释放的能量大于所消耗的能量时发生冲击矿压。20 世纪 70 年代，Brauner 提出冲击矿压的能量判据，该判据考虑了能量释放与时间因素的相关性。其后，吴耀昆等对此加以补充修正，引入空间坐标系统以说明冲击矿压发生的条件应同时满足能量释放的时间效应和空间效应。

冲击发生的能量源分析至关重要。Petukhov 认为冲击能量由被破坏的煤（岩）积蓄的能量和邻接于煤柱或煤（岩）层边缘部分的弹性变形能所组成，即从外部流入的能量赋予了冲击矿压以动力。

能量理论说明矿体—围岩系统在力学平衡状态时，若释放的能量大于消耗的能量，冲击矿压就可能发生。但没有说明平衡状态的性质及其破坏条件,特别是围岩释放能量的条件,因此冲击矿压的能量理论判据尚缺乏必要条件。

2.2.4 冲击倾向性理论

冲击倾向性是指煤(岩)介质产生冲击破坏的固有能力或属性。煤(岩)体冲击倾向性是产生冲击矿压的必要条件。冲击倾向理论是波兰和苏联学者提出的,我国学者在这方面做了大量的工作,提出用煤样动态破坏时间、弹性能指数、冲击能指数三项指标综合判别煤的冲击倾向的试验方法。此外,在试验方法、数据处理及综合评判等研究中取得了一定的进展。

冲击倾向理论的另一重要方面是顶板冲击倾向性的研究,也已越来越引起人们的重视。这方面的研究包括顶板弯曲能指标和长壁开采方式下顶板断裂引起的煤层冲击等。

显然,用一组冲击倾向指标来评价煤(岩)体本身的冲击危险具有实际意义,并已得到了广泛的应用。然而,冲击矿压的发生与采掘和地质环境有关,而且实际的煤(岩)物理力学性质随地质开采条件不同而有很大差异,实验室测定的结果往往不能完全代表各种环境下的(岩层)性质,这也给冲击倾向理论的应用带来了局限性。

2.2.5 稳定性理论

稳定性理论应用于冲击矿压问题最早可追溯到20世纪60年代中期NevilleCook的研究。刚性试验机的出现使人们可以获得受压岩石的全应力—应变曲线,得到岩石峰后变形的描述,从而可以研究采动岩体的平衡以及这种平衡的稳定性。Lippmann将冲击矿压处理为弹塑性极限静力平衡的失稳现象,进一步又提出煤层冲击的"初等理论"。同一时期,章梦涛根据煤(岩)变形破坏的机理认为:煤(岩)介质受采动影响而在采场周围形成应力集中,煤(岩)体内高应力区局部形成应变软化介质与尚未形成应变软化(包括弹性和应变硬化)的介质处于非稳定平衡状态,在外界扰动下动力失稳,形成冲击矿压。提出了冲击矿压的失稳理论,并得到了初步的应用。

在目前的研究中,以断裂力学和稳定性理论为基础的围岩近表面裂纹的扩展规律、能量耗散和局部围岩稳定性研究备受关注。

任务3 冲击矿压预测及防治

3.1 冲击矿压的预测

为减少冲击矿压对安全生产的危害,在开采有冲击危险的煤层时,必须进行预测。常用以下几种方法。

3.1.1 顶板动态法

冲击矿压发生之前,一些预兆表现为煤岩向已采空间的运动及顶板岩层断裂声加剧,有类似放炮声,采空区有类似雷声,顶板下沉,煤壁片帮;煤层打眼时,钻杆卡住不易拔出,支柱折断,柱帽压缩,采煤工作面和巷道压力有明显的增大现象。只要认真观察,掌握规律,就能及时进行预报。

3.1.2 钻屑法

钻屑法是通过在煤层中打直径42~501 mm的钻孔,根据排出的煤粉量及其变化规律和有关动力效应,鉴别冲击危险的方法。钻屑法的基本理论和最初试验始于20世纪60年代,其理论基础是钻出煤粉量与煤体应力状态具有定量的关系,即对条件相同的煤体,当应力状态不同时,其钻孔的煤粉量也不同。

钻粉率指数 K,可用煤量体积(或重量)比来表示,是把打钻孔时取出的煤粉量 V_1 与正常的排粉量 V_2 之比,作为冲击倾向变化的指标。

$$K = \frac{V_1}{V_2}$$

在高应力带钻孔时,如发现钻粉量增大、有爆破声响、震动、卡钻和钻杆受冲击等现象,就可判断该区域可能发生冲击矿压。

我国一些煤矿使用钻粉率法来预测冲击矿压的危险程度,收到了较好的效果。如我国抚顺、天池等矿区,根据钻粉率指数将煤层冲击矿压危险程度划分为三级:Ⅰ级,弱冲击矿压;Ⅱ级,中等冲击矿压;Ⅲ级,强烈冲击矿压。

还应指出,在高压带进行钻孔,容易诱发冲击矿压,因此须用远距离操纵设备或制定安全措施,以确保安全。

3.1.3 微震法或地音监测法

岩石在压力作用下发生变形、破坏过程中,必然产生声响和震动并以脉冲形式向周围岩体传播,从而产生应力波或声发射现象,这种声发射也称地音。因此,可用微震仪或地音仪记录这一系列地震波,根据实测地震波的强弱变化规律和正常地震波相比,可以判断煤层或岩体发生冲击的倾向程度。

枣庄矿区陶庄矿用微震仪研究了发生冲击矿压的规律,得出以下结论:微震由小至大,其间有大小起伏;次数和声响频率变化,在一组密集的微震之后变得平静,是产生冲击矿压的前兆。稀疏和分散的微震是正常应力释放现象,无冲击危险。在记录下来的震相图中,若震幅衰减较快,持续时间较短,为10~20 s,曲线形态类似于伞形;若震幅衰减慢,持续时间达120 s,为冒顶持续时间的5倍左右,冲击矿压的震相曲线,如图6-5所示。

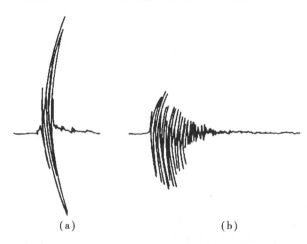

(a)　　　　　　　　　　　　　(b)

图6-5 微震仪测出的震相

根据震相曲线和地震学知识,可以计算出发生冲击矿压的震源位置。如使用地音仪把接收的震动脉冲记录到声频磁带上,再通过分析音响强度即单位时间内脉冲次数来判断煤体的冲击倾向度。具体的做法是:把测量的地音强度与本地区正常的平均地音对比,若明显超过平均强度值并持续数小时,并在这种高地音强度之后有几小时或十几小时的低强度时期,往往可能出现冲击矿压。

3.1.4　能量法

以弹性能与永久变形消耗能之比作为衡量煤体冲击倾向度的指数 K_E。其评价指标和临界值如下:

$$K_E = \frac{E_1}{E_2} \begin{cases} > 5, & \text{冲击危险性严重} \\ = 2 \sim 5, & \text{冲击危险性较小} \\ < 2, & \text{无冲击危险} \end{cases}$$

式中　E_1——试块的弹性应变能;

　　　E_2——试块被压裂卸载所消耗的能量。

3.1.5　综合测定法

由于冲击矿压的随机性、突发性以及破坏形式的多样性,使得冲击矿压的预测工作变得极为困难复杂。单凭一种方法对其测定是不可靠的,必须将冲击矿压危险的区域预报与局部预报相结合,将早期预报与及时预报相结合。因此,应该根据具体情况,在分析地质开采条件的基础上,采用多种方法进行综合预测。

一般来说,首先应分析地质开采条件,根据综合指数法和计算机模拟分析方法,预先划分出冲击矿压危险及重点防止区域,提出冲击矿压的早期区域性预报。在上述分析的基础上,采用微震监测系统,对矿井冲击矿压的危险性提出区域和及时预报;采用地音监测法、电磁辐射监测法等地球物理监测手段,对矿井回采和掘进工作面进行局部地点的预测预报;然后采用钻屑法,对冲击矿压危险区域进行检测和预报,同时对危险区域和地点进行处理。

3.2　冲击矿压防治

3.2.1　合理的开拓布置和开采方式

实践表明,合理的开拓布置和开采方式对于避免应力集中和叠加、防止冲击矿压关系极大。大量实例证明,多数冲击矿压是由于开采技术不合理而造成的。不正确的开拓开采方式一经形成就难于改变,临到煤层开采时,只能采取局部措施,而且耗费很大,效果有限。故合理的开拓布置和开采方式是防治冲击矿压的根本性措施。主要原则是:

①开采煤层群时,开拓布置应有利于解放层开采。

将开采无冲击危险或冲击俗险小的煤层作为解放层且优先开采上解放层。作为解放层的第一分层开采要尽量布置在冲击危险性小的煤层中进行。

②划分采区时,应保证合理的开采顺序,最大限度地避免形成煤柱等应力集中区。

这是由于煤柱承受的压力很高,特别是岛形或半岛形煤柱要承受几个方面的叠加应力,最易产生冲击矿压。此外,上层遗留的煤柱还会向下传递集中压力,导致下部煤层开采时也易发生冲击矿压。

③采区或盘区的采面应朝一个方向推进,避免相向开采,以免应力叠加。

因为相向采煤时上山煤柱逐渐减小,支承压力逐渐增大,很容易引起冲击矿压。且相向采煤又要被迫在高压力区中掘进枪眼,造成冲击矿压频繁发生(占总次数的60%)。为了改变这种状况,提出实行单翼采区跨少山采煤的办法,把单区段独立回采的开采程序改为多区段联合开采程序,使采掘工作在不同区段中交替进行,能实现沿采空区掘进,避免在高应力区掘进和维护的弊端。

④在地质构造等特殊部位,应采取能避免或减缓应力集中和叠加的开采程序。

在向斜和背斜构造区,应从轴部开始回采;在构造盆地应从盆底开始回采;在有断层和采空区的条件下,应采用从断层或采空区开始回采的开采程序。

⑤有冲击危险的煤层的开拓或采准巷道、永久硐室、主要上(下)山、主要溜煤巷和同风巷应布置在底板岩层或无冲击危险煤层中,以利于维护和减小冲击危险。

回采巷道应尽可能避开支承压力峰值范围,采用宽巷掘进,少用或不用双巷或多巷同时平行掘进。对于水采区的回采枪眼应躲开高应力集中区,选在采空区附近的压力降低区为好。

⑥开采有冲击危险的煤层时,应采用不留煤柱垮落法管理顶板的长壁开采法。

不同的采煤方法,矿山压力的大小及分布也不同。房柱式等柱式采煤法由于掘进的巷道多和在采空区遗留的煤柱多,顶板不能及时充分地垮落,造成支承压力较高,在工作面前方掘进巷道势必受到叠加压力的影响,增加了危险性。水力采煤法虽然系统简单、高效,但遗留的煤垛在采空区形成支撑,使顶板不能及时、规则地垮落。此外,还要经常在支承压力带开掘水道和切眼,加之推进速度高、开采强度大,易造成大面积悬顶,导致发生冲击矿压。采用长壁式开采方法,则有利于减缓冲击矿压的危害。

⑦顶板管理采用全部垮落法,工作面支架采用具有整体性和防护能力的可缩性支架。

统计表明,采用非正规采煤法的采区冲击矿压次数多、强度大,水力充填次之,而采用全部垮落法则次数更少且强度弱。我国发生冲击矿压的煤层其顶板大多又厚又硬,不易垮落。采用注水、爆破等方法,使顶板弱化或垮落,能减缓冲击矿压。根据抚顺、阜新等煤矿冲击矿压危害情况看,主要是由于冲击震动,推倒或折断支架,造成片帮和冒顶伤人。所以冲击危险工作面必须采取特殊的支护形式,加强支护强度,提高支架的整体性和稳定性。

⑧开采保护层。

开采保护层是防治冲击矿压的一项有效的、根本性的区域性防范措施。

煤层开采会导致上覆岩层变形、破断和向已采空间移动。观测研究表明,采空后上覆岩层虽然破断为岩块,但仍处于整齐排列之中,因而在岩层移动过程中仍能互相制约,形成一系列的力学结构。

一般情况下,可把岩层的排列情况分为冒落带、裂隙带和弯曲下沉带。紧靠采空区仁方岩层剧烈移动和冒落,冒落高度多数情况下不超过采高的 4~6 倍。冒落带以上为裂隙带,岩层产生大量裂隙并使天然裂隙张开。虽然岩层在采空区已破断,但仍然是排列整齐的岩层。裂隙带以上至地表的岩层,由于采动后裂隙不发育,为弯曲下沉带。如果从采煤工作面开始分析,则采空区上岩层的移动形态如图6-6所示。一般情况下,从Ⅰ—Ⅰ线开始移动,但变形量很小,待工作面通过时,Ⅱ—Ⅱ亚线产生离层和剧烈移动,而到Ⅲ—Ⅲ线后才进入稳定移动区。根据国内外实测,一般情况下,上覆岩层下沉始于工作面前方 30~40 m,终止于工作面后方 100~150 m,而剧烈移动在工作面后方 10~40 m 处。

在《冲击地压煤层安全开采暂行规定》中规定的开采设计原则第一条就是首先开采保护层。所谓开采保护层是指一个煤层(或分层)先采,能使临近煤层得到一定时间的卸载。先采的保护层必须根据煤层赋存条件选择无冲击倾向或弱冲击倾向的煤层。实施时必须保证开采的时间和空间同步,不得在采空区内留煤柱,以使每一个先采煤层的卸载作用能依次地使后采

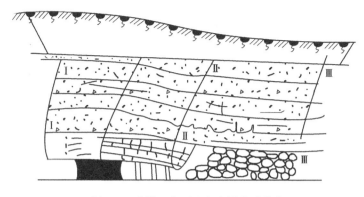

图 6-6 采煤工作面上方岩层移动状态

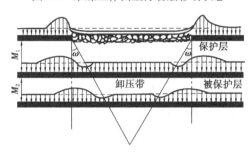

图 6-7 上保护层开采后卸压带示意图

煤层得到最大限度的保护。保护层开采后,在其围岩中产生裂隙,引起围岩向采掘空间移动,使采空区上下方的岩层卸载,形成"卸压带"以及附近岩层产生破裂。刚开始时,岩层破裂移动是很剧烈的,特别是离保护层较近的地方,但随着与保护层的距离增大而减弱。采空区垮落的岩石或充填料,随着时间的延长逐渐被压实,同时采空区和围岩中的应力相应地逐渐增加,趋于原岩应力水平,所以保护层的作用是有时间性的,卸压作用和效果随时间的延长而减小。因此,开采保护层的间隔时间不能太久。一般卸压有效期为:用全部垮落法开采保护层时为三年;用全部充填法时为两年。此外,保护层上部煤层的基本顶已提前折断,使以后开采时基本顶的动态显现要缓和得多。对于下部煤层,由于受到保护层开采时的前、后支承压力产生的加载和卸载的交替作用,在很大程度上改变了下部煤层的结构和层间岩石的性质,特别是改变了它们的裂隙度和透气性。也就是说,处于保护层卸压带范围内的被保护层,由于降低了压力、煤岩体中产生大量的裂隙,改变了煤岩结构和属性,释放了潜在的弹性能,消除或减缓了冲击矿压危险。

保护层先行开采之后,周围煤岩层向采空区方向移动、变形,其范围可由岩石冒落角和移动角限定。随着层间距加大,岩层移动和变形减弱口由于岩层不断移动变形,使岩层压力转移给采空区之外的岩层承受。在岩层移动直接影响的区域,应力降低,岩体卸载膨胀。在垂直煤层层面方向呈现膨胀变形,在煤岩层内不仅产生大量新裂隙,而且原有裂隙也张开扩大,导致煤岩结构和属性的变化,裂隙度增加,透气性增大,从而消除或减缓了冲击矿压和瓦斯突出的危险。

但是,在卸压带范围内,卸载作用随着向上或向下远离保护层而衰减。所以,层间距大的煤层虽然处于卸压带范围,但开采时也不能绝对保证不发生冲击矿压。只有在卸压带的某些范围内,应力降低到一定程度时,开采工作才会免遭冲击矿压的危害。在高度达到 20～30 倍采高的范围内的岩层中,由于产生大量裂隙,基本上消除了冲击矿压危险。但要注意岩石组成和岩层排列次序,可能对卸压带尺寸和卸压作用有影响,例如存在坚硬厚层岩层就可能会起隔离作用。此外,为了不使卸压带煤层重复加载,必须在空间上和时间上保证合理的开采顺序,相邻煤层的回采工作线不许超出有效卸压带范围,否则将造成更为不利的条件。

实际上,根据保护层所在位置不同,煤层可以按下行顺序开采,也可以按上行顺序开采,或者是按混合顺序开采。其原则是要选择无冲击危险或冲击危险性最小的煤层,或能保证安全开采的煤层作为保护层。在安排保护层和被保护层中的采掘工作时,首先要确定保护层的卸压范围和卸压程度,卸压带的结构尺寸如图 6-8 所示。垂直于保护层方向上的最大卸压距离 s_1 和 s_2,取决于开采深度、采空区处理方式和围岩种类等。在平行于保护层方向的最大卸压距离取决于采空区的形状、煤层倾角 α 和卸压角 δ_1、δ_2。上述参数可以根据具体条件计算,或根据各矿井的实际情况确定。一般取 $s_1 = 50～100$ m,$s_2 = 30～60$ m,卸压角 $\delta_1～\delta_2$ 取 $70°～80°$,充分移动角 ϕ 取 $60°$。

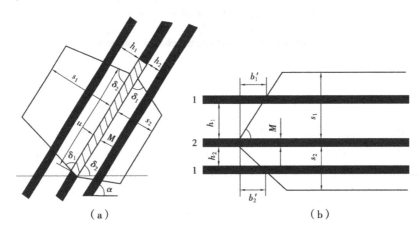

图 6-8 确定卸压带尺寸示意图
1—保护层;2—被保护层

开采保护层的常用方案如图 6-9 所示。在层间距合适的情况下,应优先考虑开采下保护层,其基本原则是不能破坏上层煤的开采条件。

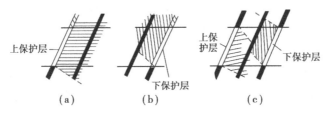

图 6-9 保护层开采方案
(a)开采上保护层;(b)开采下保护层;(c)开采上、下保护层

3.2.2 冲击危险的解危措施

1)震动爆破

震动爆破是一种特殊的爆破,它与爆破落煤不同。震动爆破的主要任务是利用炸药爆破后形成强烈的冲击波,使得岩体振动。震动爆破有震动卸压爆破、震动落煤爆破、震动卸压落

煤爆破和顶板爆破几种。

(1)震动卸压爆破

在采煤工作面及上下两巷,震动爆破能最大限度地释放聚积在煤体中的弹性能,在采煤工作面附近及巷道两帮形成卸压破坏区,使压力升高区向煤体深部转移。震动爆破的合理布置及合理的装药量,不仅可形成岩体震动,还在一定程度上形成煤体的松动带,使落煤方便。

合理的钻孔布置应使炸药爆炸后形成的弹性波以合理的方向传播,使得炸药爆炸形成的压力与开采形成的压力叠加,超过其极限状态,使岩体卸压或引发冲击矿压。这样,震动卸压爆破的效果最好。

钻孔中合理布置炸药,可有效、经济地引发爆炸能,并最大限度地将其传播给周围岩体,以达到卸压、将应力集中区向深部转移的目的。炸药的布置应从煤层内应力最高点开始,而外部全部用炮泥封孔。

(2)震动落煤爆破

震动落煤爆破的目的是在人员撤离的情况下,引发冲击矿压,减缓或移去深部煤体或采煤机截深范围内的支承压力区。这种爆破要求炮眼全长爆破,使下一个截深范围内应力释放。这种情况下,采煤机几乎仅起装煤作用。

(3)震动卸压落煤爆破

这种爆破组合了震动卸压爆破和震动落煤爆破两种方法。震动卸压落煤爆破既可用于采煤工作面前方,也可用于巷道掘进,其参数根据具体条件而定。卸压长钻孔爆破后,应避免在同眼位布置落煤爆破孔。

(4)顶板爆破

煤层顶板是影响冲击矿压发生的最重要因素之一。顶板爆破就是将顶板破断,降低其强度,释放因压力而聚集的能量,减少对煤层和支架的冲击振动。

炸药爆炸破坏顶板的方法有两种:短钻孔爆破及长钻孔爆破。短钻孔爆破有带式的、阶梯式的和扇形的。爆破后,在顶板中形成条痕,就像金刚石划破厚玻璃出现的条痕一样。在顶板弯曲下沉时,在条痕处形成拉应力而断裂。而长钻孔爆破是在工作面或两巷中钻眼,爆破会破坏顶板或者引发冲击矿压。选择参数时应以不损坏支架为准。

这样,就可减少顶板对支架和煤层的压力口当煤层有冲击危险时,顶板爆破后,工作人员的等待时间应等于或大于煤层放振动炮的时间。

2)煤层注水

煤层预注水的目的主要是降低煤体的弹性和强度,使巷道、采煤工作面相邻的煤岩层边缘区减少内部粘结力,降低其弹性,减少其潜能。

煤层注水的实用方法有三种布置方式,即与采煤工作面煤壁垂直的短钻孔注水法、与采煤工作面煤壁平行的长钻孔注水法和联合注水法。

(1)短钻孔注水法

短钻孔注水法主要看注水钻孔的数量,钻孔通常垂直煤壁,且在煤层中线附近。注水时,依次在每一个钻孔放入注水枪,水压通常为20~25 MPa。比较有效的注水孔间距为6~10 m,注水钻孔深不小于10.0 m,注水孔的直径应与注水枪的直径相适应,且放入注水枪后能自行注水,封孔封在破裂带以外。

该方法的优点是:钻孔注水较容易;可在煤层的任意部分进行注水,尤其是可在难打长钻孔的薄煤层进行注水和在其他不方便的条件下注水。

短钻孔注水法的缺点是:注水工作须在采煤工作面进行,影响采煤作业;注水工作须在冲击最危险的区域进行;注水范围小。

(2)长钻孔注水法

这种方法是通过平行工作面的钻孔对原煤体进行高压注水。钻孔长度应覆盖整个工作面范围,注水钻孔间距应为 10~20 m,它取决于注水时的渗透半径。

采煤工作面区域内的注水应从两巷相对的两个钻孔进行注水,注水从靠工作面最近的钻孔开始,一直持续到整个工作面范围。注水枪应布置在破碎带以外,深度视具体情况而定。一般情况下,注水区应在工作面前方 60 m 外进行。

长钻孔注水法的最大优点是工作面前方区域内的注水是均匀的;注水工作在两巷进行,不影响采煤作业。注水的超前时间不宜过早,因为随时间的推移,注水效果就会降低。实践证明,注水的有效时间为三个月。其缺点是某些情况下很难进行钻孔作业,特别是薄煤层更加困难。

(3)联合注水法

这种方法是上述两种方法的综合应用,即工作面部分区域采用长钻孔注水,部分区域采用短钻孔注水,水压不小于 10 MPa,当降至 5 MPa 时,即认为该钻孔水已注好。在长钻孔或联合注水法注水的情况下,为了预防早期注过水的煤层干燥,在高压设备注水结束后,可将注水钻孔和消防龙头相连。

3)钻孔卸压

采用煤体钻孔可以释放煤体中聚积的弹性能,消除应力升高区。

4)定向裂缝

(1)定向水力裂缝法

定向水力裂缝法就是人为地在岩层中预先制造一个裂缝,在较短的时间内采用高压水将岩体沿预先制造的裂缝破裂。在高压水的作用下,岩体的破裂半径范围可达 15~25 m,有的甚至更大。

采用定向水力裂缝法可简单、有效、低成本地改变岩体的物理力学性质,故这种方法可用于减低冲击矿压危险性,改变顶板岩体的物理力学性质,将坚硬厚层顶板分成几个分层或破坏其完整性;为维护平巷,将悬顶挑落;在煤体中制造裂缝,有利于瓦斯抽放;破坏煤体的完整性,降低开采时产生的煤尘等。

定向水力裂缝法有两种,即周向预裂缝及轴向预裂缝。研究表明,在要形成周向预裂缝的情况下,为了达到较好的效果,周向预裂缝的直径至少应为钻孔直径的两倍以上,且裂缝端部要尖,高压泵的压力应在 30 MPa 以上,流量应在 60 L/min 以上。而轴向裂缝法则是沿钻孔轴向制造预裂缝,从而沿裂缝将岩体破断。

(2)定向爆破裂缝法

定向爆破裂缝法的原理与定向水力裂缝法相同,不同之处是将高压水换成了炸药,其预裂缝也有周向和轴向之分。图 6-10 为制造轴向裂缝的钻头。制造的周向裂缝可以是在钻孔的底部,也可以在钻孔中形成几个预裂缝,见图 6-11 所示。

定向爆破裂缝法的钻孔长度、布置方式、制造预裂缝的数量、形式等均取决于井巷支护形式,要达到破坏岩体的力学性质以及破裂的目的,需要根据具体情况进行具体的设计和实施。

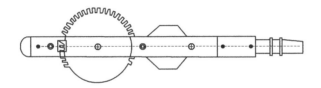

图 6-10　轴向预裂缝钻头示意图

（3）其他防护措施

①及时预测预报，撤离人员。

必须将肉眼可见的冲击矿压危险性特征、冲击前兆，减缓或消除事故的方法及自救措施等有关事项向井下人员进行培训和详细指导。平时应积极组织冲击矿压的预测预报工作，出现危险时应积极组织人员撤离。

②采用特别支护。

在厚煤层中的巷道要用可缩性拱形支架或圈形金属支架进行支护。在采煤工作面，用全部垮落法管理顶板时，必须采用高强度切顶支柱，如金属支柱。移架后，必须从采空区撤除全部支柱口单体金属支柱和木支架，必须加强支柱之间的整体性，打好撑木，钉上把钉，以免冲击时震倒棚子，引起冒顶伤人。此外，应尽可能地用机械设备保护工人，应采用专用的支架、护架、保护板以及其他结构设施，以便在发生岩石弹射和微冲击时起保护作用。

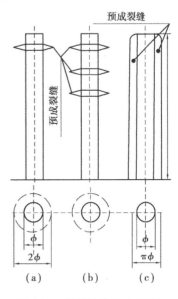

图 6-11　爆破钻孔结构示意图

在急倾斜采煤工作面，冲击地点下方的工人易遭外伤，而上方工人易受瓦斯威胁。所以必须预先规定撤出路线，常用矸石带维护专用小巷和经采空区撤出的安全出门。

为了防止瓦斯积聚，必须规定有快速恢复正常通风条件和向被冒落矸石隔离的地区供给新鲜空气的专门措施，以及用于个人自救的工具（自救器等）。

③采用特殊的工作制度。

在冲击矿压和突出危险地点，根据预测预报，在某一时间内采用无人工作制度，甚至临时撤离全部人员，有条件的尽量采用远距离操纵。必须按《冲击地压煤层安全开采暂行规定》执行特殊的爆破制度。对于冲击矿压危险的巷道，应把人员通过和停留的时间减到最小限度。

参考文献

[1] 郭奉贤,魏胜利.矿山压力观测与控制[M].北京:煤炭工业出版社,2005.

[2] 陈炎光,钱鸣高.中国煤矿采场围岩控制[M].徐州:中国矿业大学出版社,1994.

[3] 钱鸣高,石平五.矿山压力与岩层控制[M].徐州:中国矿业大学出版社,2003.

[4] 宋振骐.实用矿山压力控制[M].北京:煤炭工业出版社,1988.

[5] 侯朝炯,郭励生,勾攀峰.煤巷锚杆支护[M].徐州:中国矿业大学出版社,1999.

[6] 刘长友,曹胜根,方新秋.采场支架围岩关系及其监测控制[M].徐州:中国矿业大学出版社,2003.

[7] 何满潮,袁和生,靖洪文,等.中国煤矿锚杆支护理论与实践[M].北京:科学出版社,2004.

[8] 蒋金泉,谭云亮.矿山压力监测及预报[M].北京:煤炭工业出版社,1996.

[9] 董方庭.巷道围岩松动圈支护理论及应用技术[M].北京:煤炭工业出版社,2001.

[10] 岑传鸿.采场顶板控制及监测技术[M].徐州:中国矿业大学出版社,1998.

[11] 耿献文.矿山压力测控技术[M].徐州:中国矿业大学出版社,2002.

[12] 王春城.矿压测控技术[M].北京:煤炭工业出版社,2005.

[13] 王岐成.矿山压力与岩层控制技术[M].北京:煤炭工业出版社,2007.

[14] 倪兴华.地应力研究与应用[M].北京:煤炭工业出版社,2007.

[15] 谭云亮.矿山压力与岩层控制[M].北京:煤炭工业出版社,2008.

[16] 谢明荣,林东才.矿压测控技术[M].徐州:中国矿业大学出版社,1997.

[17] 蔡美峰.岩石力学与工程[M].北京:科学技术出版社,2002.

[18] 周华龙.沿空巷道围岩变形特征及控制技术研究[D].安徽理工大学硕士学位论文,2008.

[19] 韩磊.软煤、厚硬顶板、极近距离煤层合理开采关键技术研究[D].安徽理工大学硕士学位论文,2008.

[20] 谈国文.大倾角煤层回采巷道围岩力学特征及锚杆支护研究[D].安徽理工大学硕士学位论文,2008.